2017 China Life Sciences and Biotechnology Develop

2017
中国生命科学与生物技术发展报告

科学技术部 社会发展科技司 中国生物技术发展中心 编著

科学出版社

北京

内 容 简 介

本书总结了 2016 年我国生命科学基础研究、生物技术应用和生物产业发展的主要进展情况，重点介绍了我国在组学、脑科学与神经科学、合成生物学、表观遗传学、结构生物学、免疫学、再生医学等领域的研究进展以及生物技术应用于医药、农业、工业、环境等方面的情况，分析了我国生物产业的现状和发展态势，并对 2016 年生命科学论文和生物技术专利情况进行了统计分析。本书分为总论、生命科学、生物技术、生物产业、投融资、文献专利 6 个章节，以翔实的数据、丰富的图表和充实的内容，全面展示了当前我国生命科学、生物技术和生物产业的基本情况。

本书可为生命科学和生物技术领域的科学家、企业家、管理人员和关心支持生命科学、生物技术与产业发展的各界人士提供参考。

图书在版编目（CIP）数据

2017 中国生命科学与生物技术发展报告 / 科学技术部社会发展科技司，中国生物技术发展中心编著. —北京：科学出版社，2017.11
ISBN 978-7-03-055336-2

Ⅰ. ①2⋯ Ⅱ. ①科⋯ Ⅲ. ①生命科学 - 技术发展 - 研究报告 - 中国 - 2017 ②生物工程 - 技术发展 - 研究报告 - 中国 - 2017 Ⅳ. ① Q1-0 ② Q81

中国版本图书馆 CIP 数据核字（2017）第 276482 号

责任编辑：刘　畅　周万灏　王玉时　韩书云 / 责任校对：杜子昂
责任印制：徐晓晨 / 封面设计：金舵手世纪

科 学 出 版 社 出版
北京东黄城根北街 16 号
邮政编码：100717
http://www.sciencep.com

北京京华虎彩印刷有限公司 印刷
科学出版社发行　各地新华书店经销
*

2017 年 11 月第　一　版　开本：787×1092　1/16
2018 年 1 月第二次印刷　印张：17 1/2
字数：415 000
定价：208.00 元
（如有印装质量问题，我社负责调换）

《2017中国生命科学与生物技术发展报告》
编写人员名单

主　　编：吴远彬　黄　晶

副 主 编：田保国　沈建忠　范　玲　董志峰

参加人员：（按姓氏汉语拼音排序）

敖　翼	曹　芹	陈　欣	陈大明	陈洁君
陈三凤	陈书安	崔　蓓	董　华	董志扬
范　红	樊瑜波	范月蕾	傅潇然	耿红冉
关镇和	郭　伟	何　蕊	华玉涛	黄英明
江洪波	姜永强	旷　苗	李　天	李萍萍
李蔚东	李秀清	李祯祺	林　敏	林　璋
刘　静	刘　和	卢　姗	马征远	毛开云
濮　润	施慧琳	苏　燕	孙燕荣	吴函蓉
万印华	王　军	王　玥	王德平	王恒哲
王　莹	王　跃	王加义	夏宁邵	邢新会
许　丽	徐　萍	徐鹏辉	燕永亮	杨　力
杨　露	杨　阳	杨代常	于建荣	于善江
于振行	张兆丰	左开井		

前　言

　　近年来，现代生命科学与生物技术取得了一系列重要进展和重大突破，并正在加速向应用领域渗透，在解决人类发展面临的环境、资源和健康等重大问题方面展现出巨大的应用前景。生命科学新技术和新方法的发展及其与数理科学、工程科学的进一步交叉融合，为更深入系统地认识生命、更精准有效地改造生物体提供了前所未有的机遇。继信息技术之后，生物技术日益成为新一轮科技革命和产业变革的核心，在重塑未来经济社会发展格局中的重要性不断增强，作为21世纪最重要的创新技术集群之一，其引领性、突破性、颠覆性特征日益凸显。

　　党中央、国务院始终高度重视生命科学和生物技术发展。习近平总书记多次做出重要批示，指出要在创新驱动顶层设计中更加注重生物技术等战略性和前瞻性领域的超前部署和集中攻关，以在新一轮科技革命和产业变革中抢占先机。党的十九大报告指出，要瞄准世界科技前沿，强化基础研究，实现前瞻性基础研究、引领性原创成果重大突破，倡导健康文明生活方式，预防控制重大疾病。

　　2016年是“十三五”的开局之年，国家颁布的《国家创新驱动发展战略纲要》和《“十三五”国家科技创新规划》都强调，要发展先进有效、安全便捷的健康技术，应对重大疾病和人口老龄化挑战；要发展先进高效生物技术，以生物技术创新带动生命健康、生物制造、生物能源等创新发展。2016年，我国生命科学与生物技术领域取得积极进展，论文和专利数量方面呈现增长态势，共发表论文95 002篇，专利申请数量和授权数量分别达23 077件和11 562件，均名列全球第2位。我国科学家在干细胞、结构生物学和表观遗传学等方面取得了丰硕成果，如利用干细胞实现了晶状体的原位再生，解析了真核电压门控钙离子通道、呼吸链超级复合物的结构，揭示了胚胎发育过程中关键信号通路的表观遗传调控机理，等等。在药物研发方面，各类新药开发进程加快，原创性成果不断产生，国家食品药品监督管理总局共批准了风湿与免疫、感染和内分泌系统等领域的 11 个新药上市。生物医药产业蓬勃发展，截至 2016 年底，我国生物医药类的上市公司共有 238 家，涉及生物制品、医疗服务、医疗器械等领域，资产规模达 1.4 万亿元，营业收入为 9816 亿元，净利润 845 亿元。随着创新成果的不断涌现和产业投资的日益活跃，环渤海、长三角、珠三角等地区生物医药产业的聚集效应更加明显，并不断对周边产生积极的辐射带动作用。

自 2002 年以来，科学技术部社会发展科技司和中国生物技术发展中心每年编写我国生命科学和生物技术领域的年度发展报告，已成为本领域具有一定影响力的综合性年度报告。本书以总结 2016 年我国生命科学研究、生物技术和生物产业发展的基本情况为主线，重点介绍了我国在组学、脑科学与神经科学、合成生物学、表观遗传学、结构生物学、免疫学、再生医学等领域的研究进展，以及生物技术应用于医药、农业、工业、环境等方面的情况，分析了我国生物产业的现状和发展态势。本书以文字、数据、图表相结合的方式，全面展示了 2016 年我国生命科学、生物技术与产业领域的研究成果、论文发表、专利申请、行业发展、投融资及我国在生物医药、生物农业、生物制造、生物服务产业等方面取得的重要进展。

本书可为生命科学和生物技术领域的科学家、企业家、管理人员和关心支持生命科学、生物技术与产业发展的各界人士提供参考。

编　者

2017 年 10 月

目　　录

第一章 总论

在过去的一年中，全球的生命科学与生物技术仍然稳健发展。无论是基础前沿还是转化应用，我国的发展速度显著高于全球平均水平。2016年，全球共发表生命科学论文 619 268 篇，相比 2015 年增长了 0.51%；中国发表论文 95 002 篇，同比增长 7.95%，10 年复合年均增长率（CAGR）达 17.5%，显著高于国际水平。美国 *Science*（《科学》）杂志评选的 2016 年十大科技突破中与生物相关的有 5 项，我国科学技术部评选的中国科学十大进展中有 6 项与生命科学有关。2016 年，全球专利申请数量和授权数量分别为 90 616 件和 50 994 件，申请数量与授权数量比上年度分别增长了 3.26% 和 4.52%；中国专利申请数量和授权数量分别为 23 077 件和 11 562 件，申请数量与授权数量比上年度分别增长了 3.93% 和 11.24%，占全球数量比例分别为 25.47% 和 22.67%。"十二五"以来，我国生物产业复合年均增长率达到 15% 以上，2015 年产业规模超过 3.5 万亿元。

一、国际生命科学与生物技术发展态势

随着以纳米孔为标志的第三代基因测序技术迅猛来袭，测序技术迈向高通量、高精度、低成本与便携性时代。与此同时，表观转录组分析技术、单细胞测序分析技术与基因编辑技术加速了人类生命蓝图的绘制与完善。这些生命科学手段与生物技术不断创新、交叉与融合，广泛地应用到科学前沿、临床应用乃至产业研发等诸多领域，从而涌现出了越来越多的生命科学研究：脑-机接口技术的重大突破，改造生命和创造生命的深入研究，干细胞与再生医学疗法的临床转化，微生物组与人类健康和疾病的重大关联，乃至细胞免疫疗法的无

限潜力，无一不彰显出生命科学和生物技术向个体化、精准化迈进的趋势。

（一）重大研究进展

1. 生命组学研究继续推动生命科学发现

技术创新和交叉推动生命组学研究向更精确的方向发展。在基因组方面，韩国首尔大学医学院利用 PacBio 单分子测序技术结合 BioNano 单分子光学图谱技术，发表了最为连续的人类二倍体基因组组装结果[1]。在转录组方面，德国马克斯 - 普朗克学会（马普学会）生物物理化学研究所开发了瞬时转录组测序技术，绘制了人类瞬时转录组图谱[2]；美国斯克利普斯研究所协同多家机构完成了大脑单神经元转录组的大规模评估[3]。在蛋白质组方面，美国系统生物学研究所和瑞士苏黎世联邦理工学院合作开发了人类 SRMAtlas 分析方法，首次定量检测了完整的人类蛋白质组[4]；美国多家机构联合开展了大规模蛋白质基因组学（proteogenomics）研究，探索了驱动乳腺癌和卵巢癌的关键因子[5,6]。在免疫组方面，哈佛大学医学院在一系列免疫细胞中进行了干扰素诱导基因表达和染色质的分析，构建了干扰素诱导调节网络[7]；新一代基因测序技术推动了免疫组库分析的临床应用。

2. 脑科学酝酿全球合作研究，脑 - 机接口技术实现重大突破

脑科学持续稳步发展，并酝酿全球合作。在美国、欧洲和中国的脑计划不

---

1 Seo JS, Rhie A, Kim J, et al. De novo assembly and phasing of a Korean human genome. Nature, 2016, 538(7624): 243-247.

2 Schwalb B, Michel M, Zacher B, et al. TT-seq maps the human transient transcriptome. Science, 2016, 352(6290): 1225-1228.

3 Lake BB, Ai R, Kaeser GE, et al. Neuronal subtypes and diversity revealed by single-nucleus RNA sequencing of the human brain. Science, 2016, 352(6293): 1586-1590.

4 Kusebauch U, Campbell DS, Deutsch EW, et al. Human SRMAtlas: A resource of targeted assays to quantify the complete human proteome. Cell, 2016, 166(3): 766-778.

5 Mertins P, Mani DR, Ruggles KV, et al. Proteogenomics connects somatic mutations to signalling in breast cancer. Nature, 2016, 534(7605): 55-62.

6 Zhang H, Liu T, Zhang Z, et al. Integrated proteogenomic characterization of human high-grade serous ovarian cancer. Cell, 2016, 166(3): 755-765.

7 Mostafavi S, Yoshida H, Moodley D, et al. Parsing the interferon transcriptional network and its disease associations. Cell, 2016, 164(3): 564-578.

断推进的同时，全球神经科学家积极探讨开展全球协作，共同解决脑科学研究三大挑战[8]。

脑科学研究产出系列成果，尤其是在脑-机接口技术上取得了重要突破。技术进步推动基础研究快速发展，美国冷泉港实验室开发的标记大脑神经元MAP-seq新技术，有望实现深度神经网络的重大突破[9]；美国洛克菲勒大学首次精确定位并定量了哺乳动物大脑中的基因表达[10]。脑图谱绘制方面，美国加州大学伯克利分校成功绘制了大脑语义地图，迈出了解读人类思想的关键一步[11]；美国华盛顿大学完成了人类大脑皮层图谱，97个大脑皮层区域首次亮相[12]；美国艾伦脑科学研究院绘制了迄今最完整的数字版人脑结构图谱，将成为大脑研究的最新指南[13]。美国俄亥俄州立大学[14]、瑞士联邦技术研究所[15]分别利用脑-机接口技术，实现了脊髓损伤后人类和黑猩猩对自身部位而非假肢的控制，标志着脑-机接口技术在2016年迈出了重要一步。

3. 合成生物学发展突飞猛进

合成生物学在改造生命和创造生命方面的研究愈发深入。随着软件工具的迅速发展与大数据技术的广泛应用，美国克雷格·文特尔研究所等机构在以前工作的基础上人工合成了目前世界上最小、仅含有473个基因的"合成细菌细

---

8 Global Brain Workshop 2016 Attendees. Grand Challenges for Global Brain Sciences. https://arxiv.org/ftp/arxiv/papers/1608/1608.06548.pdf [2016-09-06].

9 Kebschull JM, Garcia DSP, Reid AP, et al. High-throughput mapping of single-neuron projections by sequencing of barcoded RNA. Neuron, 2016, 91(5):975-987.

10 Renier N, Adams EL, Kirst C, et al. Mapping of brain activity by automated volume analysis of immediate early genes. Cell, 2016, 165(7):1789-1802.

11 Huth AG, de Heer WA, Griffiths TL, et al. Semantic information in natural narrative speech is represented in complex maps that tile human cerebral cortex. Nature, 2016, 532:453-458.

12 Glasser MF, Coalson TS, Robinson EC, et al. A multi-modal parcellation of human cerebral cortex. Nature, 2016, 536(7615):171.

13 Ding SL, Royall JJ, Sunkin SM, et al. Comprehensive cellular-resolution atlas of the adult human brain. Journal of Comparative Neurology, 2016, 524(16):3125-3481.

14 Bouton CE, Shaikhouni A, Annetta NV, et al. Restoring cortical control of functional movement in a human with quadriplegia. Nature, 2016, 533(7602):247-250.

15 Capogrosso M, Milekovic T, Borton D, et al. A brain-spine interface alleviating gait deficits after spinal cord injury in primates. Nature, 2016, 539(7628): 284-288.

胞" Syn3.0[16]；美国哈佛大学通过计算机软件设计出了只包含 57 个密码子的大肠杆菌基因组[17]，这一事件入选了我国两院院士投票评选的 2016 年世界十大科技进展新闻；美国华盛顿大学通过计算、建模、预测与优化，首次人工设计出了超级稳定的二十面体蛋白[18,19]，该重大成果入选了 2016 年《科学》杂志评选的十大科学突破，为合成生物学、药物装载提供了良好的工具。此外，人类基因组编写计划日益受到研究人员的关注[20,21]；能够合成硅 - 碳键生物体的诞生[22]预示着合成生物学未来具有无限可能性。

4. 干细胞与再生医学研究展现临床应用巨大前景

全球各国继续大力支持干细胞与再生医学研究，同时强化监管体系建设，进一步加速了干细胞与再生医学疗法的临床转化进程。干细胞基础研究持续深入，日本九州大学首次实现了干细胞体外生成成熟卵细胞，为理解卵子形成进程提供了新的蓝图[23]，该成果入选了 2016 年《科学》杂志评选的十大科学突破；美国加州大学旧金山分校利用化合物把皮肤细胞成功转化为心肌细胞[24]与脑细胞[25]；美国马里兰大学医学中心首次利用成人干细胞修复新生儿心脏。与此同时，包括干细胞在内的细胞技术与组织工程、3D 打印等工程化技术的融合，逐渐指明了工程化组织器官修复的发展方向。美国韦克福雷斯特大学利用"组织

---

16 Hutchison CA, Chuang RY, Noskov VN, et al. Design and synthesis of a minimal bacterial genome. Science, 2016, 351(6280): aad6253.

17 Bohannon J. Mission possible: Rewriting the genetic code. Science, 2016, 353(6301): 739.

18 Hsia Y, Bale JB, Gonen S, et al. Design of a hyperstable 60-subunit protein icosahedron. Nature, 2016, 535(7610): 136-139.

19 Bale JB, Gonen S, Liu Y, et al. Accurate design of megadalton-scale two-component icosahedral protein complexes. Science, 2016, 353(6297):389-394.

20 Callaway E. Plan to synthesize human genome triggers mixed response. Nature, 2016, 534(7606): 163.

21 Servick K. Scientists reveal proposal to build human genome from scratch. http://www.sciencemag.org/news/2016/06/scientists-reveal-proposal-build-human-genome-scratch [2016-10-05].

22 Kan SBJ, Lewis RD, Chen K, et al. Directed evolution of cytochromec for carbon-silicon bond formation: Bringing silicon to life. Science, 2016, 354(6315): 1048-1051.

23 Hikabe O, Hamazaki N, Nagamatsu G, et al. Reconstitution *in vitro* of the entire cycle of the mouse female germ line. Nature, 2016, 539(7628): 299-303.

24 Cao N, Huang Y, Zheng J, et al. Conversion of human fibroblasts into functional cardiomyocytes by small molecules. Science, 2016, 352(6290):1216-1220.

25 Zhang M, Lin YH, Sun YJ, et al. Pharmacological reprogramming of fibroblasts into neural stem cells by signaling-directed transcriptional activation. Cell Stem Cell, 2016, 18(5):653-667.

和器官集成打印系统"（ITOP）打印出人造耳朵、骨头和肌肉组织[26]，将其移植给动物后都能保持活性，有望解决人造器官移植难题。

5. 人类微生物组展现与人类健康和疾病重大关联

人类微生物组被称为人类的第二套基因组，该领域已经成为生物医学研究的热点，并获得各国的广泛关注。近年来，对待微生物组的观念更是从"影响人类健康和疾病"转变为"将人体微生物组视作一个人体器官"，显示人类微生物组的重要作用。目前，肠道微生物组是其中最受关注的领域。2016年，肠道微生物组与人类健康和疾病的关系研究持续推进，研究发现，肠道微生物对代谢疾病、心血管疾病[27]、神经系统疾病、癌症等多种疾病均具有重要的调控作用，同时与免疫应答[28]和营养水平也具有紧密联系。美国耶鲁大学解释了肠道菌群引起肥胖的机制，解决了困扰学界多年的难题[29]；美国加州理工学院阐述了肠道微生物与帕金森病的联系，证明肠道中特定种类微生物的分泌物会与α-突触核蛋白"携手"导致帕金森病的发生[30]；美国华盛顿大学[31,32]、法国里昂第一大学[33]同时发现在热量匮乏的情况下，肠道菌群的组成可以决定个体是健康生长还是发育不良。这三项研究被评为"全球健康尤其是营养学的一个分水岭"。

在机制探索的基础上，肠道微生物也为多种疾病的诊断和治疗带来了新的

26 Kang HW, Lee SJ, Ko IK, et al. A 3D bioprinting system to produce human-scale tissue constructs with structural integrity. Nature Biotechnology, 2016, 34(3):312-319.

27 Zhu W, Gregory JC, Org E, et al. Gut microbial metabolite TMAO enhances platelet hyperreactivity and thrombosis risk. Cell, 2016, 165(1): 111-124.

28 Schirmer M, Smeekens SP, Vlamakis H, et al. Linking the human gut microbiome to inflammatory cytokine production capacity. Cell, 2016, 167(4): 1125-1136, e8.

29 Perry RJ, Peng L, Barry NA, et al. Acetate mediates a microbiome-brain-β-cell axis to promote metabolic syndrome. Nature, 2016, 534(7606): 213-217.

30 Sampson TR, Debelius JW, Thron T, et al. Gut microbiota regulate motor deficits and neuroinflammation in a model of Parkinson's disease. Cell, 2016, 167(6): 1469-1480, e12.

31 Blanton LV, Charbonneau MR, Salih T, et al. Gut bacteria that prevent growth impairments transmitted by microbiota from malnourished children. Science, 2016, 351(6275): aad3311.

32 Charbonneau MR, O'Donnell D, Blanton LV, et al. Sialylated milk oligosaccharides promote microbiota-dependent growth in models of infant undernutrition. Cell, 2016, 164(5): 859-871.

33 Schwaizer M, Makki K, Storelli G, et al. Lactobacillus plantarum strain maintains growth of infant mice during chronic undernutrition. Science, 2016, 351(6275): 854-857.

机遇。美国贝勒医学院发现一种肠道细菌能够逆转小鼠的自闭症状[34]；比利时鲁汶大学发现一种名为 *Akkermansia* 的肠道细菌能够减缓小鼠的肥胖和糖尿病进程[35]；微生物疗法公司 Seres Therapeutics 宣布启动全球首个合成性微生物药物 SER-262 治疗原发性艰难梭菌感染的Ⅰb期临床试验。

6. 首个 PD-L1 免疫疗法药物上市，细胞免疫疗法有望攻克实体瘤

近年来，免疫疗法研发热度持续不减，被视为肿瘤治疗的新希望。2016年《麻省理工科技评论》（*MIT Technology Review*）将应用免疫工程治疗疾病评为年度十大突破技术。

免疫检查点抑制剂和细胞免疫疗法是当前肿瘤免疫疗法研究的热点。在免疫检查点抑制剂方面，2016年美国食品药品监督管理局（FDA）批准了首个以 PD-L1 为靶点的免疫疗法药物 Tecentriq。2016年，细胞免疫疗法在攻克实体瘤方面取得了多项突破性成果。美国宾夕法尼亚大学在小鼠模型中证明了靶向癌细胞表面蛋白 Tn-MUC1 的嵌合抗原受体 T 细胞（CAR-T）疗法治疗白血病和胰腺癌的有效性[36]；美国希望之城医学中心贝克曼研究所利用靶向白细胞介素的 CAR-T 疗法治疗脑癌患者，患者肿瘤显著缩小，且肿瘤曾完全消失[37]；美国国立卫生研究院（National Institutes of Health，NIH）下属癌症研究所利用靶向 *KRAS* 突变的肿瘤浸润淋巴细胞（TIL）回输，治愈了一名晚期结肠癌患者[38]。

7. 个体化和精准化是医药技术发展的方向

随着精准医学的快速发展，全球新药研发模式逐渐从传统的重磅炸弹式向

---

34 Buffingyon SA, Prisco GVD, Auchtung TA, et al. Microbial reconstitution reverses maternal diet-induced social and synaptic deficits in offspring. Cell, 2016, 165(7): 1762-1775.

35 Plovier H, Everard A, Druart C, et al. A purified membrane protein from *Akkermansia muciniphila* or the pasteurized bacterium improves metabolism in obese and diabetic mice. Nature Medicine, 2016, 23(1): 107-113.

36 Posey AD, Schwab RD, Boesteanu AC, et al. Engineered CAR T cells targeting the cancer-associated Tn-glycoform of the membrane mucin MUC1 control adenocarcinoma. Immunity, 2016, 44(6): 1444-1454.

37 Brown CE, Alizadeh D, Starr R, et al. Regression of glioblastoma after chimeric antigen receptor T-cell therapy. New England Journal of Medicine, 2016, 375(26): 2561-2569.

38 Tran E, Robbins PF, Lu YC, et al. T-cell transfer therapy targeting mutant KRAS in cancer. New England Journal of Medicine, 2016, 375(23): 2255-2262.

精确制导式发展，特别是以个体化和精准化为特征的靶向药物发展迅速。2016年，FDA 批准的 22 个新药中，靶向药物有 18 个。与此同时，许多重要的新的疾病靶点正在被不断发现。2016 年，美国加州大学旧金山分校、美国凯斯西储大学分别发现了三阴性乳腺癌（TNBC）的新靶点 PIM1 激酶[39]、肿瘤免疫疗法新靶点免疫检查点蛋白 Cdk5[40]，美国加州大学圣地亚哥分校发现了 172 种肿瘤基因突变与靶向药物的组合[41]。生物大数据成为靶向药物研发、指导精准用药的重要资源。2016 年，美国 Regeneron 遗传学中心将 50 000 余人的基因组数据与其电子病历相结合，发现了家族性高胆固醇血症致病基因[42,43]；英国维康信托基金会桑格研究所研究了 11 000 个患者样本中的肿瘤基因突变，发现了癌症基因突变与对特定药物的敏感性之间的关联[44]。

（二）技术进步

生命科学新技术不断革新，推动生命科学研究朝着精准化、定量化和可视化的方向进一步发展。

1. 基因测序技术迈向高通量、低成本与便携性时代

高通量、高精度、低成本和便携性是测序技术和仪器研发的方向。纳米孔测序技术入选了 2016 年《科学》杂志评选的十大科学突破。Oxford Nanopore 公司便携式纳米孔测序仪 MinION 完成了对埃博拉病毒的现场检测[45]，在国际空

---

39 Horiuchi D, Camarda R, Zhou AY, et al. PIM1 kinase inhibition as a targeted therapy against triple-negative breast tumors with elevated MYC expression. Nature Medicine, 2016, 22(11): 1321-1329.

40 Dorand RD, Nthale J, Myers JT, et al. Cdk5 disruption attenuates tumor PD-L1 expression and promotes antitumor immunity. Science, 2016, 353(6297): 399-403.

41 Srivas R, Shen JP, Yang CC, et al. A network of conserved synthetic lethal interactions for exploration of precision cancer therapy. Molecular Cell, 2016, 63(3): 514-525.

42 Abul-Husn NS, Manickam K, Jones LK, et al. Genetic identification of familial hypercholesterolemia within a single US health care system. Science, 2016, 354(6319): aaf7000.

43 Dewey FE, Murray MF, Overton JD, et al. Distribution and clinical impact of functional variants in 50 726 whole-exome sequences from the DiscovEHR study. Science, 2016, 354(6319): aaf6814.

44 Iorio F, Knijnenburg TA, Vis DJ, et al. A landscape of pharmacogenomic interactions in cancer. Cell, 2016, 166(3): 740-754.

45 Quick J, Loman NJ, Duraffour S, et al. Real-time, portable genome sequencing for Ebola surveillance. Nature, 2016, 530: 228-232.

间站对鼠、病毒和细胞的 DNA 测序及人类全基因组进行测序[46]，这些应用证实了纳米孔测序技术在测序中的应用潜力。一系列新型测序技术也不断涌现，由英国诺丁汉大学开发的 Read Until 测序技术通过与纳米孔测序联用，实现了高度选择性的 DNA 测序[47]。第二代基因测序技术也在不断改进，Illumina 在 2017 年初推出了 NovaSeq 新型测序仪，有望将人类全基因组测序成本降至 100 美元。

2. 表观转录组分析技术揭示 RNA 修饰调控机理

开发新型测序技术，发现 RNA 修饰标志物及其修饰位点，揭示其调控机理，是目前表观转录组领域发展的重点。2016 年，美国加州大学洛杉矶分校开发出了一种新型 RNA 测序技术 m6A-LAIC-seq，可以提供 RNA 化学修饰的详细信息[48]；比利时布鲁塞尔自由大学开发出了 hMeRIP-seq 技术，绘制了 RNA 的 hm5C 转录组图谱，全面揭示了这一 RNA 修饰的分布、位置和功能[49]；芝加哥大学与霍华德·休斯医学研究所及北京大学分别开发出两种新技术 m1A-seq[50] 和 m1A-ID-seq[51]，实现了全转录组水平上的谱图鉴定，同时发现了一种新的 RNA 甲基化修饰形式——m1A，扩展了 mRNA 中的修饰种类，为该领域提供了新的研究方向。表观转录组分析技术被《自然 - 方法》杂志（*Nature Methods*）评为 2016 年的年度技术。

3. 单细胞测序与分析技术加速人类细胞图谱绘制

单细胞测序新技术不断涌现，美国麻省理工学院开发出了新型 RNA 测序技术

---

46 Business Wire. Wellcome trust centre for human genetics and genomics plc first to sequence multiple human genomes using hand-held nanopore technology. http://www.businesswire.com/news/home/20161201006115/en/Wellcome-Trust-Centre-Human-Genetics-Genomics-plc [2017-02-20].

47 Loose M, Malla S, Stout M. Real-time selective sequencing using nanopore technology. Nature Methods, 2016, 13: 751-754.

48 Molinie B, Wang J, Lim KS, et al. m(6)A-LAIC-seq reveals the census and complexity of the m(6)A epitranscriptome. Nature Methods, 2016, 13: 692-698.

49 Delatte B, Wang F, Ngoc LV, et al. Transcriptome-wide distribution and function of RNA hydroxymethylcytosine. Science, 2016, 351(6270): 282-285.

50 Dominissini D, Nachtergaele S, Moshitch-Moshkovitz S, et al. The dynamic N1-methyladenosine methylome in eukaryotic messenger RNA. Nature, 2016, 530: 441-446.

51 Li X, Xiong Y, Wang K, et al. Transcriptome-wide mapping reveals reversible and dynamic N(1)-methyladenosine methylome. Nature Chemical Biology, 2016, 12(5): 311-316.

Div-Seq，可以揭示新生神经元的动态[52]；我国北京大学开发出了单细胞三重组学测序技术，首次实现对单细胞进行三种组学同时高通量测序[53]。在单细胞分析技术方面，美国加州理工学院开发出光学原位读取人工突变存储（memory by engineered mutagenesis with optical *in situ* readout，MEMOIR）技术，能够读取动物细胞的生命历史和"谱系图"[54]。得益于这些单细胞技术的进步，国际人类细胞图谱计划得以酝酿实施。

4. 基因编辑技术日益精准，得以广泛应用

基因编辑技术的精确性及脱靶问题逐步改善，其应用范围也进一步扩大。美国哈佛大学实现了对单个碱基的编辑，提高了其精确性[55]；美国麻省总医院（MGH）减少了 Cas9 酶与靶 DNA 的非特异性互作，从而降低了脱靶效应[56]；美国加州大学圣地亚哥分校首次实现了 RNA 编辑[57]，美国索克生物研究所开发出了可编辑眼睛、大脑、胰腺及心脏细胞等非分裂细胞的新技术[58]，为基因编辑技术应用于疾病治疗带来了更广阔的前景。同时，法国艾克斯 - 马赛大学、日本神户大学及我国南京大学先后分别开发了巨型拟菌病毒噬病毒体抵抗元件（MIMIVIRE）新系统、Target-AID 新技术[59]、以结构引导的内切酶（structure-guided nuclease，SGN）技术[60]，均有望成为新型基因编辑工具。

---

52 Hablb N, Li Y, Heldenrelch M, et al. Div-Seq: Single-nucleus RNA-Seq reveals dynamics of rare adult newborn neurons. Science, 2016, 353: 925-928.

53 Hou Y, Guo H, Cao C, et al. Single-cell triple omics sequencing reveals genetic, epigenetic, and transcriptomic heterogeneity in hepatocellular carcinomas. Cell Research, 2016, 26: 304-319.

54 Frieda KL, Linton JM, Hormoz S, et al. Synthetic recording and in situ readout of lineage information in single cells. Nature, 2016, 541: 107-111.

55 Komor AC, Kim YB, Packer MS, et al. Programmable editing of a target base in genomic DNA without double-stranded DNA cleavage. Nature, 2016, 7630(533):420-424.

56 Kleinstiver BP, Pattanayak V, Prew MS, et al. High-fidelity CRISPR-Cas9 nucleases with no detectable genome-wide off-target effects. Nature, 2016, 529:490-495.

57 Nelles DA, Fang MY, O'Connell MR, et al. Programmable RNA tracking in live cells with CRISPR/Cas9. Cell, 2016, 165(2): 488-496.

58 Suzuki K, Tsunekawa Y, Hernandez-Benitez R, et al. *In vivo* genome editing via CRISPR/Cas9 mediated homology-independent targeted integration. Nature, 2016, 540(7631):144-149.

59 Nishida K, Arazoe T, Yachie N, et al. Targeted nucleotide editing using hybrid prokaryotic and vertebrate adaptive immune systems. Science, 2016, 353(6305):aaf8729.

60 Xu S, Cao S, Zou B, et al. An alternative novel tool for DNA editing without target sequence limitation: the structure-guided nuclease. Genome Biology, 2016, 17:186.

5. 体外诊断技术高速发展，液体活检走向应用

体外诊断技术迎来高速发展期，为疾病的精准诊疗奠定了基础。作为体外诊断分支技术的液体活检技术已从科研走向应用，成为疾病早期筛查和预后的重要工具。2015年，《麻省理工科技评论》将液体活检评为年度十大突破技术。液体活检的检测物包括循环肿瘤细胞（CTC）、循环肿瘤DNA（ctDNA）、循环肿瘤RNA和外泌囊泡小体（exosome）4类，其中CTC和ctDNA是目前的研究热点。2016年4月，美国FDA批准了首款基于ctDNA进行肿瘤筛查的产品——Epigenomics公司的Epi proColon试剂盒（用于筛查大肠癌）。

（三）产业发展

生物产业是当今发展最快的领域之一。当前，生物技术不断在医学、农业、工业、环境、能源等领域展现出巨大的潜力，正在引发新的科技革命，并有可能从根本上解决世界人口、粮食、环境、能源等影响人类生存与发展的重大问题，生物产业的蓝图正被越来越深刻地描绘。全球生物产业的销售额每5年翻一番，复合年均增长率高达30%，是世界经济增长率的10倍，生物产业已成为增长速度领先的经济领域。

1. 代表性领域的现状与发展态势

在医疗领域，靶向药物、细胞治疗、基因检测、智能型医疗器械、可穿戴即时监测设备、远程医疗、健康大数据等新技术加速普及应用，智慧医疗、精准医疗正在改变着传统的疾病预防、检测、治疗模式，为提高人民群众的健康质量提供了新的手段。

德勤在题为《2017年全球生命科学行业展望：在未知市场中寻求发展》的报告中指出，2017年，制药、生物技术、仿制药和生物仿制药、医疗技术、批发和销售等所有细分领域中各个规模的生命科学公司将会继续专注于实现可持续的利润增长。生物技术药品仍在逐渐夺取传统药物的市场份额。该报告中的数据显示，2010～2016年，全球生物技术领域的复合年均增长率为

3.7%，从 2 637 亿美元预计增加至 2 935 亿美元，2015 年全球销售额中前十大药品有 7 种属于生物技术药品。2016～2021 年这 5 年，全球生物技术收入预计将增长至 3 147 亿美元。世界各国，尤其是新兴经济体对生物技术投资的增加，将大幅拉动这一增长，并且生物技术行业有望进一步商业化，以满足更多发达国家老龄人群的需求。

Evaluate Pharma 发布的 *World Preview 2017, Outlook to 2022* 数据显示，未来 5 年，生物制品将稳步增长，2022 年将占有医药市场 30% 的份额，将达 3 260 亿美元。罗氏公司将是最大的赢家，其生物制品销售额将从 2016 年的 319 亿美元增长到 2022 年的 387 亿美元，占有生物制品 11.9% 的市场份额，其次是赛诺菲公司和安进公司，它们的生物制品销售额将分别增加 8% 和 2%，销售额分别增至 242 亿美元和 217 亿美元，将分别获得 7.4% 和 6.7% 的市场份额。

在农业领域，一场生物科技的"绿色革命"正在发生，现代种植业和养殖业正在发生翻天覆地的变化，生物育种技术的进步极大地促进了动植物营养价值的改进、抗病性的增强及产量的提高。

国际农业生物技术应用服务组织（ISAAA）发布了《2016 年全球生物技术 / 转基因作物商业化发展态势》报告，再次强调了转基因作物为发展中国家和发达国家的农民带来的长期收益。2016 年，转基因作物的全球种植面积出现 3% 的回升，由 2015 年的 1.797 亿 hm^2 增至史上最高水平——1.851 亿 hm^2。其中，19 个发展中国家的种植面积占总面积的 54%，7 个发达国家占 46%；转基因作物的最大种植国仍然是美国、巴西、阿根廷、加拿大和印度。2016 年，转基因水果和蔬菜的商业化及种植也取得了相应的进展，更多的转基因产品逐步走向消费市场。

Markets & Markets 出版的最新报告显示，2015 年全球农业生物市场价值约为 51 亿美元，预计 2016～2022 年农用生物制剂市场复合年均增长率将达到 12.76%，到 2022 年达到 113.5 亿美元。国际动物保健联盟（IFAH）的数据显示，2015 年，除中国企业销售额外，全球兽药销售额为 300 亿美元，2010～2015 年呈上升趋势。目前，全球生物刺激剂市场估值在 13 亿美元左右。预计到 2020 年，生物刺激剂产品全球市值将达到 20 亿～30 亿美元，复合年均增长率在 10% 以上。

在节能和环保方面，生物制造产品比传统石化产品平均节能 30%～50%，环境影响减少 20%～60%，微生物及其组成成分正在被越来越多地用于清除工业废物、修复生态系统，生物质能正在成为推动能源生产消费革命的重要力量，一个基于碳素循环利用的绿色经济模式正在建立。

目前全球生物经济处于快速发展阶段，由生物技术驱动的生物制造业发展势头强劲。2016 年，美国农业部（USDA）发布的报告指出，2014 年生物基产品行业为美国经济贡献了 3 930 亿美元和 422 万个就业岗位。到 2025 年，生物基化学品将占据 22% 的全球化学品市场，生物基化学品的产值将超过 5 000 亿美元 / 年，由其创造的工作机会将达到 237 000 个。

世界生物质能协会（WBA）推出的 2017 年全球生物能源统计报告数据显示，2014 年，生物能源作为最大的可再生能源，总消费量为 50.5EJ，占全球能源结构的 14%。生物能源行业雇用了 280 万人，不占传统生物质能部门的就业岗位。勒克斯研究公司（Lux Research）的《2022 生物燃料展望：全球生物燃料产能扩充的新时代曙光》报告显示，新生物燃料技术终于开始挤压传统生物燃料（如第一代生物柴油）的市场空间。基于非粮原料产生新型燃料的新设施占据新产能配置的半数以上，这对生物燃料行业而言，尚属首次。然而，其总产量将从 2016 年的 590 亿加仑[①] / 年（BGY）低速增长，到 2022 年将达到 670 亿加仑 / 年。预计 2016～2020 年全球生物燃料市场的复合年均增长率将达到 12.5%。而 Pike Research 预测，全球生物燃料市场在 2021 年将达到 1 853 亿美元。

生物医药业的蓬勃发展带动了生物服务市场的兴起。从 Frost & Sullivan 的数据可以看出，全球生物制剂研发服务市场由 2012 年的 48 亿美元增长至 2016 年的 84 亿美元，复合年均增长率约为 14.9%，预计 2021 年有望加速增长至 200 亿美元。由于不同地区合同研究组织（Contract Research Organization，CRO）产业发展时长不同，因此产业的地域分布差异明显，主要以欧美国家为

---

① 1 加仑＝3.785 43L

主，仅美国就占了 60%，欧美合计占比高达 90%。目前全球前 50 位的 CRO 企业大部分位于欧美等发达国家。

Business Insight 研究统计显示，全球医药整体外包市场容量已经由 2011 年的 570 多亿美元增长至 2016 年的 980 亿美元，复合年均增长率达 11.5%。而合同生产外包（CMO）市场作为外包市场的重要组成部分，市场容量已由 2013 年的 400 亿美元增至 2017 年的 628 亿美元，复合年均增长率达 12%。在行业基本未发生重大改变的情况下，未来几年 CMO 行业依旧可以保持较快增速。

2. 全球生命科学投融资与并购形势

总体来看，2016 年全球生命科学领域的投融资有所放缓。尽管总的投资额有所紧缩，但是企业风险投资对生命科学初创公司的兴趣依然不减。Bioworld 发布的《2016 年生物医药投融资调研报告》指出，2016 年生命科学领域的投融资仍相当活跃，全年投融资交易额约为 370 亿美元，共完成了 38 项 IPO，139 家企业通过后续发行募集资金 151 亿美元，高级债券配售融资达 16 亿美元，中国两家企业信达生物制药有限公司和基石药业有限公司分别以 2.6 亿美元和 1.5 亿美元的融资上榜私募 Top5。

企业并购方面，2015 年是生命科学领域并购强劲的一年，业内预计 2016 年也将会实现平稳增长，但事实是 2016 年生命科学领域的收购交易额和交易量都有明显的下降：2016 年全球生命科学领域并购 Top10 交易量为 1 956.06 亿美元，较 2015 年的 3 039.26 亿美元下降了 36%。

2016 年，全球共有 38 家生命科学领域的公司完成 IPO，累计募集资金约为 59.4 亿美元。每个季度的 IPO 数量也不相上下：第一季度有 8 家，第二季度有 12 家，第三季度有 10 家，第四季度有 8 家。其中有 7 家 IPO 募集金额在 1 亿美元以上。

对 2016 年生命科学领域企业的融资类型进行分析，包括公开募集、公共企业融资及私有企业融资三种类型，其中通过公开募集的金额为 209 亿美元，通过公共企业融资的金额为 81 亿美元，通过私有企业融资的金额为 84 亿美元。公开募集仍然是生命科学领域企业融资的主要类型。

二、我国生命科学与生物技术发展态势

中国生命科学的重大进展在引领科学前沿方面持续取得突破，聚焦国计民生和科技惠民，在某些学科前沿形成了具有较强国际竞争力的优势团队，推动生命科学领域前瞻性重大科学研究蓬勃发展。

（一）重大研究进展

我国在生命科学研究领域取得快速发展，在基因组测序及其关联分析、结构生物学、干细胞等领域占据一定优势地位，在免疫学、神经生物学、表观遗传学等领域取得了具有特色的系列突破性成果。2016 年度，我国科学家在代谢性疾病跨代遗传、肿瘤免疫治疗、自闭症非人灵长类模型方面取得重要进展，为某些疾病的治疗和药物研发奠定了基础。

结构生物学突破频现，我国科研人员解析了多种重要生物大分子结构功能。清华大学揭示 RNA 剪接的关键分子机制[61~64]，基本覆盖了整个剪接通路中关键的催化步骤，提供了迄今为止最为清晰的剪接体不同工作状态下的结构信息，大大推动了 RNA 剪接领域的研究进展。清华大学利用结构生物学手段来研究兴奋收缩偶联过程，在世界上首次解析了利阿诺定受体两个亚型（RyR1、RyR2）的近原子分辨率结构，还解析了备受瞩目的首个真核电压门控钙离子通

61 Wan R, Yan C, Bai R, et al. The 3.8 Å structure of the U4/U6. U5 tri-snRNP: Insights into spliceosome assembly and catalysis. Science, 2016, 351(6272): 466-475.

62 Yan C, Wan R, Bai R, et al. Structure of a yeast activated spliceosome at 3.5 Å resolution. Science, 2016, 353(6302): 904-911.

63 Wan R, Yan C, Bai R, et al. Structure of a yeast catalytic step I spliceosome at 3.4 Å resolution. Science, 2016, 353(6302): 895-904.

64 Yan C, Wan R, Bai R, et al. Structure of a yeast step II catalytically activated spliceosome. Science, 2016, 355(6321): aak9979.

道结构[65~67]。清华大学解析了呼吸链超级复合物的结构和功能[68,69]，该结构是目前所解析的最复杂的非对称性膜蛋白超级分子机器的结构。中国科学院生物物理研究所利用最新的单颗粒冷冻电镜技术，在国际上率先解析了高等植物菠菜光合作用超级复合物的高分辨率三维结构[70]，破解了光合作用超分子结构之谜。

表观遗传修饰与表观遗传机制研究推动发育生物学不断前行。中国科学院动物研究所发现精子 RNA 可作为记忆载体将获得性性状跨代遗传[71]，为阐明获得性性状的跨代遗传机制提供了一个很好的解释；中国科学院生物化学与细胞生物学研究所第一次在体内证明 DNA 甲基化及其氧化修饰在小鼠胚胎发育过程中具有重要功能，揭示了胚胎发育过程中关键信号通路的表观遗传调控机理[72]，为发育生物学提供了新的认识；同济大学首次利用微量细胞染色体免疫共沉淀技术揭示了 H3K4me3 和 H3K27me3 两种重要组蛋白修饰在早期胚胎中的分布特点及对早期胚胎发育独特的调控机制[73]，对研究胚胎发育异常、提高辅助生殖技术的成功率具有重要意义。

神经科学与脑科学研究"多点开花，百家争鸣"。中国科学院神经科学研究所构建了首个携带人类自闭症基因的非人灵长类动物模型[74]，建立了非人灵长类

65 Wu J, Yan Z, Li Z, et al. Structure of the voltage-gated calcium channel Cav1.1 at 3.6 Å resolution. Nature, 2016, 537(7619): 191-196.

66 Bai XC, Yan Z, Wu J, et al. The central domain of RyR1 is the transducer for long-range allosteric gating of channel opening. Cell Research, 2016, 26(9): 995-1006.

67 Peng W, Shen H, Wu J, et al. Structural basis for the gating mechanism of the type 2 ryanodine receptor RyR2. Science, 2016, 354(6310): aah5324.

68 Gu J, Meng W, Guo R, et al. The architecture of the mammalian respirasome. Nature, 2016, 537(7622):639-643.

69 Wu M, Gu J, Guo R, et al. Structure of mammalian respiratory supercomplex Ⅰ1 Ⅲ2 Ⅳ1. Cell, 2016, 167(6): 1598-1609, e10.

70 Wei X, Su X, Cao P, et al. Structure of spinach photosystem II-LHCII supercomplex at 3.2 Å resolution. Nature, 2016, 534(7605): 69-74.

71 Chen Q, Yan M, Cao Z, et al. Sperm tsRNAs contribute to intergenerational inheritance of an acquired metabolic disorder. Science, 2016, 351(6271): 397-400.

72 Dai HQ, Wang BA, Yang L, et al. TET-mediated DNA demethylation controls gastrulation by regulating Lefty-Nodal signalling. Nature, 2016, 538(7626):528.

73 Liu X, Wang C, Liu W, et al. Distinct features of H3K4me3 and H3K27me3 chromatin domains in pre-implantation embryos. Nature, 2016, 537(7621): 558-562.

74 Liu Z, Li X, Zhang JT, et al. Autism-like behaviours and germline transmission in transgenic monkeys overexpressing MeCP2. Nature, 2016, 530(7588): 98-102.

的孤独症动物模型和行为学分析范式，为今后非人灵长类疾病模型的构建、病理研究和药物研发奠定了基础。中国科学院自动化研究所成功绘制出全新的人类脑图谱——脑网络组图谱[75]，突破了 100 多年来传统脑图谱绘制的瓶颈，第一次建立了宏观尺度上的活体全脑连接图谱。浙江大学在国际上率先提出"混合智能"研究范式——生物智能与机器智能的融合，在国际上首次实现将计算机的听视觉识别能力"嫁接"到生物体上，构建了听视觉增强的大鼠机器人；在国内首例实现人意念控制机械手，完成"石头 - 剪刀 - 布"猜拳游戏；部分成果还实现了初步转化，成功开发了若干神经康复设备，并用于临床试验。

干细胞与再生医学逐渐走向下游，我国处于世界领先地位。中国科学院首次构建出以稳定二倍体形式存在的异种杂合胚胎干细胞，为研究进化上不同物种间性状差异的分子机制提供了新工具[76]。干细胞移植疗法展现出在多种疾病中的治疗效果，中山大学首次利用干细胞实现了晶状体的原位再生[77]；北京大学还建立了单倍体骨髓移植技术体系，突破了白血病骨髓移植供体不足的世界性难题，被世界骨髓移植协会命名为白血病治疗的"北京方案"。中国科学院利用生物材料结合干细胞移植治疗急性完全性脊髓损伤临床研究获得突破进展；四川蓝光英诺生物科技股份有限公司成功将 3D 打印血管植入猴体内。

免疫学与传染病学领域凸显重磅突破。中国科学院生物化学与细胞生物学研究所发现，调控 T 细胞的代谢检查点可改变其代谢状态及抗肿瘤活性，提出基于胆固醇代谢调控的肿瘤免疫治疗新方法[78]，初步证实了细胞代谢调控在肿瘤免疫治疗中的应用前景。北京中医药大学证实了利根川进的转座子起源假说[79]，不但改写了免疫教科书中关于适应性免疫起源的观点，而且可能为未来利用重排机

---

75 Fan L, Li H, Zhuo J, et al. The human brainnetome atlas: a new brain atlas based on connectional architecture. Cerebral Cortex, 2016, 26(8): 3508-3526.

76 Li X, Cui XL, Wang JQ, et al. Generation and application of mouse-rat allodiploid embryonic stem cells. Cell, 2016, 164(1-2): 279-292.

77 Lin H, Ouyang H, Zhu J, et al. Lens regeneration using endogenous stem cells with gain of visual function. Nature, 2016, 531(7594): 323-328.

78 Yang W, Bai Y, Xiong Y, et al. Potentiating the antitumour response of CD8+ T cells by modulating cholesterol metabolism. Nature, 2016, 531(7596): 651-655.

79 Huang S, Tao X, Yuan S, et al. Discovery of an active RAG transposon illuminates the origins of V(D)J recombination. Cell, 2016, 166(1):102-114.

制设计新的免疫抗体／基因提供崭新的基因编辑思路和技术。中国科学院微生物研究所在国际上率先解析出埃博拉病毒表面激活态糖蛋白与宿主细胞内吞体膜受体 NPC1 腔内结构域 C 的复合物三维结构，阐明两者如同"锁钥"的相互作用模式，从分子水平阐释了一种新的囊膜病毒膜融合激发机制（第五种机制）[80]。

我国科学家在农作物产量性状、株型及其调控通路方面取得了系列重要进展。中国科学院植物生理生态研究所系统地揭示了水稻产量性状杂种优势的分子遗传机制[81]，有望进一步优化水稻品种的杂交改良，选育出更加高产、优质和多抗的水稻种质资源。清华大学发现了独脚金内酯的受体感知机制，揭示了"受体 - 配体"不可逆识别的新规律[82]，丰富了生物学领域过去百年建立的配体可逆地结合受体并循环地触发传导链的"配体 - 受体"识别理论，为创立生物受体与配体不可逆识别的新理论奠定了重要基础。中国科学院遗传与发育生物学研究所首次分离了拟南芥中花粉管识别雌性吸引信号的受体蛋白复合体，并揭示了植物雌雄配子体识别和激活的分子机制[83]。

（二）技术进步

我国生命科学领域生物样本数字化资源与数据驱动引擎相继开放。深圳国家基因库定位为"三库两平台"，即基因信息数据库、生物样本库、生物活体库，以及数字化平台和合成与基因编辑平台。该基因库聚焦生物医药、生物农业、微生物和海洋生物等领域，缩短了基础科研到科技成果转化应用周期，其综合能力居世界前列。我国微生物组大数据搜索引擎 MSE 上线，使微生物组的智能搜索和大数据挖掘成为现实。MSE 可为海量的样本列出菌群结构或功能相似性的"目录"。同期还发布了分析软件 Parallel-META 3，可将未知微生物组

---

80 Ma W, Li S, Ma S, et al. Zika virus causes testis damage and leads to male infertility in mice. Cell, 2016, 167(6): 1511-1524, e10.

81 Huang X, Yang S, Gong J, et al. Genomic architecture of heterosis for yield traits in rice. Nature, 2016, 537(7622): 629-633.

82 Yao R, Ming Z, Yan L, et al. DWARF14 is a non-canonical hormone receptor for strigolactone. Nature, 2016, 536(7617): 469-473.

83 Wang T, Liang L, Xue Y, et al. A receptor heteromer mediates the male perception of female attractants in plants. Nature, 2016, 531(7593): 241-244.

样本进行结构与功能分析，并与数据库搜索结果进行深入的对比分析。

新兴技术手段助力医学发展，安全伦理受到广泛关注。2016 年 4 月，世界上第一例经过核移植操作的"三亲婴儿"哈桑在墨西哥出生。进行该项研究的张进团队采用了"三亲父母"技术，在安全性和伦理问题上引起了巨大争议，并入选了 *Science News* 杂志评选出的年度十大科学新闻。2016 年 10 月 28 日，全球第一例 CRISPR-Cas9 基因编辑人体临床试验开始实施，首名患者在中国四川大学华西医院接受了经 CRISPR 技术改造的 T 细胞治疗[84]，该新闻入选了《自然》杂志年度科学事件。我国科研人员历经 10 年攻关，建立了干细胞程序性高效扩增与血液定向诱导分化关键技术体系，提高了干细胞定向诱导分化和扩增的效率，在规模化制备红细胞环节取得新的突破，扩增率明显优于以往技术水平，使我国干细胞制备"人工血液"技术进入国际先进行列。

颠覆性创新技术不断涌现。由我国独立研发的"无创胚胎染色体筛查技术"（NICS）从安全性与无创性的角度，对传统的胚胎植入前遗传学筛查（PGS）的"胚胎活检"方式提出了颠覆性的创新思路与方法。NICS 得到了世界生殖界的认可[85]，也代表着我国科研人员的自主研发能力已跻身于世界前列。北京大学以流感病毒为模型，发明了人工控制病毒复制从而将病毒直接转化为疫苗的技术[86]，这一发现颠覆了病毒疫苗研发的理念，成就了活病毒疫苗的重大突破。我国科学家利用经颅磁刺激技术，对吸毒平均十多年的海洛因成瘾者进行研究，成功降低了患者机体对药物的渴求度，这是世界上首次把经颅磁刺激技术应用于海洛因成瘾者[87]。华东理工大学在生物纳米孔超灵敏单核苷酸分辨领域取得了独创性突破，不仅进一步降低了纳米孔单碱基分辨的成本，同时也将大大提高纳米孔 DNA 测序的精确度。

84 Cyranoski D. CRISPR gene-editing tested in a person for the first time. Nature News, 2016, 539(7630): 479.

85 Xu J, Fang R, Chen L, et al. Noninvasive chromosome screening of human embryos by genome sequencing of embryo culture medium for *in vitro* fertilization. Proceedings of the National Academy of Sciences, 2016, 113(42): 11907-11912.

86 Si L, Xu H, Zhou X, et al. Generation of influenza A viruses as live but replication-incompetent virus vaccines. Science, 2016, 354(6316): 1170-1173.

87 Shen Y, Cao X, Tan T, et al. 10-Hz repetitive transcranial magnetic stimulation of the left dorsolateral prefrontal cortex reduces heroin cue craving in long-term addicts. Biological Psychiatry, 2016, 80(3): e13-e14.

自主研发医药产品打破了国际垄断，具有广阔的应用前景。我国自主研发的治疗病毒性肝炎的Ⅰ类新药长效干扰素上市。该制剂的抗病毒效果较好，半衰期较长，使用方便。其对丙肝的疗效与进口产品相当，且价格低廉。该药成功上市，打破了国际同类药物的垄断，大幅度降低了医疗成本。康柏西普眼用注射液2013年上市以后，以良好的疗效、安全性和较低的成本得到市场广泛认可，并被美国FDA准许直接进入美国Ⅲ期临床，打开了中国创新生物药国际化的新局面。肿瘤标志物热休克蛋白90α（Hsp90α）经国家食品药品监督管理总局批准用于临床肝癌的检测，取得了突破，是继甲胎蛋白标志物检测肝癌后又一标志物。这对肝癌患者的病情监测、疗效评估、指导治疗具有重要临床价值。呼吸道病原菌碟式芯片系统已研发成功。芯片检测试剂盒于2016年2月获得医疗器械证书。该试剂盒具有检测快速、准确灵敏等特点，为感染性疾病快速诊断与治疗，应对重大突发疾病提供了一种有效的工具，应用前景广阔。

（三）产业发展

生物产业作为21世纪创新最为活跃、影响最为深远的新兴产业，是我国战略性新兴产业的主攻方向，对于我国抢占新一轮科技革命和产业革命制高点，加快壮大新产业、发展新经济、培育新动能，建设"健康中国"具有重要意义。"十二五"以来，生物产业被列为我国重点培育发展的七大战略性新兴产业之一，各级政府陆续出台实施了一系列财税、价格、金融等优惠政策，我国生物产业发展迅速，其复合年均增长率达到15%以上，2015年产业规模超过3.5万亿元，到2020年，生物产业规模达到8万亿～10万亿元，生物产业增加值占GDP的比例超过4%，成为国民经济的主导产业。

目前，我国在部分领域与发达国家水平相当，甚至具备一定优势。经过多年发展，中国在超级杂交稻育种技术与应用、转基因植物研究等领域达到国际先进水平，动物体细胞克隆技术也日臻完善，废水处理新型反应器和新工艺的开发研究取得重要进展，一大批生物技术成果或已申报专利，或进入临床阶段，或正处于规模生产前期阶段，若干生物技术公共研发平台初步形成。其中，基因检测服务能力在全球已处于领先地位，出口药品已从原料药向技术含量更高的制剂拓展，源于中药古方的青蒿素的创制获得自然科学诺贝尔奖（这是我国的第一个自然科学诺贝尔奖），高端医疗器械核心技术的突破大幅降低了相关产品和服务的价格；超级稻亩[①]产突破 1 000kg，达到国际先进水平；生物发酵产业产品总量居世界第一位；生物能源年替代化石能源量超过 3 300 万 t 标准煤，处于世界前列[88]。

同时，在京津冀、长三角、珠三角等地，一批高水平、有特色的生物产业集群初见雏形。依托产业基地，中国生物产业发展呈现集群态势。长江三角洲已经成为中国生物产业最大的聚集区，围绕上海、杭州等基地逐步形成产业链上下游配套的产业集群；珠江三角洲的市场经济体系比较成熟，民营资本比较活跃，围绕广州、深圳等基地形成了商业网络发达的产业集群；环渤海地区的生物科技力量雄厚，各省市在医药产业链和价值链方面具有较强的互补性，围绕北京、天津等基地形成了创新能力最强的产业集群；中西部和东北地区利用当地动植物资源丰富的优势，迅速发展现代中药产业和生物农业，推动了地区特色产业的发展。

此外，中国生物产品出口快速增长，出口结构不断优化。随着跨国公司向中国的产业转移，生物技术外包服务业迅速发展，生物产业国际合作积极推进。

尽管如此，目前我国生物产业依然表现出严重的结构性失衡。我国生物医药行业研发（R&D）投入占销售收入的比例不到 1%，远低于国内所有行业的平均水平，与发达国家 10% 以上的研发强度相比差距太大。我国拥有 4 000 多家种子企业，但 95% 以上的种子企业仍停留在传统育种水平，转基因的产业化进展十分缓慢，生物能源、生物环保领域产业化进展也十分缓慢。

1. 代表性领域与发展现状

目前，医药产业总体增速上升，主要表现在：①主营业务收入增速小幅提升，2016 年医药工业规模以上企业实现主营业务收入 29 635.86 亿元，同比增

---

88 中华人民共和国国家发展和改革委员会. "十三五"生物产业发展规划. http://www.ndrc.gov.cn/zcfb/zcfbghwb/201701/W020170112411581437678.pdf [2017-02-20].

① 1 亩 ≈ 666.7m^2

长 9.92%，增速较上年同期提高 0.90 个百分点，增速高于全国工业整体增速 5.02 个百分点；②利润增速明显，2016 年医药工业规模以上企业实现利润总额 3 216.43 亿元，同比增长 15.57%，增速较上年同期提高 3.35 个百分点，高于全国工业整体增速 7.07 个百分点；③出口交货值首现回升，2016 年医药工业规模以上企业实现出口交货值 1 948.80 亿元，同比增长 7.26%，增速较上年同期提高 3.66 个百分点；④固定资产投资放缓，2016 年医药制造业完成固定资产投资 6 299 亿元，同比增长 8.4%，增速较上年下降 3.5 个百分点，高于全国工业整体增速 4.8 个百分点。

我国的生物农业产业具备以下特点：①我国育种企业集中度不断提高，借力资本市场提升了行业竞争力。2014 年中国生物育种的总市值已经增长到 966 亿元，其中 7 种主要农作物种子市值占比 65% 左右。②国际兽药市场增长速度明显慢于我国兽药市场增长速度。2015 年，我国兽药产业销售额为 451.89 亿元，2007～2015 年，我国兽药产业销售额复合年均增长率为 11.35%。同期，全球兽药产业在不包括中国的情况下，销售额复合年均增长率仅为 7.39%。③中国极有可能成为未来生物刺激剂应用的最大市场。目前，中国生物刺激剂市场约为 2 亿美元。未来 3～5 年，中国生物刺激剂市值也将达到 4 亿～5 亿美元。④利好政策出台让生物农药企业为之一振，一批国内优秀的生物农药企业逐渐成为生物农药行业中的翘楚。中国产业调研网发布的 2016～2020 年中国生物农药市场深度调查研究与发展前景分析报告显示，我国现有 260 多家生物农药生产企业，约占全国农药生产企业的 10%，生物农药制剂年产量近 13 万 t，年产值约 30 亿元人民币，分别占全国农药总产量和总产值的 10% 左右。

在生物制造领域，2016 年我国发酵行业主要产品产量达 2 629 万 t，与 2015 年相比增长 8.3%，扭转了近三年来一直低位徘徊的局面。其中，氨基酸实现了快速增长，淀粉、酶制剂、酵母、功能发酵制品保持了稳定增长，多元醇行业小幅增长，有机酸行业负增长。2016 年主要出口产品出口量达 408 万 t，同比增长 18.6%，大大高于 2015 年 3.3% 的增幅。受原料玉米价格下降等因素影响，淀粉、赖氨酸、乳酸、葡萄糖酸钠出口量实现了两位数增长，味精、柠檬酸、多元醇、酵母由于出口价格的持续降低也保持了较稳定增长，酶制剂出

现了负增长。国内乳酸厂商中，河南金丹是目前产能最大的乳酸生产企业，其年产能达到 8 万～10 万 t。国内生物基琥珀酸的规模化生产目前尚处于起步阶段，生产企业、产能等均较少，大部分以石油基为原料，单线产能仅为 1 000t 左右。从我国技术研究及产业化进度来看，主要还是以生物降解塑料为主，包括聚乳酸（PLA）、聚羟基脂肪酸脂（PHA）、二氧化碳共聚物、聚丁二酸丁二酯（PBS）、聚丁二酸 - 己二酸丁二酯（PBSA）、聚对苯二甲酸 - 己二酸丁二酯（PBAT）、生物基聚酰胺（BPA）等聚合物及淀粉基塑料方面。我国 PLA 纤维年产能约 1.5 万 t / 年，主要的生产企业分布在江苏、上海、河南等地。Nova 研究所发布的 2016 年亚洲生物基聚合材料行业报告显示，生物基聚合材料的全球年均生产量将在 2021 年达到 360 万 t 的规模，其中，聚丁二酸丁二醇酯［PBS（X）］和环状脂肪族聚碳酸酯（APC）已在我国扬州建成最大的生产工厂，并持续维持全球供应。

　　随着油价的提升和能源安全需求显著，生物能源越来越受到欢迎。我国虽然现在已经成为世界上生物乙醇的第三大生产和消费国家，但 2015 年的产量占比仅有 3.17%，距离发展完善的市场还有极大的提升空间。目前，我国共有 7 家生物乙醇定点生产企业，其中河南天冠生物工程股份有限公司以年产能 70 万 t 位居国内第一。中国生物柴油产量约为 100 万 t / 年。国内目前获得正规路条的生物柴油企业不足十家，主要包括海南正和生物能源公司、福建龙岩卓越新能源开发有限公司、无锡华宏生物燃料有限公司、福建源华能源科技有限公司、湖南天源生物清洁能源有限公司、湖南海纳百川生物工程有限公司等。

　　尽管我国的生物服务产业起步较晚，但发展迅速。随着国际大型 CRO 企业纷纷进入中国，我国新药研发活动增多了，也带动了我国本土 CRO 企业的发展，上海药明康德新药开发有限公司、尚华医药研发服务集团、泰格医药科技股份有限公司、广州博济医药生物技术股份有限公司等国内 CRO 企业相继成立。在短短 20 年间，我国 CRO 行业蓬勃发展，形成了数百家 CRO 企业。我国 CRO 市场规模 2014 年已达到 296 亿元，2015 年市场规模约为 379 亿元，2007～2015 年复合年均增长率为 28.8%，仅高于全球 CRO 行业增速。CMO 行业在我国属于新兴行业，由于整体起步时间较晚，在提供的 CMO 服务领域范

围上与海外 CMO 公司存在一定差距。国内 CMO 市场由 2011 年的 18 亿美元增长至 2017 年的 50 亿美元，复合年均增长率达到 18.6%。预计到 2020 年，国内市场规模将达到 85 亿美元，约占全球市场份额的 9.7%。目前，国内 CMO 整体市场集中度较低，部分发展迅速、具备综合竞争力的 CMO 企业如凯莱英医药集团股份有限公司、上海合全药业有限公司、重庆博腾制药科技股份有限公司等，则拥有较高的市场份额，但目前绝对龙头企业仍未出现。

2. 中国生命科学投融资与并购形势

2016 年，我国生命科学领域投资数量有增无减。2016 年，生命科学领域的投资事件已经达到 2013 年的近 20 倍、2014 年的 3 倍以上，虽然全球因为经济危机，投融资市场预冷，但在生命科学领域，国内资本市场的投资欲望并未减弱，仍然保持持续的增长，只是势头略有放缓。2016 年，无论是早期投资、成长期投资还是扩张期投资，在数量上全面超越 2015 年。种子轮 / 天使轮融资次数基本与 2015 年持平，A 轮、B 轮和战略投资的投融资次数有所增加。我国生命科学领域投资最活跃的地区是北京、上海、广东、江苏和浙江。从融资领域角度来看，传统制药、医药连锁等重资产公司融资额度较大。从生命科学领域投资数量来看，2016 年最为活跃的投资机构分别是联想之星、君联资本、经纬中国和松禾资本。2016～2017 年，生命科学领域的投融资持续获得政府的支持，IPO 活跃度稳步增长，"健康中国 2030"规划等国家政策的发行为生命科学产业的发展带来了持续利好。2016 年，国内共有 36 家生命科学领域的企业完成 IPO，而医药领域是完成 IPO 最多的领域，共 23 家医药企业上市，其他生命科学相关企业有 13 家。

2016 年，生命科学领域的并购重组在多重因素刺激下持续升温。2016 年，中国生命科学领域的并购交易超过 400 起，涉及金额达 1 572 亿元，比 2015 年略低。并购融资数量最多和金额最高峰是 2015 年，并购金额高达 1 595 亿元，比上年度增长了 128.4%。2005～2016 年，中国的医药产业投资并购范围从国内走向了国外，复合年均增长率高达 53.6%。2016 年，生命科学领域并购交易超过 15 亿元的并购案有 21 例，最高的是新华都向云南白药控股增资约 254 亿元。

排名第二的是复星医药拟以 12.62 亿美元收购印度制药公司 Gland Pharma 86.08% 的股权，这是中国医药企业拓宽海外市场的表现。2016 年，"境外医疗资产配置"成为国内生命科学领域企业的热门方向，中国企业争先恐后地进入国际化医疗市场，投资并购数量与投资并购交易金额屡创新高。将 2016～2017 年 2 月的所有海外医疗健康投资并购交易按领域进行划分，医药领域有 13 起海外投资并购，共超过 45 亿美元交易额，数量和金额都位列榜首。对我国生命科学领域企业海外并购在各个国家的表现进行分析发现，投资的主要标的国为美国，我国生命科学领域的企业主要专注于对其医药与基因测序领域的企业进行并购。

第二章　生命科学

一、组学研究

（一）概述

　　生命组学的发展为生命科学研究奠定了基础。在基因组领域，基因组测序技术向高通量、高精度、低成本、便携式发展，并已经在临床中广泛应用。基因组图谱的绘制更多地关注珍稀样本或是具有独特进化地位的物种，以揭示生物多样性和独特的进化机制；在转录组领域，顺时转录组技术、空间转录组技术等转录组分析技术的进步，为绘制更为精确的转录组图谱奠定了基础；在蛋白质组领域，基于质谱定性定量分析技术持续向标准化、高通量方向发展，为改善蛋白质组检测的可重复性奠定了基础；在代谢组领域，代谢组分析技术向超灵敏、高覆盖、原位化方向发展，代谢产物成为疾病筛查的重要标志物。

　　多组学交叉研究已经成为组学研究的大趋势，结合生物信息学及生物大数据技术，完善了单组学分析的局限性，推动了生命科学研究的发展。此外，免疫组学、抗体组学等一系列组学新名词的出现进一步丰富了组学的研究内容，为疾病的精准医疗奠定了基础。

（二）国际重要进展

1. 基因组学

（1）下一代基因组测序技术获得重大突破，向高通量、高精度、低成本和便携式发展

纳米孔测序技术入选 2016 年《科学》杂志评选的十大科学突破。伯明翰大学等机构的研究人员利用 Oxford Nanopore 公司便携式纳米孔测序仪 MinION 完成了对埃博拉病毒的现场检测[45]，牛津大学人类遗传学维康信托中心（Oxford University's Wellcome Trust Centre for Human Genetics，WTCHG）联合基因组分析公司 Genomics Plc 宣布利用 MinION 测序仪首次完成了多个人类基因组的测序和分析工作[46]，此外，MinION 测序仪被首次应用于国际空间站进行鼠、病毒和细胞的 DNA 测序，这些应用证实了纳米孔测序技术在测序中的应用潜力。

第二代基因测序技术也在不断改进，Illumina 在 2017 年 1 月推出了 NovaSeq 新型测序仪，进一步提高了测序通量，有望将基因组测序的成本降至 100 美元[89]。

韩国首尔大学医学院等机构的研究人员利用 PacBio 单分子测序技术结合 BioNano 单分子光学图谱技术，组装了最为连续的人类二倍体基因组序列[1]。该研究填补了特异人群参考基因组的空白，并确定了亚洲人群特异性结构变异。

美国华盛顿大学等机构的研究人员利用单分子实时测序技术和一种新的组装算法完成了大猩猩基因组的长读长测序组装[90]。该方法为提高哺乳动物基因组组装质量提供了参考。

美国纽约大学医学院等机构的研究人员利用最大深度测序技术（maximum depth sequencing，MDS）精确地揭示了细菌是如何进行高速进化以抵抗抗生素

89 Business Wire. Illumina introduces the NovaSeq series—a new architecture designed to usher in the $100 genome. https://finance.yahoo.com/news/illumina-introduces-novaseq-series-architecture-223000801.html [2017-01-10].

90 Gordon D, Huddleston J, Chaisson MJP, et al. Long-read sequence assembly of the gorilla genome. Science, 2016, 352(6281): aae0344.

的[91]。该技术消除了现有的高通量 DNA 测序技术存在的弊端，并可捕获无法从先前错误中区分出的罕见遗传变异。

（2）完成了多个物种的基因组测序，进一步揭示生物进化相关机制

美国加州大学戴维斯分校等机构的研究人员对来自污染与非污染地区的 384 条大西洋鳉的完整基因组进行了测序，通过遗传分析表明大西洋鳉已经携带了让它们适应污染的遗传变异[92]。该研究揭示了大西洋鳉的遗传多样性，并为进一步探索哪些基因能赋予机体对特定化学物质的耐受性奠定了基础。

英国维康信托基金会桑格研究所等机构的研究人员对来自 45 个国家的 675 株肠炎沙门氏菌的全基因组序列进行分析，发现了三个流行病学分支，一个分布在全球，另外两个仅限于非洲某些地区，进一步揭示了不同肠炎沙门氏菌谱系的特征，全球性的分支与家禽相关的小肠结肠炎有关，主要发生在全球较富裕的地区，非洲分支与较为贫穷且通常免疫低下个体的侵袭性疾病相关，非洲分支菌株还表现出基因退化和耐药性增加的特征[93]。

荷兰格罗宁根大学等机构的研究人员完成了海洋开花植物——鳗草（*Zostera marina*）基因组的测序与分析工作，阐明了海洋藻类如何演变成陆地开花植物，然后再次转移到海里[94]。该研究不仅帮助了植物学家剖析鳗草的演变过程，也促进了对一般开花植物进化的理解。

美国能源部联合基因组研究所等机构的研究人员通过分析来自不同地区 3 042 个样本超过 5 万亿碱基（Tb）的宏基因组序列，揭示了 125 000 个以上病毒基因组[95]。该研究将已知的病毒基因数量提高了 16 倍，为研究人员提供了独特的病毒序列信息资源。

91 Jee J, Rasouly A, Shamovsky I, et al. Rates and mechanisms of bacterial mutagenesis from maximum-depth sequencing. Nature, 2016, 534(7609): 693-696.

92 Reid NM, Proestou DA, Clark BW, et al. The genomic landscape of rapid repeated evolutionary adaptation to toxic pollution in wild fish. Science, 2016, 354(6317): 1305-1308.

93 Feasey NA, Hadfield J, Keddy KH, et al. Distinct *Salmonella* enteritidis lineages associated with enterocolitis in high-income settings and invasive disease in low-income settings. Nature Genetics, 2016, 48(10): 1211-1217.

94 Olsen JL, Rouzé P, Verhelst B, et al. The genome of the seagrass *Zostera marina* reveals angiosperm adaptation to the sea. Nature, 2016, 530(7590): 331-335.

95 Paez-Espino D, Eloe-Fadrosh EA, Pavlopoulos GA, et al. Uncovering earth's virome. Nature, 2016, 536(7617): 425-430.

此外，研究人员还完成了多个物种的基因测序工作，包括长颈鹿[96]、翻车鱼（*Mola mola*）[97]、水熊虫（*Ramazzottius varieornatus*）[98]、眼镜猴[99]、尖吻蝮[100]等。

（3）大规模基因组测序结果分析助力精准医学的发展

美国密歇根大学等机构的研究人员开展了大规模基因组分析，对 2 657 个欧洲人进行了全基因组测序，比较了患有 Ⅱ 型糖尿病（T2D）和正常对照个体的遗传特征。研究发现，大多数 T2D 变异位点都位于以往全基因组关联研究（genome-wide association study，GWAS）鉴定出的常见变异周围，罕见低频的基因变异引发 T2D 的风险相对较小[101]。

美国 Geisinger 健康系统等机构的研究人员通过综合分析 5 万多人的基因组数据和临床电子病历（EHR）信息，发现了 420 多万个罕见基因变异，其中约 176 000 个可能导致基因功能的丧失，还确定了大量潜在的降脂药物位点[42, 43]。该研究明确了基因测序在患者健康管理中的重要作用，有利于推进家族性高胆固醇血症的筛查。

美国西奈山伊坎医学院等机构的研究人员通过基因微阵列分析结合回归模型，确定了 13 个可独立预测肾移植 1 年后是否发生肾纤维化的基因[102]。该研究使能在发生不可逆损伤之前确定肾移植失败的风险，从而可修改治疗方案以防止肾纤维化的发生。

加拿大多伦多大学等机构的研究人员开发了一种新的信息学方法 CELLULOID，

---

96 Fennessy J, Bidon T, Reuss F, et al. Multi-locus analyses reveal four giraffe species instead of one. Current Biology, 2016, 26(18): 2543-2549.

97 Pan H, Yu H, Ravi V, et al. The genome of the largest bony fish, ocean sunfish (*Mola mola*), provides insights into its fast growth rate. GigaScience, 2016, 5(1): 36.

98 Hashimoto T, Horikawa DD, Saito Y, et al. Extremotolerant tardigrade genome and improved radiotolerance of human cultured cells by tardigrade-unique protein. Nature Communications, 2016, 7:12808.

99 Schmitz J, Noll A, Raabe CA, et al. Genome sequence of the basal haplorrhine primate *Tarsius syrichta* reveals unusual insertions. Nature Communications, 2016, 7: 12997.

100 Yin W, Wang Z, Li Q, et al. Evolutionary trajectories of snake genes and genomes revealed by comparative analyses of five-pacer viper. Nature Communications, 2016, 7:13107.

101 Fuchsberger C, Flannick J, Teslovich TM, et al. The genetic architecture of type 2 diabetes. Nature, 2016, 536(7614): 41-47.

102 O'Connell PJ, Zhang W, Menon MC, et al. Biopsy transcriptome expression profiling to identify kidney transplants at risk of chronic injury: a multicentre, prospective study. The Lancet, 2016, 388(10048): 983-993.

深入研究了100多个胰腺癌患者肿瘤样本中的DNA拷贝数和基因组重排。研究表明，胰腺癌的进化并不总是以逐步连续突变的方式进行，可能包括肿瘤基因组快速且复杂的重排[103]。该研究挑战了当前胰腺癌的进化模型，并提供了对侵袭性肿瘤突变过程的新见解。

加拿大多伦多大学等机构的研究人员首次创建酵母细胞内全部基因互作图谱，用以解释基因间如何通过协同互作来调控细胞命运。通过对1 800万种不同基因组合的分析，鉴定出酵母细胞中行使类似功能的协同基因对[104]。该研究有助于探索基因如何导致疾病，并有望据此研究开发出精准的治疗方法。

2. 转录组学

新的转录组分析技术有助于更加精确地绘制转录组图谱，进一步揭示转录组与疾病之间的密切联系。

美国斯坦福大学等机构的研究人员开发了一种名为PARIS（psoralen analysis of RNA interactions and structure）的新方法，可以在活细胞中以可逆的补骨脂素交联的方式，在近乎碱基对的分辨率水平整体绘制RNA双链图谱[105]。该方法为RNA结构组学和相互作用组学提供了新的见解。

德国马普学会生物物理化学研究所等机构的研究人员开发了瞬时转录组测序技术（TT-seq），能够捕获瞬间表达的非编码RNA，绘制了人类瞬时转录组图谱[2]。该技术可以帮助人们深入了解DNA调控区域，是一种转录组分析的辅助工具。

瑞典皇家理工学院等机构的研究人员开发出了一种新的被称作空间转录组学（spatial transcriptomics）的高分辨率方法，能够可视化和定量分析组织中转录组信息[106]。该方法能够用于所有类型的组织中，对临床前研究和癌症诊断十分有价值。

---

103 Notta F, Chan-Seng-Yue M, Lemire M, et al. A renewed model of pancreatic cancer evolution based on genomic rearrangement patterns. Nature, 2016, 538(7625):378-382.

104 Costanzo M, VanderSluis B, Koch EN, et al. A global genetic interaction network maps a wiring diagram of cellular function. Science, 2016, 353(6306): aaf1420.

105 Lu Z, Zhang QC, Lee B, et al. RNA duplex map in living cells reveals higher-order transcriptome structure. Cell, 2016, 165(5): 1267-1279.

106 Ståhl PL, Salmén F, Vickovic S, et al. Visualization and analysis of gene expression in tissue sections by spatial transcriptomics. Science, 2016, 353(6294): 78-82.

美国加州大学圣地亚哥分校等机构的研究人员利用单细胞 RNA 测序技术，完成大脑单神经元转录组的大规模评估，揭示了单神经元独特的、可能导致细胞功能差异的特征[3]。该研究将促进对正常大脑和与大脑相关疾病的认识。

美国 Allen 脑科学研究所等机构的研究人员绘制了恒河猴大脑发育过程的转录组图谱[107]。该研究可以更好地帮助人们理解人脑是如何发育的，进一步鉴定与自闭症和神经分裂症相关的神经发育过程。

美国西奈山伊坎医学院等机构的研究人员对 600 名冠状动脉疾病患者的血管和代谢组织的 RNA 序列进行了系统性分析，揭示了心血管代谢疾病风险位点的基因调控机制[108]。该研究有助于进一步探索心血管代谢疾病的病因，推进疾病的精准医疗。

英国维康信托基金会桑格研究所等机构的研究人员通过对先天淋巴细胞（ILC）进行单细胞 RNA 测序分析，确定了不同的 ILC 前体细胞亚群，描述了不同的 ILC 发育阶段和途径[109]。该研究为进一步实现操纵 ILC 获得最佳的免疫反应奠定了基础。

美国哈佛医学院等机构的研究人员在一系列免疫细胞中进行了干扰素诱导基因表达和染色质的分析，构建了干扰素诱导调控网络[7]。该研究对小鼠免疫系统的基因表达及其调控进行深入的剖析，有利于进一步揭示相关药理学机制。

3. 蛋白质组学

基于质谱的蛋白质组定量检测技术获得了多个突破，蛋白质基因组学的兴起可以帮助人们更好地理解人类疾病的致病机理。

美国系统生物学研究所等机构的研究人员开发出了基于选择性反应监测（selected reaction monitoring，SRM）技术的人类 SRMAtlas 分析方法，首次定量检测了完整的人类蛋白质组[4]。该研究将有助于可重复地检测人类蛋白质组的任

---

107 Bakken TE, Miller JA, Ding SL, et al. Comprehensive transcriptional map of primate brain development. Nature, 2016, 535(7612): 367-375.

108 Franzén O, Ermel R, Cohain A, et al. Cardiometabolic risk loci share downstream cis-and trans-gene regulation across tissues and diseases. Science, 2016, 353(6301): 827-830.

109 Yu Y, Tsang JC, Wang C, et al. Single-cell RNA-seq identifies a PD-1 (hi) ILC progenitor and defines its development pathway. Nature, 2016, 539(7627): 102-106.

何蛋白质，促进以蛋白质为基础的实验科学的发展。

德国美因兹大学等机构的研究人员开发了 LFQbench 程序，该程序能够比较和修改各种质谱系统分析软件的差异，规范质谱分析的结果[110]。该研究拓宽了质谱技术在定量蛋白质组学中的应用。

美国哈佛大学 - 麻省理工学院 Broad 研究所和美国约翰·霍普金斯大学医学院的研究人员分别完成了大规模乳腺癌和卵巢癌蛋白质基因组学（proteogenomics）研究，使人们对驱动乳腺癌和卵巢癌的关键因子有了更深的认识[5, 6]，能更好地理解癌症机制。

瑞士联邦理工学院等机构的研究人员采用 SWATH-MS 质谱技术，对肝脏线粒体进行系统蛋白质组学研究，并将基因组、转录组、蛋白质组、代谢组数据结合起来，探索了线粒体与肝脏代谢的联系[111]。该研究方法可以推广应用于研究人类其他疾病，推进个性化医学的进程。

美国哈佛医学院等机构的研究人员比较了 192 只多样性远交系小鼠肝脏中的 mRNA 和蛋白质水平，发现了全新的蛋白质数量性状位点（pQTL），揭示了蛋白质相互作用网络和紧密调节的细胞通路[112]。该研究为进一步探索和调整与身体生理过程、疾病相关的通路奠定了基础。

美国哈佛大学 - 麻省理工学院 Broad 研究所等机构的研究人员公布了迄今为止最大的蛋白质互作数据库资源 InWeb_InBioMap[113]，该数据库资源将有助于解析与众多疾病相关的基因是如何促使疾病发生和发展的。

4. 代谢组学

基于质谱的高通量代谢物检测方法不断创新，代谢产物成为疾病筛查的重

110 Navarro P, Kuharev J, Gillet LC, et al. A multicenter study benchmarks software tools for label-free proteome quantification. Nature Biotechnology, 2016, 34(11): 1130-1136.

111 Williams EG, Wu Y, Jha P, et al. Systems proteomics of liver mitochondria function. Science, 2016, 352(6291): aad0189.

112 Chick JM, Munger SC, Simecek P, et al. Defining the consequences of genetic variation on a proteome-wide scale. Nature, 2016, 534(7608): 500-505.

113 Li T, Wernersson R, Hansen RB, et al. A scored human protein-protein interaction network to catalyze genomic interpretation. Nature Methods, 2016, 14(1):61-64.

要标志物。

华盛顿大学医学院等机构的研究人员开发出了一种高通量的基于质谱的方法，通过对干血斑中胆汁酸检测来筛查 C 型尼曼匹克症[114]。该研究支持在神经系统症状出现之前进行 C 型尼曼匹克症的诊断和治疗，可有效避免诊断延误。

美国麻省理工学院等机构的研究人员开发了一种快速、特异性分离线粒体的方法，结合线粒体代谢物数据库 MITObolome，实现了快速分离和系统地测量线粒体内的代谢物浓度[115]。该方法能够更好地反映一个活细胞内实际的线粒体代谢水平，也可以应用于分析其他细胞器的代谢产物。

日本京都大学等机构的研究人员利用高分辨率的液相色谱 - 质谱联用方法进行非靶向定量代谢组学分析，发现了一些与衰老相关的代谢物[116]。该研究有助于更好地阐明人体的衰老机制，并提出可行的抗衰老措施。

美国麻省理工学院等机构的研究人员发现 CASTOR 蛋白是 mTORC1 通路的精氨酸传感器，精氨酸通过与 CASTOR1 的结合来破坏 CASTOR1-CATOR2 复合物，这种结合是激活 mTORC1 通路的必需条件[117]。该研究有助于更好地理解 mTORC1 这一信号通路感知营养物质的机制，为相关疾病的治疗提供了思路。

（三）国内重要进展

1. 基因组学

（1）中国在单细胞测序技术领域取得新进展

同济大学等机构的研究人员开发了新的测序方法 scMT-seq，该方法可以同时在基因组水平分析单个细胞的 DNA 甲基化组和转录组信息，实现在表观遗

114 Jiang X, Sidhu R, Mydock-McGrane L, et al. Development of a bile acid-based newborn screen for Niemann-Pick disease type C. Science Translational Medicine, 2016, 8(337): 337ra63.

115 Chen WW, Freinkman E, Wang T, et al. Absolute quantification of matrix metabolites reveals the dynamics of mitochondrial metabolism. Cell, 2016, 166(5): 1324-1337, e11.

116 Chaleckis R, Murakami I, Takada J, et al. Individual variability in human blood metabolites identifies age-related differences. Proceedings of the National Academy of Sciences, 2016, 113(16):4252-4259.

117 Chantranupong L, Scaria SM, Saxton RA, et al. The CASTOR proteins are arginine sensors for the mTORC1 pathway. Cell, 2016, 165(1): 153-164.

传学水平解析基因调控机制[118]。

北京大学等机构的研究人员建立了一种全新的单细胞三重组学测序方法（scTrio-seq），该方法可同时检测哺乳动物同一个单细胞内的基因组、DNA甲基化组和转录组信息，揭示了肝癌细胞基因组、表观组和转录组的异质性[53]。

华东理工大学等机构的研究人员使用野生型气单胞菌溶素纳米孔，将单链DNA的过孔速度降低了三个数量级（2.0ms/bp），从而极大地提高了电流检测的灵敏度，完成了对仅有单个碱基差异DNA分子的超灵敏识别，并实现了混合复杂体系的超灵敏检测和对核酸外切酶分步降解单链DNA过程的实时观测[119]。该研究不仅进一步降低了纳米孔单碱基分辨的测序成本，同时也大大提高了纳米孔DNA测序的精确度。

暨南大学等机构的研究人员利用单分子实时测序技术完成了基于长读长测序技术的中国人基因组的从头拼接工作[120]。该研究对人类参考基因组GRCh38进行了274个N-gap修补。

（2）完成了多个物种的首个基因组测序工作

中国科学院南海海洋研究所等机构的研究人员破译了虎尾海马的全基因组，发现在已测定全基因组的硬骨鱼中，海马的进化速率是最快的，且和斑马鱼等其他硬骨鱼相比，海马丢失了大量的顺式调控元件，这些缺失可能在海马的演化革新中发挥重要作用[121]。该研究揭示了海马特殊的形态及繁殖方式背后的遗传基础。

浙江大学等机构的研究人员通过高通量测序技术，绘制了世界上第一张榨菜全基因组图谱[122]。榨菜全基因组信息的解析可以推进芥菜类蔬菜作物分子育种

---

118 Hu Y, Huang K, An Q, et al. Simultaneous profiling of transcriptome and DNA methylome from a single cell. Genome Biology, 2016, 17(1): 88-98.

119 Cao C, Ying YL, Hu ZL, et al. Discrimination of oligonucleotides of different lengths with a wild-type aerolysin nanopore. Nature Nanotechnology, 2016, 11(8): 713-718.

120 Shi L, Guo Y, Dong C, et al. Long-read sequencing and de novo assembly of a Chinese genome. Nature Communications, 2016, 7: 12065.

121 Lin Q, Fan S, Zhang Y, et al. The seahorse genome and the evolution of its specialized morphology. Nature, 2016, 540(7633): 395-399.

122 Yang J, Liu D, Wang X, et al. The genome sequence of allopolyploid *Brassica juncea* and analysis of differential homoeolog gene expression influencing selection. Nature Genetics, 2016, 48(10): 1225-1232.

的进程，加强了对基因组育种的认识和应用。

浙江大学等机构的研究人员完成了被称为"活化石"的银杏的基因组测序和信息分析工作[123]。该基因组信息可以在植物防御昆虫、病原体的研究，树木进化和生命进化的早期事件研究等方面提供广泛的研究资源。

（3）功能基因组研究持续推进，为疾病的精准医学和作物的育种改良奠定基础

安徽医科大学等机构的研究人员发表了人类主要组织相容性复合体（major histocompatibility complex，MHC）区域全覆盖深度测序结果，成功构建出迄今为止最完整的中国汉族人群 MHC 遗传变异数据库（Han-MHC）[124]，该成果为深入研究 MHC 区域遗传多态性在中国人群复杂疾病发生、发展中的相关机制提供了新的契机，特别是对我国正在进行的各种复杂疾病的精准医学研究将起重要作用。

上海交通大学等机构的研究人员解析了 33 类肿瘤 7 000 例临床患者基因组，将识别的 47 000 多个突变数据映射至蛋白质变构位点上，找到了非小细胞肺癌的全新靶标 PDE10A[125]。该研究为利用现有药物或发展全新小分子靶向癌症蛋白靶标奠定了基础。

北京大学等机构的研究人员成功绘制了人肿瘤细胞全基因组与顺铂交联的分布图谱，发现线粒体 DNA 比细胞核 DNA 更容易与顺铂交联，预示着线粒体可能在顺铂抗肿瘤功能中占有重要地位[126]。该研究有助于进一步理解顺铂发挥药效的机制。

同济大学等机构的研究人员利用乳腺癌转移复发的小鼠模型，结合全基因组功能相关的遗传学筛选，鉴定出四次跨膜蛋白 TM4SF1 和它介导的信号转导

---

123 Guan R, Zhao Y, Zhang H, et al. Draft genome of the living fossil Ginkgo biloba. GigaScience, 2016, 5(1): 49.

124 Zhou F, Cao H, Zuo X, et al. Deep sequencing of the MHC region in the Chinese population contributes to studies of complex disease. Nature Genetics, 2016, 48(7): 740-746.

125 Shen Q, Cheng F, Song H, et al. Proteome-scale investigation of protein allosteric regulation perturbed by somatic mutations in 7000 cancer genomes. The American Journal of Human Genetics, 2017, 100(1): 5-20.

126 Shu X, Xiong X, Song J, et al. Base-resolution analysis of cisplatin-DNA adducts at the genome scale. Angewandte Chemie International Edition, 2016, 55(46): 14246-14249.

通路能够促进乳腺癌在多种靶器官的转移复发[127]。该研究为治疗乳腺肿瘤转移复发提供了新靶点。

首都医科大学等机构的研究人员通过全基因组关联研究，鉴定了原发性闭角型青光眼（primary angle closure glaucoma，PACG）的5个新易感位点[128]。该研究为人们提供了重要的疾病信息，有助于更好地理解和治疗PACG。

中国科学院上海生命科学研究院神经科学研究所等机构的研究人员在猕猴中转入了人源基因 *MeCP2*，首次建立了携带人类自闭症基因的非人灵长类动物模型[74]。该研究为深入研究自闭症的病理与探索可能的治疗干预方法提供了重要基础。

2. 转录组学

重点关注转录组图谱的一系列应用研究，揭示了物种进化、发育、疾病发生机制等。

北京大学等机构的研究人员基于慢病毒配对引导RNA（pgRNA）文库，通过高通量的基因组删除策略来破坏lncRNA表达及功能，首次实现了对于非编码元件的基因组水平的功能筛选[129]。该平台的建立将有助于筛选发挥重要作用的非编码元件或者基因组中功能未注释区域。

中国疾病预防控制中心等机构的研究人员针对9个动物门，超过220种无脊椎动物标本进行了转录组测序，发现了1 445种全新的病毒科[130]。该研究极大地丰富了RNA病毒的多样性，并从遗传进化的角度揭示了RNA病毒产生和进化的基本规律。

中国水产科学研究院黄海水产研究所等机构的研究人员破译了日本牙鲆（Japanese flounder）的基因组与转录组，发现了甲状腺激素和视黄酸信号转导

---

127 Gao H, Chakraborty G, Zhang Z, et al. Multi-organ site metastatic reactivation mediated by non-canonical discoidin domain receptor 1 signaling. Cell, 2016, 166(1): 47-62.

128 Khor CC, Do T, Jia H, et al. Genome-wide association study identifies five new susceptibility loci for primary angle closure glaucoma. Nature Genetics, 2016, 48(5): 556-562.

129 Zhu S, Li W, Liu J, et al. Genome-scale deletion screening of human long non-coding RNAs using a paired-guide RNA CRISPR-Cas9 library. Nature Biotechnology, 2016, 34(12): 1279-1286.

130 Shi M, Lin XD, Tian JH, et al. Redefining the invertebrate RNA virosphere. Nature, 2016, 540(7634): 539-543.

及光转导过程在发育进程中的重要作用[131]。该研究不仅回答了日本牙鲆关于不对称发育的进化起源问题，也为了解脊椎动物身体形态调控提供了新的观点。

中国科学院 - 马普学会计算生物学伙伴研究所等机构的研究人员绘制了两个连续细胞周期的高分辨率转录组图谱，显示周期性转录主要集中在与 DNA 代谢、有丝分裂和 DNA 损伤应答有关的功能上，它们的编码基因很可能就是细胞周期的调控者，研究还揭示了周期性基因与癌症之间的新关联[132]。

中国科学院上海生命科学研究院生物化学与细胞生物学研究所等机构的研究人员建立了基于激光显微切割技术和单细胞转录组测序技术的方法，完成了原肠运动中期小鼠胚胎空间转录组分析[133]。该研究有助于理解决定早期胚胎发育命运的分子机制，对预防相关的早期发育疾病也有十分重要的意义。

中国科学院生物物理研究所等机构的研究人员开发出了一种高通量小干扰 RNA（siRNA）筛选方法，并利用这一系统确定了抗氧化 NRF2 信号通路是早年衰老综合征（HGPS）的一个驱动机制[134]。该研究确定了早衰表型的关键促进因素，有助于加深对早衰机制的理解。

3. 蛋白质组学

结合凝胶电泳、探针、质谱等蛋白质组分析技术，在功能蛋白质组和蛋白质互作方面的研究取得了进展。

北京大学等机构的研究人员将新一代的可切割型光交联探针 DiZSeK 与荧光差异双向凝胶电泳（2D-DIGE）相结合，发展了一种名为 CAPP-DIGE 的比较蛋白质组学策略，对分子伴侣 HdeA 与 HdeB 的底物蛋白质组进行了直接的比

131 Shao C, Bao B, Xie Z, et al. The genome and transcriptome of Japanese flounder provide insights into flatfish asymmetry. Nature Genetics, 2017, 49(1): 119-124.

132 Dominguez D, Tsai YH, Gomez N, et al. A high-resolution transcriptome map of cell cycle reveals novel connections between periodic genes and cancer. Cell Research, 2016, 26(8): 946-962.

133 Peng G, Suo S, Chen J, et al. Spatial transcriptome for the molecular annotation of lineage fates and cell identity in mid-gastrula mouse embryo. Developmental Cell, 2016, 36(6): 681-697.

134 Kubben N, Zhang W, Wang L, et al. Repression of the antioxidant NRF2 pathway in premature aging. Cell, 2016, 165(6): 1361-1374.

较和质谱鉴定，揭示了大肠杆菌抵抗酸刺激的新机制[135]。该研究显示利用蛋白质组学方法鉴定和比较动态条件下的蛋白质 - 蛋白质相互作用及其变化有着广阔的应用前景。

中国科学院大连化学物理研究所等机构的研究人员利用生物分子之间的特异性识别作用建立了一种非抗体的酪氨酸磷酸化肽段富集新方法，显著提高了酪氨酸磷酸化蛋白质组的分析覆盖率和灵敏度[136]。酪氨酸磷酸化蛋白质组学数据可以揭示不同肿瘤细胞系中酪氨酸激酶的活化情况，对于指导用药、促进疾病的精准治疗具有重要意义。

北京大学等机构的研究人员开发出了一种遗传编码的蛋白质光交联剂，可在捕获的蛋白质中引入质谱可识别标签，能够直接鉴定由常规的遗传编码光交联剂难以分析的底物肽[137]。该研究对于揭示靶蛋白及绘制蛋白质相互作用界面具有极高的价值。

中国科学院上海药物研究所等机构的研究人员开发了能预测蛋白质 - 蛋白质相互作用界面的方法，该方法以一系列有机小分子碎片与氨基酸残基作为探针分子，搜索蛋白质表面探针分子可紧密结合的候选区域，并以此勾勒出蛋白质 - 蛋白质相互结合的可能位点[138]。该研究为基于蛋白质互作的药物设计提供了直接线索。

中国科学院水生生物研究所等机构的研究人员比对分析了原生生物衣藻关键细胞器的蛋白质组成，从中发现 ESCRT 蛋白介导了核外颗粒体释放，从而影响了鞭毛的变化[139]。该研究对于进一步分析纤毛病等相关疾病的机制具有重要意义。

---

135 Zhang S, He D, Yang Y, et al. Comparative proteomics reveal distinct chaperone-client interactions in supporting bacterial acid resistance. Proceedings of the National Academy of Sciences, 2016, 113(39): 10872-10877.

136 Bian Y, Li L, Dong M, et al. Ultra-deep tyrosine phosphoproteomics enabled by a phosphotyrosine superbinder. Nature Chemical Biology, 2016, 12(11): 959-966.

137 Yang Y, Song H, He D, et al. Genetically encoded protein photocrosslinker with a transferable mass spectrometry-identifiable label. Nature Communications, 2016, 7: 12299.

138 Bai F, Morcos F, Cheng RR, et al. Elucidating the druggable interface of protein-protein interactions using fragment docking and coevolutionary analysis. Proceedings of the National Academy of Sciences, 2016, 113(50): E8051-E8058.

139 Long H, Zhang F, Xu N, et al. Comparative analysis of ciliary membranes and ectosomes. Current Biology, 2016, 26(24): 3327-3335.

4. 代谢组学

综合利用高通量、高覆盖代谢组学和生物信息学方法，揭示代谢水平和疾病的直接关联。

华东理工大学等机构的研究人员开发出了一种对 NAD^+/NADH 氧化还原状态高度敏感的传感器 SoNar，可用于监测体内细胞的能量代谢[140]。该方法敏感、准确、简单，且能够实时报告各种能量代谢信号通路的微小扰动。

中国药科大学等机构的研究人员利用高通量、高覆盖代谢组学和生物信息学等手段，首次绘制了冠状动脉疾病及其不同临床阶段的血浆代谢组学特征谱，并鉴定了与冠状动脉疾病发生发展密切相关的差异代谢物 89 个[141]。该研究有望为深入理解冠状动脉疾病的发生发展、早期诊断、预后分析、精准治疗和药物反应等提供重要指导。

中国科学院大连化学物理研究所等机构的研究人员利用毛细管电泳 - 质谱技术在胶质瘤内发现了一种具有促癌特征的代谢物——亚牛磺酸[142]。该研究揭示牛磺酸代谢途径可能为胶质母细胞瘤诊断和治疗提供了一个潜在的新靶点。

（四）前景与展望

在组学技术方面，建立生命组学数据质量控制体系与标准，发展新一代基因组测序技术、定量蛋白质组鉴定分析技术、超灵敏高覆盖代谢组定量分析技术仍是全球共同的发展方向。在组学数据应用方面，通过对不同层次生命组学数据进行整合分析与标准化处理，建立不同组学数据之间的关联性和差异性，结合生物信息学等手段，发展多组学交叉研究将是组学研究的发展方向[143]。多组

---

140 Zhao Y, Wang A, Zou Y, et al. *In vivo* monitoring of cellular energy metabolism using SoNar, a highly responsive sensor for NAD^+/NADH redox state. Nature Protocols, 2016, 11(8): 1345-1359.

141 Fan Y, Li Y, Chen Y, et al. Comprehensive metabolomic characterization of coronary artery diseases. Journal of the American College of Cardiology, 2016, 68(12): 1281-1293.

142 Gao P, Yang C, Nesvick CL, et al. Hypotaurine evokes a malignant phenotype in glioma through aberrant hypoxic signaling. Oncotarget, 2016, 7(12): 15200-15214.

143 方向东. 规范生命组学大数据推动精准医疗发展. http://www.xiahui.net/jiankang/3762283.html [2017-04-25].

学研究将帮助健康管理从反应式（reactive）模型发展到前摄式（proactive）模型，通过遗传和表观遗传的信息来制定个性化治疗方案和有针对性地改变生活方式，将明显降低疾病发生的风险。

我国在组学研究领域也将紧跟世界领先水平，单细胞测序技术突破成为我国测序技术领域的亮点，组学研究将从研究常见变异延伸到发现罕见变异，从遗传学现象的描述到功能机制的确证，从单组学分析扩展至多组学数据整合，从基础研究走向临床应用[144]。

二、脑科学与神经科学

（一）概述

2016 年，脑科学研究领域持续稳步发展，全球酝酿协作以突破脑科学研究大挑战。美欧两项脑科学计划多次出台增资计划，并部署基础设施建设以保障计划的实施，同时，二者的研究领域经不断修订也逐渐趋同，可更为全面、综合地关注神经和认知神经系统研究、大脑复杂数据分析、人工智能等领域。美国脑科学（BRAIN）计划为创建"全美大脑观测网络"，投资建立神经科学研究国家基础设施（NeuroNex）[145]；美国国防部高级研究计划局（DARPA）计划启动人工智能与机器学习项目（XAI）[146]，以促进更好的人机协作；欧盟人脑计划（HBP）也于 2016 年 3 月推出六大信息及通信技术平台（ICT）[147]，推动神经科学、医学和计算机科学的交叉研究。2016 年底，美国签署《21 世纪治愈法案》，从法律层面保障美国脑科学计划的实施。中国"脑科学与类脑研究"项目经过多

144 李元丰，韩玉波，曹鹏博，等. 2015 年中国医学遗传学研究领域若干重要进展. 遗传,2016,38(5):363-390.

145 National Science Foundation (NSF). Developing a national research infrastructure for neuroscience (NeuroNex). http://www.nsf.gov/pubs/2016/nsf16569/nsf16569.htm?WT.mc_id=USNSF_25&WT.mc_ev=click[2017-08-10].

146 Defense Advanced Research Projects Agency (DARPA). Explainable artificial intelligence (XAI).http://www.darpa.mil/program/explainable-artificial-intelligence[2017-08-10].

147 Human Brain Project (HBP). Human brain project platform release. https://www.humanbrainproject.eu/ [2016-03-31].

次论证，也于 2016 年初列入"十三五"国家科技创新规划"科技创新 2030——重大项目"，重点关注以探索大脑秘密、攻克大脑疾病为导向的脑科学研究，以及以建立和发展人工智能技术为导向的类脑研究。

在推进本国脑计划的同时，全球神经科学家积极探讨开展全球协作，美国国家科学基金会（NSF）和 Kavli 基金会（Kavli Foundation）先后组织三轮会议[148~150]，提出建立首个全球性脑科学研究计划，解决脑科学三大挑战[8]，并建立脑科学国际通用资源"国际大脑站"（TIBS）以共享各国数据资源；同时，欧洲议会也组织研讨近三年美国、欧洲、日本三大脑计划进展，探求合作机遇。

（二）国际重要进展

在政策的强力支持和推动下，国际脑科学研究在基础研究、新技术开发方面均产出了系列成果，大脑图谱的绘制更是取得多项突破。尤其是在脑 - 机接口技术上，除通过解码人脑信号驱动假肢以外，直接对自身部位进行意念控制在 2016 年迈出了重要一步，一系列突破为神经损伤的临床研究开辟了新的道路，进一步改善了人类用户的动作和触觉反馈。

1. 基础研究

美国洛克菲勒大学的研究团队[10]通过免疫组织化学和荧光成像的方法，并进一步进行自动定位绘图和活性分析，首次对哺乳动物大脑中的基因表达进行了精确定量定位，该方法能够广泛地应用于大脑所有区域，定位内源性的早期基因表达。

英国伦敦帝国理工学院的科学家[151]首次确定大脑中与人类智力相关的基因

---

148 Emily Underwood. International brain projects proposed. Science, 2016, 352(6283): 277-278.

149 NSF. Open data ecosystem for the neuroscience. https://neurographicsnet.files.wordpress.com/2016/07/oden_finalagenda.pdf [2017-03-29].

150 The Rockefeller University. Coordinating global brain projects. http://www.rockefeller.edu/research/images/globalbrain.pdf [2016-09-06].

151 Johnson MR, Shkura K, Langley Systems SR, et al. Genetics identifies a convergent gene network for cognition and neurodevelopmental disease. Nature Neuroscience, 2016, 9 (2):223.

集群——M1 和 M3，其可能影响人的记忆力、注意力、反应和推理能力等认知功能。该项研究为治疗癫痫等神经疾病提供了新见解，并有望推动疾病相关治疗手段的开发。

美国加州大学圣地亚哥分校、斯克利普斯研究所与 Illumina 公司的研究团队[3]通过分离、分析单个神经元细胞核，首次完成了单神经元转录组的大规模评估，揭示了大脑皮层不同神经元的转录组多样性。该项工作将推动对正常脑及脑疾病机制的认识。

2. 新技术开发

美国冷泉港实验室[9]开发的 MAP-seq 新技术，能够利用 RNA 条形码标记大脑细胞而高速精准地绘制细胞连接，有望实现深度神经网络的重大突破。该技术可推动针对自闭症和精神分裂症等疾病开展的更精准的研究。

美国加利福尼亚州国家灵长类动物研究中心（CNRPC）的研究人员[152]利用特定药物专一性地激活特定受体的技术（DREADD 技术）控制恒河猴的杏仁核脑区，证明暂时关闭一个脑区将导致其余大部分脑区活动形式发生改变。该研究表明，改变人脑的功能性连接可能与神经分裂症、孤独症等复杂的脑部疾病的病理因素相关，该项开创性技术有巨大的临床应用潜力。

3. 脑图谱绘制

为更好地理解大脑如何处理语言，美国加州大学伯克利分校运用功能性核磁共振成像（fMRI）成功绘制了大脑语义地图[11]，并利用该成果准确预测了大脑完成固定行为时的神经反应。该研究迈出了解读人类思想的关键一步。

美国华盛顿大学绘制出迄今最全面、最精准的人类大脑皮层图谱，其中 97 个大脑皮层区域首次亮相[12]。本研究为大脑建立了一个基本模型，用直观可视化的方式，为基础研究和疾病治疗提供了参考标准。

---

152 Grayson DS, Bliss-Moreau E, Machado CJ, et al. The rhesus monkey connectome predicts disrupted functional networks resulting from pharmacogenetic inactivation of the amygdala. Neuron, 2016, 91(2):453-466.

美国艾伦脑科学研究院绘制了迄今最完整的数字版人脑结构图谱[153]，该脑部图谱可公开获取，将成为大脑研究的最新指南和"导航图"。该图谱将宏观高清人脑成像数据和细胞数据结合在一张图中，将成为图谱研究的参考标准，推动研究从宏观层面进入细胞层面，使人们更深刻地认识人脑。

4. 疾病模型构建与疾病研究

新加坡科技研究局（A*STAR）基因研究院和新加坡国立大学医学院的科研团队[154]利用干细胞增殖和分化技术及三维立体细胞培养技术，成功培养出2～3mm 大小的具人类中脑特征的中脑组织，并首次在体外培养的神经组织中观察到神经黑色素的分泌。该微缩版人造中脑可模拟帕金森病患者体内发生的病变，用于开发可以治疗帕金森病的药物。

美国麻省理工学院的研究团队[155]基于阿尔茨海默病早期小鼠模型研究发现，阿尔茨海默病早期的情景记忆丧失，是记忆提取能力受损的结果，而不是对信息进行编码的能力丧失所致。该项研究显示，通过光遗传学方法刺激海马齿状回印迹细胞，可以恢复早期阿尔茨海默病小鼠的记忆，为阿尔茨海默病的治疗带来了新希望。

5. 脑 - 机接口

美国伊利诺伊大学厄巴纳 - 香槟分校的研究团队利用聚乳酸 - 乙醇酸共聚物（PLGA）和硅树脂材料构建了一款新型电子传感器，是首个可溶解性植入式大脑芯片[156]。该设备解决了植入式医疗设备的免疫排斥问题，替代了大体积的医

---

153 Allen Institute for Brain Science. Allen Institute publishes highest resolution map of the entire human brain to date. http://www. alleninstitute. org/what-we-do/brain-science/news-press/press-releases/allen-institute-publishes-highest-resolution-map-entire-human-brain-date [2017-01-10].

154 Jo J, Xiao Y, Sun AX, et al. Midbrain-like organoids from human pluripotent stem cells contain functional dopaminergic and neuromelanin-producing neurons. Cell Stem Cell, 2016,19(2):248-257.

155 Roy DS, Arons A, Teryn I, et al. Memory retrieval by activating engram cells in mouse models of early Alzheimer's disease. Nature, 2016, 531 (7595):508.

156 Kang SK, Murphy RKJ, Hwang SW, et al. Bioresorbable silicon electronic sensors for the brain. Nature, 2016, 530 (7588):71.

疗设备，大大简化了医疗过程。

美国俄亥俄州立大学的研究人员将微芯片植入人脑，通过把大脑指令传输到电脑中进行解码，然后把信息传到瘫痪者手臂的电极上，电极通过刺激手臂肌肉收缩而完成运动[14]。该研究首次在人类身体上完成了"神经搭桥"，利用大脑芯片控制瘫痪者自身部位完成动作，是脑-机接口技术迈出的重要一步。

瑞士、德国、意大利、法国、中国、英国和美国的联合研究团队开发了一种无线大脑接口，可通过大脑信号转换而刺激猕猴腿部的电极，触发其腿部肌肉运动，从而实现脊髓损伤猕猴的行走。该可植入无线大脑-脊柱神经接口实现了脊髓损伤猕猴的再次行走[15]，为脊髓损伤的临床研究开辟了新的道路，并为瘫痪患者提供了生物电治疗方案。

（三）国内重要进展

我国在脑科学与神经科学的基础研究、脑图谱绘制等领域均取得了突破，尤其是在疾病模型的构建方面，以独特的非人灵长类研究优势，在自闭症、小头畸形等神经系统疾病模型建立中取得了瞩目的成就。同时，在类脑智能领域取得的突破，将进一步推动全球神经形态的相关研究。

1. 基础研究

我国首都医科大学与美国麻省总医院的科研团队[157]通过新研究结果发现，当受损的神经元丧失其"电池"——产生能量的线粒体时，星形胶质细胞会做出响应，排出健康线粒体给神经元。该研究阐述了星形胶质细胞保护神经元的一种新机制，为开发脑卒中或其他脑损伤的新疗法提供了思路。

华中科技大学分子生物物理教育部重点实验室与美国密歇根大学的研究人员[158]对线虫的感光器进行追踪，发现了基因编码线虫的感光器 LITE-1，该感光

---

157 Hayakawa K, Esposito E, Wang X, et al. Transfer of mitochondria from astrocytes to neurons after stroke. Nature, 2016, 535:551-555.

158 Gong J, Yuan Y, Wardet A, et al. The *C. elegans* taste receptor homolog LITE-1 is a photoreceptor. Cell, 2016, 167(5):1252.

器与之前发现的生物体感光器不同。该项新发现有助于突破抑郁症、精神分裂和不眠症的研究障碍。

中国科学院上海生命科学研究院神经科学研究所、中国科学院脑科学与智能技术卓越创新中心的研究团队[159]广泛研究了听觉调节恐惧背后的神经回路，确定了一个恐惧记忆表达的杏仁核皮质（amygdalocortical）重要通路。该发现揭示可通过联想恐惧学习而进行选择性修饰，该研究还解开了成人大脑中突触形成的独特架构规则。

天津医科大学总医院的神经免疫研究团队[160]发现，以自然杀伤细胞为代表的炎症细胞可在脑内持续存在，该炎症细胞在依赖神经干细胞存在的同时，也会损伤神经干细胞，最终造成神经修复障碍。该研究揭示了脑损伤后神经修复缺陷的机制，对于理解多发性硬化、脑卒中及其他神经系统疾病的病理进程有重要的理论意义，同时也为寻找克服神经修复缺陷的手段奠定了基础。

2. 脑图谱绘制

中国科学院自动化研究所的研究团队发布了首个人类全脑连接图谱[161]，涉及全脑精细分区图谱及全脑连接图谱。该图谱不但包含了精细的大脑皮层脑区与皮层下核团亚区结构，而且定量描绘了不同脑区亚区的解剖与功能连接模式，并对每个亚区进行了细致的功能描述。该研究能为解析神经及精神疾病神经环路的结构和功能异常，并为发展新一代诊断、治疗技术方法奠定坚实的基础，引起了国际学术界的广泛关注。

复旦大学类脑智能科学与技术研究院的研究团队通过核磁共振扫描技术度量人类大脑各个区域的动态相互作用模式，并揭示其动态变化的产生机制，从

159 Yang Y, Liu DQ, Huang W, et al. Selective synaptic remodeling of amygdalocortical connections associated with fear memory. Nature Neuroscience, 2016, 19(10):1348.

160 Liu Q, Sanai N, Jin WN, et al. Neural stem cells sustain natural killer cells that dictate recovery from brain inflammation. Nature Neuroscience, 2016,19 (2):243.

161 Fan L, Li H, Zhuo J, et al. The human brainnetome Atlas: A new brain Atlas based on connectional architecture. Cerebral Cortex, 2016,26 (8):3508.

而首次绘制了脑功能网络的动态图谱[162]。这项工作是理解大脑网络动态变化的一块重要基石，基于该研究，未来将可能通过赋予人工智能系统内部各部件动态相互作用的模式，使机器人真正产生人类的思维方式，这一重大成果或将对人工智能的发展产生革命性的影响。

3. 疾病模型构建与疾病研究

中国科学院上海生命科学研究院神经科学研究所的科研人员构建出世界上首个非人灵长类自闭症模型——*MECP2* 转基因猴[74]，这是人类首次成功获得的 MECP2 倍增综合征的灵长类动物模型，也首次发现了非人灵长类转基因动物模型中行为学表型的变化。*MECP2* 转基因猴被认为是攻克自闭症的利剑之一，该研究被评为 2016 年度中国科学十大进展之一。

中山大学中山医学院、华南农业大学兽医学院和中国科学院动物研究所的研究团队[163]采用转录激活因子样效应物核酸酶（TALEN）技术，制备了神经系统发育障碍疾病小头畸形的致病基因 *MCPH1* 突变体食蟹猴模型，并对这种小头畸形猴模型的表型进行了描述。该猴模型有助于阐明 *MCPH1* 在人类小头畸形发病机制中的作用，并有助于进一步了解该基因对应的蛋白质在灵长类动物大脑进化中的功能。

中国科学院遗传与发育生物学研究所与军事医学科学院微生物流行病研究所的研究团队[164]合作，首次建立了寨卡病毒小头畸形动物模型，并证实寨卡病毒可直接导致小头畸形的发生。该研究不仅首次提供了研究寨卡病毒导致小头畸形的动物模型，还为进一步研究寨卡病毒的致病机制和相关疗法开发奠定了良好的基础。

162 Zhang J, Cheng W, Liu ZW, et al. Neural, electrophysiological and anatomical basis of brain-network variability and its characteristic changes in mental disorders. BRAIN, 2016, 139 (8): 2307-2321.

163 Ke Q, Li W, Lai X, et al. TALEN-based generation of a cynomolgus monkey disease model for human microcephaly. Cell Research, 2016, 26 (9):1048-1061.

164 Li C, Xu D, Ye Q, et al. Zika virus disrupts neural progenitor development and leads to microcephaly in mice. Cell Stem Cell, 2016, 19(1):120.

香港科技大学生命科学部的研究团队[165]发现，人脑负责接收神经信号的"突触后致密区"主要由 SynGAP 和 PSD-95 两种蛋白质组成，二者可组装成蛋白质网络结构，自闭症患者脑部的缺陷蛋白会改变该网络结构的组成，从而改变神经元突触的信号活动。该研究发现了导致自闭症、智力障碍和精神分裂等精神疾病的新机理，有助于新疗法的开发。

4. 类脑智能

国内初创企业上海西井信息科技有限公司通过使用电路直接模拟人类"神经元"形态，建立起神经网络中"神经元"与"神经元"之间的连接，推出了全球首个 100 亿规模"神经元"人脑模拟器"Westwell Brain"（西井大脑）[166]。该模拟器是目前模拟"神经元"数量最多的人脑模拟器，也是目前唯一由硬件设计完成的人脑模拟器，同时也是目前全球唯一可商用化的人脑模拟器，将进一步推动神经形态相关的研究。

（四）前景与展望

脑科学与神经科学作为人类理解自然界现象和人类本身的终极疆域，是 21 世纪最重要的前沿学科之一。在政策的强力支持和推动下，国际脑科学研究产出了系列成果，脑图谱绘制领域成果更是不断涌现，脑 - 机接口技术更是迈出了通过解码人脑信号直接控制自身部位的重要一步。另外，各国竞相布局的同时，也逐渐认识到脑科学与神经科学研究的重要性和复杂性，要解决这一巨大挑战，需要全球共同努力，全球神经科学家已开始积极探讨开展全球协作。

中国灵长类动物的种类和数量非常丰富，并拥有脑疾病样本的丰富资源，在猴类转基因动物研究和非人灵长类脑疾病模型研究方面取得了多项世界瞩目的突破，已在该领域走在了世界前列，这是中国在脑科学与神经科学领域的先天优势。因此，脑科学国际大科学计划正在酝酿，我国的脑科学计划应尽快启

---

165 Zeng M, Shang Y, Araki Y, et al. Phase transition in postsynaptic densities underlies formation of synaptic complexes and synaptic plasticity. Cell, 2016, 166 (5) :1163.

166 Westwelllab.100 亿神经元规模大脑仿真模拟器 . http://westwell-lab.com/apply.html[2017-05-20].

动，积极发挥本国优势，抓住时机参与到脑科学的全球协作中，以在未来的竞争中占有一席之地。

三、合成生物学

（一）概述

合成生物学是生命科学在 21 世纪刚刚出现的一个分支学科、交叉学科，涉及生物化学、物理化学、分子生物学、系统生物学、基因工程、工程学及计算科学等多个领域。合成生物学作为一门生物学与工程学融合的学科，实际上是工程学的思维在生物学领域的应用[167]。工程学中重要的策略，如标准化（standardization）、模块化（modularity/decoupling）及建模（abstraction/modeling）在合成生物学中有同样关键的作用。另外，合成生物学家将复杂的系统分解，利用工程学的思维在不同的尺度上（如元件、回路、途径等）进行设计、组装构建、测试并重新设计的循环实验过程；其中，每一步工作都有新技术被不断地开发出来。对这些技术的开发和利用也能进一步促进合成生物学的快速发展[168]。合成生物学已成为全球研发的热点领域，受到世界各国的广泛关注。各国都相继出台相关政策、规划，加快布局合成生物学。

美国从 2004 年就开始资助合成生物学领域。2004 年，盖茨基金会向 Amyris 公司投资 4 250 万美元，用于青蒿素的研发，之后 BP 公司、联邦政府部门，包括美国能源部（US Department of Energy）、国家科学基金会（National Science Foundation，NSF）、国立卫生研究院、农业部、国防部等，都相继支持合成生物学的基础研究、技术研发和相关机构的建立，2010 年以后，美国加强合成生物学各领域的研究，布局的重要规划和计划主要有：① 2010 年，美国

---

167 Andrianantoandro E, Basu S, Karig DK, et al. Synthetic biology: new engineering rules for an emerging discipline. Mol Syst Biol, 2006, 2(1): 0028.

168 李诗渊，赵国屏，王金，等. 合成生物学技术的研究进展——DNA 合成、组装与基因组编辑. 生物工程学报，2017, 33（3）: 343-360.

能源部启动"电燃料"专项，用于"微生物电合成"研究；② 2010 年，美国国家科学院 Keck 未来计划资助 13 项合成生物学研究项目；③ 2011 年，美国国防部先进研究项目局（DARPA）启动"生命铸造厂"计划，发展细胞工厂，2014 年又启动第二阶段项目；④ 2013 年，美国与欧盟支持国际合作研究；⑤美国半导体研究联盟启动"半导体合成生物学"（SemiSynBio）计划。

欧盟最早推动并起草了合成生物学路线图，描绘了欧盟 2008～2016 年对合成生物学的设计和规划。欧盟第六框架、第七框架计划分别资助了 6 项、7 项合成生物学项目。近年来启动的重要项目包括：① 2012 年 1 月，启动建立合成生物学研究区域网络（ERASynBio），致力于协调国家的经费、研究团队建设、人才培养，以及解决伦理、法律、社会和基础设施需求等问题；② 2014 年 4 月，ERASynBio 发布了题为《欧洲合成生物学下一步行动——战略愿景》的报告[169]，对欧洲合成生物学的发展提出了 5 点建议，包括资助创新型、转化型和网络型的合成生物学研究，负责任地发展和推动合成生物学，构建多学科网络化的研究团体，培养有创造力的研究队伍，充分利用开放前沿的数据和基础技术。该报告还绘制了基础科学、支撑技术、产业和应用领域的短期（2014～2018 年）、中期（2019～2025 年）和长期（2025 年＋）的路线图。

2012 年，英国商务、创新与技能部（Department for Business Innovation and Skills，BIS）发布"英国合成生物学路线图"，制定了英国至 2030 年发展合成生物学的时间表，为英国合成生物学的未来发展提出了 5 个核心主题，包括基础科学与工程、负责任地研发与创新、用于商业的技术、应用与市场及国际合作。该路线图已被修订，并由英国生物技术与生物科学研究理事会（BBSRC）于 2016 年以题为《英国 2016 年合成生物学战略计划》而发布，该计划提出了 5 条建议和 31 项行动计划。

德国也很重视合成生物学研究。德国马尔堡大学和马普学会微生物研究所等共同成立了合成微生物学中心，并于 2013 年建立了马普合成生物学研究网

---

169 ERASynBio. Next steps for European synthetic biology:a strategic vision from ERASynBio. https://www.erasynbio.eu/lw_resource/datapool/_items/item_58/erasynbiostrategicvision.pdf [2016-12-10].

络（MaxSynBio），开展合成生物学和人工细胞研究。

我国"十三五"规划、973计划和863计划都将合成生物学列为重点研究方向，其中973计划已资助的项目包括人工合成细胞工厂、光合作用与人工叶片、新功能人造生物器件的构建与集成、微生物药物创新与优产的人工合成体系、用合成生物学方法构建生物基材料的合成新途径、合成微生物体系的适配性研究、抗逆元器件的构建和机理研究、合成生物器件干预膀胱癌的研究、微生物多细胞体系的设计与合成、生物固氮及相关抗逆模块的人工设计与系统优化。863计划实施了"合成生物技术"项目，该项目设了8个课题，包括"能源与医药产品模块化设计合成""特种PHA聚合物人工合成体系的构建""环境耐受的工业微生物人工合成体系的构建""若干植物源化合物的人工合成体系构建""光能人工细胞工厂的构建及应用""若干微生物源药物人工合成体系构建""微生物药物的高效合成生物技术研究与应用""人工合成酵母基因组"。

（二）国际重要进展

1. 基因路线工程

基因编辑技术或将完全打开癌症研究领域的大门。2016年9月，德国研究人员通过研究发现，扮演癌症驱动子的突变或许能够被靶向修复，而且这些相关的突变也可以被快速诊断，并被用来改善个体化疗法[170]。

基因编辑过程中，寻找并编辑基因的CRISPR蛋白有时会靶向作用错误的基因，从而产生新的问题，如诱导健康细胞发生癌变。2016年12月，美国马萨诸塞大学医学院和加拿大多伦多大学的研究人员发现首批已知的CRISPR/Cas9活性"关闭开关"，从而为CRISPR/Cas9编辑提供更好的控制[171]。2017年7月，美国得克萨斯大学的研究人员开发了一种新方法，其能够通过个体的完整基因组来快速检测CRISPR分子，从而预见除了CRISPR的靶点外，其是否还

---

170 Gebler C, Lohoff T, Paszkowskirogacz M, et al. Inactivation of cancer mutations utilizing CRISPR/Cas9. J Natl Cancer Inst, 2016, 109(1):djw183.

171 Pawluk A, Amrani N, Zhang Y, et al. Naturally occurring off-switches for CRISPR-Cas9. Cell, 2016, 167(7):1829.

能够同其他 DNA 片段相互作用，这种新方法或许就能够帮助临床医生为患者制订个体化的基因疗法，同时还能够保证疗法的安全性和有效性[172]。

2017 年 4 月，默克公司的研究人员开发了一种名为"proxy-CRISPR"的基因组编辑工具，它能够覆盖先前无法到达的基因组区域，能够让 CRISPR 变得更加高效、灵活和具有特征性，借助近端 CRISPR 靶标，有目的性地激活多元化 CRISPR-Cas 系统，从而进行哺乳动物基因组编辑[173]。研究结果可加速药物开发和新疗法的诞生，帮助推进科学家探索表观遗传修饰及相关疾病的方式。

人源化 BLT 小鼠是指移植了人的骨髓、肝和胸腺组织或细胞的免疫缺陷小鼠。这种小鼠具有人类功能性免疫系统，被艾滋病病毒感染和潜伏的方式与人类一致，克服了常规小鼠不能复制某些人类疾病的弊端，被广泛用于艾滋病动物实验研究。2017 年 4 月，美国天普大学的研究人员借助腺相关病毒作为载体，把基因编辑工具运送到潜伏感染小鼠体内，有效剔除了一种人源化小鼠多个器官组织中的人类艾滋病病毒，朝着开展人类临床试验的方向迈出一大步[174]。

2. 天然产物合成

科学家早已了解了箭毒蛙，而且一些人尝试合成这种毒素中的箭毒蛙毒素分子。2016 年 11 月，美国斯坦福大学的研究人员合成出在箭毒蛙皮肤中存在的神经毒素。鉴于这项研究也合成出了这种毒素分子的手性异构体，它有望帮助研究人员更好地理解离子通道发挥功能的方式[175]。

轮状病毒是一种双链核糖核酸病毒，属于呼肠孤病毒科，是引起婴幼儿腹泻的主要病原体之一。2017 年 2 月，日本大阪大学的研究团队通过加入可促进病

172 Jung C, Hawkins JA, Jones Jr SK, et al. Massively parallel biophysical analysis of CRISPR-Cas complexes on next generation sequencing chips. Cell, 2017, 170(1):35.

173 Chen F, Ding X, Feng Y, et al. Targeted activation of diverse CRISPR-Cas systems for mammalian genome editing via proximal CRISPR targeting. Nature Communications, 2017, 8:14958.

174 Yin C, Zhang T, Qu X, et al. In vivo excision of HIV-1 provirus by saCas9 and multiplex single-guide RNAs in animal models. Molecular Therapy the Journal of the American Society of Gene Therapy, 2017, 25(5):1168.

175 Logan MM, Toma T, Thomas-Tran R, et al. Asymmetric synthesis of batrachotoxin: Enantiomeric toxins show functional divergence against NaV. Science, 2016, 354(6314): 865-869.

毒增殖的蛋白质和酶，成功合成了难以增殖的轮状病毒，可能将有助于开发新的疫苗并有望对找到病毒增殖的详细机理有所帮助。

生命的遗传密码仅含有 4 个天然的碱基。2017 年 2 月，美国斯克利普斯研究所的研究人员合成了首个稳定的半合成有机体。他们制造出一种使用 4 个天然碱基（A、T、C 和 G）的新细菌，但是它的遗传密码也含有两个配对的合成碱基：X 和 Y。并证实当它们的单细胞有机体分裂时，它能够无限期地保持这个合成碱基对[176]。研究结果可能被用来制造具有新功能的单细胞有机体，如用于新药开发等。

哺乳动物胚胎发育需要胚胎和胚外组织之间错综复杂的相互作用，以协调发育过程中形态的变化。2017 年 3 月，英国剑桥大学的研究人员首次在体外合成了人造小鼠胚胎。他们利用小鼠的胚胎干细胞、滋养层干细胞及细胞质基质，在培养基中成功地诱导合成了类小鼠胚胎结构。该研究成果为在体外研究人类胚胎早期发育时间提供了重要依据[177]。

3. 底盘细胞修饰与改造

经过基因改造的细菌可用于杀死特定的病原体。新加坡国立大学的研究人员改造了大肠杆菌 Nissle 1917，并加入了新的特征，包括一种使其能破坏绿脓杆菌生物膜稳定性的基因。该研究团队在两种绿脓杆菌肠道感染动物模型（小鼠和秀丽隐杆线虫）中，成功检验了改造益生菌的效力，发现它在预防感染暴发方面比对抗已有感染更有效[178]。

2016 年 10 月，美国研究人员推出了一项有关 T 细胞免疫疗法的崭新技术。使用 synNotch 受体技术，精细调控基因的开启或关闭，特异性启动 T 细胞免疫反应来靶向肿瘤细胞。重编程的工程化细胞可以成为治疗癌症及自身免疫性疾

---

176 Zhang Y, Lamb BM, Feldman AW, et al. A semisynthetic organism engineered for the stable expansion of the genetic alphabet. Proceedings of the National Academy of Sciences of the United States of America, 2017, 114(6):1317.

177 Harrison SE, Sozen B, Christodoulou N, et al. Assembly of embryonic and extraembryonic stem cells to mimic embryogenesis *in vitro*. Science, 2017, 356(6334):11810.

178 Hwang IY, Koh E, Wong A, et al. Engineered probiotic *Escherichia coli* can eliminate and prevent *Pseudomonas aeruginosa* gut infection in animal models. Nature Communications, 2017, 8:15028.

病的创新方法[179]。

抗生素耐药性的不断产生迫使研究人员需要利用遗传工程化的技术来通过细菌和真菌寻找一系列新型抗生素药物。2017 年 5 月，英国伦敦帝国理工学院的研究人员通过研究，成功对酵母细胞再改造，使其能够制造产生非核糖体类的肽类抗生素——青霉素，研究发现这种酵母具有能够抵御链球菌属细菌的抗菌特性。该方法有助于对酵母细胞进行工程化改造，从非核糖体的肽类家族中开发出新型抗生素和抗炎药物[180]。

获得性免疫缺陷综合征（AIDS）已存在将近 40 年了。2017 年 6 月，美国纽约市立学院的研究人员开发了一种新的方法来快速地获得可能抑制导致获得性免疫缺陷综合征的人类免疫缺陷病毒（HIV）的新分子。通过对嘧啶核苷（包括叠氮胸苷）进行修饰，产生具有抵抗 HIV 潜力的化合物[181]。

（三）国内重要进展

1. 基因路线工程

CRISPR 存在于原核生物中的获得性免疫系统，CRISPR 相关蛋白 Cas9 已广泛应用于基因组编辑和许多其他应用中。2017 年 1 月，中国科学院上海植物生理生态研究所的研究人员鉴定了 Cpf1 蛋白的精确切割位点，并基于该切割特性开发新的 DNA 无缝拼接方法[182]。其研究成果为大片段体外编辑提供了一个高效工具。

CRISPR-Cas 是当前最强有力的基因组编辑技术。基于化脓链球菌来源的

---

179 Roybal KT, Williams JZ, Morsut L, et al. Engineering T cells with customized therapeutic response programs using synthetic notch receptors. Cell, 2016, 167(2):419.

180 Ali RA, Benjamin AB, David JB, et al. Biosynthesis of the antibiotic nonribosomal peptide penicillin in baker's yeast. Nature Communications, 2017, 8:15202.

181 Akula HK, Kokatla H, Andrei G, et al. Facile functionalization at the C4 position of pyrimidine nucleosides via amide group activation with (benzotriazol-1-yloxy)tris(dimethylamino)phosphonium hexafluorophosphate (BOP) and biological evaluations of the products. Organic & Biomolecular Chemistry, 2017, 15(5):1130.

182 Lei C, Li SY, Liu JK, et al. The CCTL (Cpf1-assisted cutting and *Taq* DNA ligase-assisted ligation) method for efficient editing of large DNA constructs *in vitro*. Nucleic Acids Research, 2017, 45(9):e74.

Cas 效应蛋白（SpCas9）最初被开发为人类细胞的基因组编辑工具，随后被适配到各个物种细胞中，被认为是"战无不胜，攻无不克"的 Cas 效应蛋白。但在谷氨酸棒杆菌这一最重要的氨基酸生产菌株中，SpCas9 却难以适配应用。2017 年 5 月，中国科学院上海植物生理生态研究所的研究人员发现新凶手弗兰西斯菌来源的 Cas 效应蛋白（FnCpf1）与谷氨酸棒杆菌适配，而 SpCas9 则表现出对谷氨酸棒杆菌的毒性，并建立了高效的谷氨酸棒杆菌 CRISPR-Cpf1 基因组编辑系统[183]。

酿酒酵母广泛应用于能源燃料、化学品和天然化合物等的合成生产。开发简易高效的、能够在酵母染色体上组装整合大量转录单位的技术方法，实现复杂异源代谢途径在酵母中的组装与表达，是酵母合成生物学与代谢工程研究的热点。2017 年 1 月，中国科学院天津工业生物技术研究所的研究人员利用二型 S 内切酶组装方法的优势，以及酵母自身的高效同源重组效率，经模块化设计建立了一套 DNA 组装和染色体整合方法，并命名为模块化两步组装（modularized two-step，M2S）技术。通过该技术，可以在 5 天内整合完成由 4 个转录单元组成的 β-胡萝卜素生物合成途径，并能整合出包含 10 个转录单元的合成途径，充分证明了 M2S 技术的快速高效性[184]。该技术极大地简化了在酵母细胞中组装整合转录单元的现有方法，避免了频繁的组装策略设计和引物合成，为实现菌种定制的高通量、自动化和工业化提供了一种有效的手段。

2017 年 2 月，天津大学的研究人员完成了真核生物酿酒酵母 2 条染色体（syn V、syn X）的设计与化学合成。其研究成果首次实现了真核人工基因组化学合成序列与设计序列的完全匹配，系统性支撑与评价了当前真核生物的设计原则。该技术的突破为研究人工设计基因组的重新设计、功能验证与技术改进奠定了基础。利用化学合成的酵母 5 号染色体定制化建立了一组环形染色体模型，通过人工基因组中设计的特异性水印标签实现对细胞分裂过程中染色体变

183 Jiang Y, Qian F, Yang J, et al. CRISPR-Cpf1 assisted genome editing of *Corynebacterium glutamicum*. Nature Communications, 2017, 8:15179.

184 Li S, Ding W, Zhang X, et al. Development of a modularized two-step (M2S) chromosome integration technique for integration of multiple transcription units in *Saccharomyces cerevisiae*. J Immunoassay Immunochem, 2016, 9(1):232-243.

化的追踪和分析，为研究当前无法治疗的环形染色体疾病、癌症和衰老等发生机理和潜在治疗手段提供了研究模型。同时，人们发展了多级模块化和标准化基因组合成方法，创建了一步法大片段组装技术和并行式染色体合成策略，实现了由小分子核苷酸到活体真核染色体的定制精准合成[185]。其研究成果为当前无法治疗的环形染色体疾病的发生机理和潜在治疗手段建立了研究模型。

2. 天然产物合成

萜类化合物是自然界中数量最大的化合物，存在于几乎所有生物体中，并扮演着重要的结构性（如细胞膜上的胆固醇）和功能性（如光合作用中所需的类胡萝卜素）的角色。2016 年 9 月，中国科学院天津工业生物技术研究所的研究人员经数年研究，解析了两种具有不同结构特征的新型"头 - 碰 - 中"萜类合成酶，并阐明了它们的作用机理。一种酶属于"头 - 碰 - 中"全 α- 折叠反式合成酶的 MoeN5，另一种则属于"头 - 碰 - 中"蝴蝶样折叠顺式合成酶的薰衣草焦磷酸合成酶[186]。这对重要萜类化合物的生物合成及代谢工程改造具有重要的指导意义。

石杉碱甲作为石松类生物碱的代表性生物碱，是从中国传统草药千层塔［蛇足石杉（*Huperzia serrata*）］分离提取得到的。该天然产物是乙酰胆碱酯酶的有效抑制剂，已在国内临床应用于预防和治疗阿尔茨海默病（认知障碍症），具有巨大的应用前景。2017 年 1 月，中国科学院上海植物生理生态研究所的研究人员从重要药用植物蛇足石杉中成功鉴定和表征了石杉碱甲（huperzine A）生物合成的第一步关键基因——赖氨酸脱羧酶（*LDC*）基因，并偶联第二步的铜胺氧化酶（CAO）解析了起始两步基因对石松类生物碱合成途径的代谢作用[187]。该研究填补了石杉碱甲生物合成途径解析的空缺，并为后续利用合成生物

185 Xie ZX, Li BZ, Mitchell LA, et al. "Perfect" designer chromosome V and behavior of a ring derivative. Science, 2017, 355(6329):eaaf4704.

186 Liu MX, Chen CC, Chen L, et al. Structure and function of a "head - to - middle" prenyltransferase: Lavandulyl diphosphate synthase. Angewandte Chemie International Edition, 2016, 55(15):4721.

187 Xu B, Lei L, Zhu X, et al. Identification and characterization of L-lysine decarboxylase from *Huperzia serrata*, and its role in the metabolic pathway of lycopodium alkaloid. Phytochemistry, 2017, 136:23-30.

学的策略生产石杉碱甲奠定了理论应用基础。

人参皂苷 Rh2 是药用植物人参中的关键活性组分，具有良好的抗癌、抗氧化活性，在治疗肿瘤、心脑血管疾病等方面具有重要的应用潜力。然而由于人参栽培周期长（5～6 年）及 Rh2 含量低（0.001%），很难实现规模化生产。2017年 6 月，上海交通大学的研究人员巧妙地利用酵母中具有"底物相似性"的甾醇类糖基转移酶 UGT51，通过解析其晶体结构，预测对底物结合及催化具有影响的热点区域；采用半理性分子设计（丙氨酸扫描结合热点分区迭代饱和突变）策略，通过双酶耦合显色的高通量筛选平台，获得了比野生型催化效率（k_{cat}/K_m）提高30～1 800 倍的系列突变体；将最优突变体基因引入人参皂苷 Rh2 前体生产菌中，所获工程菌的 Rh2 合成产量比含野生型基因的提高了 122 倍，显示出蛋白质工程技术在消除代谢通路中关键瓶颈方面的突出优势；进一步通过系统代谢工程进行消除产物 Rh2 降解、提高糖基供体及受体合成等调控，最终工程菌在 5L发酵罐中产量达 300mg/L，为目前国际上报道的最高水平[188]。

3. 底盘细胞修饰与改造

聚酮化合物是一大类次级代谢产物，具有多样的化学结构及丰富的生物活性，包含许多在临床或其他领域广泛应用的抗生素、抗真菌剂、细胞抑制剂、抗胆碱结合剂、抗寄生虫剂、动物生长促进剂和天然杀虫剂等。2017 年 1 月，中国科学院微生物研究所的研究人员长期从事Ⅱ型聚酮生物合成及其调控机制的研究。在研究中发现，一类具有不同骨架结构的Ⅱ型聚酮化合物均是由相同的角蒽环聚酮中间体经过 B 环氧化开环反应生成的。一类独特的氧化酶催化了这一氧化开环反应，利用相同的底物、相似的反应条件，分别合成具有不同骨架结构的产物，这是此类聚酮化合物结构分化的关键节点[189]。这一研究有助于加深对氧化开环酶的催化功能及结构 - 功能关系的认识。

188 Zhuang Y, Yang G, Chen X, et al. Biosynthesis of plant-derived ginsenoside Rh2 in yeast via repurposing a key promiscuous microbial enzyme. Metabolic Engineering, 2017, 42:25-32.

189 Pan G, Gao X, Fan K, et al. Structure and function of a C-C bond cleaving oxygenase in atypical angucycline biosynthesis. Acs Chemical Biology, 2017, 12(1):142.

泛素化是一种重要的真核生物蛋白质翻译后修饰方式，它决定了被修饰蛋白质的命运。泛素化的过程分为三步系列的酶促反应，分别由 E1、E2 和 E3 来催化，并最终使泛素共价地结合到了底物蛋白上。通常来讲，整个泛素化途径至少需要 5 个蛋白质的参与：泛素单体、E1、E2、E3 和底物蛋白。2017 年 5 月，中国科学院遗传与发育生物学研究所的研究人员利用合成生物学的手段，将编码以上 5 个植物蛋白质的基因同时在同一大肠杆菌细胞中表达，获得了植物泛素化途径在细菌中的重建[190]。该系统提供了一种研究植物蛋白质泛素化的新方法。

随着人们生活方式和饮食习惯的改变，全球糖尿病患者的数量急剧增长，到 21 世纪，糖尿病已成为危害人类健康的三大杀手之一。抗性淀粉（resistant starch，RS）是健康人体小肠内难以消化吸收的淀粉及淀粉降解物的总称，摄入高抗性淀粉食品可有效预防和控制糖尿病，并对肥胖症和肠道疾病起到积极的预防作用。2016 年 11 月，中国科学院遗传与发育生物学研究所与浙江大学原子核农业科学研究所的研究人员合作，在抗性淀粉合成机理研究中取得了突破性进展。他们发表的文章提出可溶性淀粉合酶（SSⅢa）突变后破坏了其与 ADP- 葡萄糖焦磷酸化酶（AGPase）、丙酮酸磷酸双激酶（PPDK）、淀粉合酶（SSⅡa）和淀粉分支酶（SBEⅡa、SBEⅡb）复合体的形成，通过对 AGPase 和 PPDK 活性的影响，分别促进直链淀粉和脂类的合成，最终通过形成直链淀粉 - 脂质复合体提高了胚乳中抗性淀粉的含量[191]。该研究揭示了抗性淀粉合成的分子机理，并为培育高抗性淀粉水稻新品种提供了重要的遗传资源与新途径。

（四）前景与展望

合成生物学已经成为世界科学研究的前沿之一，世界各国政府和权威评估机构日益关注和重视合成生物学及其对生产大宗化学品、精细化学品及高附加

---

190 Han Y, Sun J, Yang J, et al. Reconstitution of the plant ubiquitination cascade in bacteria using a synthetic biology approach. Plant Journal for Cell & Molecular Biology, 2017, 91(4):766-776.

191 Zhou H, Wang L, Liu G, et al. From the cover: Critical roles of soluble starch synthase SSIIIa and granule-bound starch synthase Waxy in synthesizing resistant starch in rice. Proceedings of the National Academy of Sciences of the United States of America, 2016, 113(45): 12844-12849.

值生物医药产品的推动作用。麦肯锡全球研究院和达沃斯论坛将合成生物学定为颠覆性技术，预测该技术将驱动相关市场和全球经济的革命性发展。2015 年，美国发布了《生物技术工业化：化学品先进制造路线图》，将合成生物学列为核心发展技术。麦肯锡全球研究院发布的研究报告将合成生物学评价为未来的十二大颠覆性技术之一，预测 2025 年合成生物学和工业生物技术产值将达到 1 000 亿美元左右。英国商业创新技能部将合成生物学列为未来的八大技术之一，预测 2020 年合成生物学产业规模将达 620 亿英镑。

合成生物学对新生物能源的开发具有不可估量的作用，可以解决生物燃料生产工艺过程中的一些关键问题。开发人工合成细菌，可将糖类直接转化成与常规燃油兼容的生物燃油，甚至可以直接从太阳获取能量，制造清洁燃料。运用合成生物学技术对微生物进行改造，构建能够监测、聚集和降解环境污染物的微生物体，用来消除水污染、清除垃圾、处理核废料等，可用于水域、空气等开放环境及飞机、舰艇、洞库等密闭军事作业环境中污染物的检测与清理。基于合成生物学理论和技术设计，合成高活性和高稳定性的新材料具有质量轻、强度高、结构精细、性能特异、生产能耗少、成本低、速度快、环境危害小等特点，在工业生产领域有广泛用途。基于人造生物体设计、构建的生物计算机和基于生物合成材料的新型量子计算机，其运算速度和存储能力有望比现有计算机高出数亿倍，在此基础上研发的智能计算机可能具备人脑的分析、判断、联想、记忆等功能，给社会经济发展和人类生活带来难以估量的颠覆性影响。

合成生物学技术也是一把双刃剑，相关技术误用和谬用可能带来的潜在威胁也引起了科学界的广泛关注。一方面，合成生物学实验室操作的偶然失误可能会给环境和人类健康造成威胁，合成生物体一旦泄漏到自然界，可能会引发生态灾难；另一方面，大部分合成生物体在实验室外会有何反应还不得而知，在自然界中可能发生变异和进化，其遗传物质还可能与其他生物发生交换，产生新的物种，这些都将对人类健康、生态环境等构成威胁[192]。

---

192 中国科协科普信息化建设领导小组办公室. 合成生物学发展趋势和前景怎样. http://news.xinhuanet.com/science/2015-12/03/c_134876174.htm [2017-05-20].

四、表观遗传学

（一）概述

经典遗传学认为，基因是生物体的结构和功能单位，一个基因决定着生命活动所需要的一种蛋白质。但是，随着研究的深入，不但发现一个基因可以编码多种蛋白质，而且发现了大量隐藏在 DNA 序列之中或之外其他层次的遗传信息，其中包括许多经典遗传学无法解释的遗传现象。这些现象主要受表观遗传的调控，称为表观遗传现象。

早在 21 世纪初，科学家已经意识到表观遗传学研究的重要性。1999 年，英国、德国和法国科学家成立了人类表观基因组协会（Human Epigenome Consortium，HEC），2003 年 HEC 确定开展"人类表观基因组"项目（Human Epigenome Project，HEP），旨在分类和解释人类主要组织中基因组水平的 DNA 甲基化模式，在基因组水平上绘制不同组织在不同疾病状态下的甲基化可变位点图谱。随后，世界其他国家也成立了类似组织。2010 年 1 月，由多个国家参与的国际人类表观遗传学合作组织（International Human Epigenome Consortium，IHEC）在巴黎成立。目前 IHEC 的表观基因组相关计划包括"表观基因组平台计划"和"疾病表观基因组计划"。亚洲地区的表观遗传学研究合作始于 2006 年，中国、日本、韩国、新加坡的研究人员召开了第一届亚洲表观遗传组学联盟（Asian Epigenome Alliance）年会，为表观遗传学研究的发展提供了必要的交流和合作平台。

科技发达国家先后在表观遗传学领域开展了大型研究计划。2007 年，美国 NIH 依托"路标计划"（Roadmap Plan）基金，启动了表观基因组学研究计划，计划内容包括支持开发能够明显改善表观遗传学研究的创新工具、创立"参考表观基因组图谱中心"（Reference Epigenome Mapping Center）和"表观基因组数据分析和协调中心"（Epigenomic Data Analysis and Coordinating Center）。2012 年，德国启动"德国人类表观遗传学研究计划"（DEP），德国

联邦教研部（BMBF）计划在 5 年内共投入 1 600 万欧元，与 IHEC 开展合作，负责标记测量 70 个健康细胞和疾病细胞的表观遗传基因开关。俄罗斯至 2025 年医学科技的发展战略把表观遗传学定为有限发展领域之一，并鼓励该领域的跨学科研究。

在精准医学计划提出和实施后，研究人员在关注基因组研究的同时，也对表观基因组产生了更大兴趣。2016 年 1 月，中国科学院正式启动重点部署项目中国人群精准医学研究计划，该计划除了对全基因组开展研究以外，还包括了糖尿病人群的表观基因组研究。

（二）国际重要进展

较高的身体质量指数（BMI）会导致人基因组中将近 200 个位点发生表观遗传变化，从而影响基因表达。2016 年 12 月，德国亥姆霍兹慕尼黑中心合作的一项大规模国际研究的结果表明，较高的身体质量指数会导致人基因组中将近 200 个位点发生表观遗传变化，从而影响基因表达[193]。研究结果将为预测和阻止 Ⅱ 型糖尿病和体重超重提供新策略。

在急性髓系白血病（AML）的治疗过程中经常会发生治疗抵抗，因此 AML 患者的死亡率非常高。2016 年 12 月，德国研究人员对 AML 患者产生药物抵抗的机制进行了研究，发现一种组蛋白甲基转移酶的表达变化可能与抗药机制有关[194]。该研究对于 AML 的临床治疗改善患者生存情况具有重要意义。

2017 年 1 月，伦敦大学的研究人员通过研究表明，几乎 3/4 的免疫性状都会被基因所影响。这意味着人们很有可能会以一种特殊的个体化方式对诸如病毒感染在内的多种感染产生反应，这对后期科学家开发新型个体化疗法具有重要的意义[195]。

---

193 Wahl S, Drong A, Lehne B, et al. Epigenome-wide association study of body mass index, and the adverse outcomes of adiposity. Nature, 2016, 541(7635):81.

194 Göllner S, Oellerich T, Agrawalsingh S, et al. Loss of the histone methyltransferase EZH2 induces resistance to multiple drugs in acute myeloid leukemia. Nature Medicine, 2017, 23(1):69.

195 Mangino M, Roederer M, Beddall MH, et al. Innate and adaptive immune traits are differentially affected by genetic and environmental factors. Nature Communications, 2017, 8:13850.

基因组的大部分经转录产生 RNA，但是仅有一小部分 RNA 确实是来自基因组的蛋白质编码区域。2017 年 1 月，美国宾夕法尼亚大学的研究人员研究了增强子对基因表达的调节，并证实 CBP 结合到 eRNA 上的区域也能够调节 CBP 加入乙酰化化学标记的能力。通过结合到 CBP 的这个区域，eRNA 能够直接激活 CBP 的乙酰化活性[196]。

肿瘤微环境在肿瘤生长过程中发挥重要作用。2017 年 1 月，美国科学院的研究人员发现了来自微环境的信号是如何通过改变癌细胞代谢促进胰腺肿瘤生长的。为了阻断癌细胞对微环境的侵入，研究人员使用了 JQ1 药物，这种药物能够阻断观察到的表观遗传学变化，并能够逆转基质信号导致胰腺癌细胞发生基因改变[197]。该研究结果对肿瘤药物开发具有重要意义。

2017 年 3 月，瑞士洛桑联邦理工学院的研究人员对一个庞大且神秘的人类蛋白质家族进行了一项基因组和进化研究，从而发现这些蛋白质或许能够调节人类基因组中数百万个转座子元件，相关研究也揭示了一个大型的物种特异性基因调节网络，该基因调节网络或许会影响人类机体生物学机制、健康和疾病等[198]。该研究对于后期研究人类机体发育和生理学机制提供了新的线索，同时也为研究人员阐明人类机体系统的感染如何引发诸如癌症等疾病的发生提供了新的方向。

DNA 上的化学标记会影响基因表达。2017 年 5 月，美国、日本、西班牙和沙特阿拉伯的研究人员开发出一种新的技术来校正这些化学标记发生的致病性异常。这些化学修饰统称为表观基因组，在发育和疾病中与基因组序列本身一样发挥着越来越重要的作用。这种新的技术被用来构建与结肠癌相关的表观基因组突变模型和让安格尔曼综合征患者的干细胞甲基化模式恢复正常[199]。此外，

196 Bose DA, Donahue G, Reinberg D, et al. RNA binding to CBP stimulates histone acetylation and transcription. Cell, 2017, 168(1-2):135.

197 Sherman MH, Yu RT, Tseng TW, et al. Stromal cues regulate the pancreatic cancer epigenome and metabolome. Proceedings of the National Academy of Sciences of the United States of America, 2017, 114(5):1129.

198 Imbeault M, Helleboid PY, Trono D. KRAB zinc-finger proteins contribute to the evolution of gene regulatory networks. Nature, 2017, 543(7646):550.

199 Takahashi Y, Wu J, Suzuki K, et al. Integration of CpG-free DNA induces de novo methylation of CpG islands in pluripotent stem cells. Science, 2017, 356(6337):503.

瑞典的研究人员绘制出人细胞中的不同 DNA 结合蛋白如何对 DNA 分子的某些生化修饰做出反应，并报道了一些主调节蛋白能够激活基因组中在正常情形下因表观遗传变化而没有活性的区域。该研究结果有助于更好地理解基因调节、胚胎发育和导致癌症等疾病发生的过程[200]。

理解记忆如何产生、找回和最终在一生当中如何消失是医学研究人员关注的课题。2017 年 6 月，美国宾夕法尼亚大学的研究人员在小鼠大脑中发现当建立新的记忆时，一种叫作乙酰辅酶 A 合成酶 2（ACSS2）的代谢酶直接在神经元的细胞核内发挥作用从而关闭或开启基因[201]。该研究结果或为治疗焦虑和抑郁等神经精神疾病提供一种新的靶标。

2017 年 6 月，美国的研究人员发现生命早期的应激通过一个参与情绪和抑郁的大脑奖赏区域中持久存在的转录编程让小鼠产生终生的应激敏感性。该研究首次利用全基因组工具来理解生命早期的应激如何改变中脑腹侧被盖区（ventral tegmental area，VTA）发育，从而为情绪发展存在敏感期提供新的证据[202]。

2017 年 7 月，美国麻省理工学院、哈佛大学及麻省总医院的研究人员追踪出 II 型糖尿病一个特定的基因变异——SLC16A11。除此之外，他们还发现了两种不同的机制，这些变异破坏肝细胞基因的功能，有可能会导致患上 II 型糖尿病[203]。

（三）国内重要进展

苏氨酰 -tRNA 合成酶（ThrRS）属于经典的具有编校功能的氨酰 tRNA 合成酶（AARS），包含 N1 结构域（功能未知）、N2 编校结构域、氨基酰化结构域与

200 Yin Y, Morgunova E, Jolma A, et al. Impact of cytosine methylation on DNA binding specificities of human transcription factors. Science, 2017, 356(6337) :eaaj2239.

201 Mews P, Donahue G, Drake AM, et al. Acetyl-CoA synthetase regulates histone acetylation and hippocampal memory. Nature, 2017, 546(7658):381-386.

202 Peña CJ, Kronman HG, Walker DM, et al. Early life stress confers lifelong stress susceptibility in mice via ventral tegmental area OTX2. Science, 2017, 356(6343):1185.

203 Rusu V, Hoch E, Mercader JM, et al. Type 2 diabetes variants disrupt function of SLC16A11 through two distinct mechanisms. Cell, 2017, 170(1):199-213, e20.

RNA 结合结构域。2016 年 9 月，中国科学院上海生命科学研究院生物化学与细胞生物学研究所的研究人员通过基因组数据分析鉴定了细菌来源的多种 ThrRS 在 N1 结构域的存在与 N2 结构域活性位点分布上的多样性与复杂性，揭示细菌苏氨酰 -tRNA 合成酶 N 端结构域在遗传信息精确传递中的作用[204]。该研究阐明了 ThrRS N1 结构域在遗传信息精确性传递中的关键作用及其发挥作用的分子机制；如果破坏 N1-N2 结构域的通信机制产生错误翻译，则导致细菌与微生物死亡。

哺乳动物基因组 DNA 中的 5- 甲基胞嘧啶（5mC）是一种稳定存在的表观遗传修饰，通过 DNA 甲基转移酶（DNMT）催化产生。近年来的研究发现，TET 双加氧酶家族蛋白可以氧化 5mC，从而介导 DNA 发生去甲基化。虽然 DNA 甲基化在哺乳动物基因组印记和 X 染色体失活等过程中具有非常重要的作用，但是 DNA 甲基化及其进一步氧化修饰在小鼠胚胎发育过程中的功能意义还知之甚少。2016 年 10 月，中国科学院上海生命科学研究院生物化学与细胞生物学研究所的研究人员发现，TET 双加氧酶介导的 DNA 去甲基化与 DNMT 介导的甲基化共同作用，通过调控 Lefty-Nodal 信号通路控制小鼠胚胎原肠的运动[72]。该研究成果第一次在体内证明 DNA 甲基化及其氧化修饰在小鼠胚胎发育过程中具有重要功能，揭示了胚胎发育过程中关键信号通路的表观遗传调控机理。

开花是高等植物生长繁殖过程中重要的生理现象，是植物由营养生长进入生殖生长的标志。长期以来，植物通过进化形成了复杂精确的机制，以响应内源信号与环境变化来调控开花时间。2016 年 11 月，中国科学院上海植物逆境生物学研究中心利用模式开花植物拟南芥发现了一个冷记忆顺式 DNA 元件与一个表观遗传标记识别蛋白通过整合发育与温度信号，调控开花时间的表观遗传分子机制，为理解植物如何适时开花提供了重要的理论依据和新的应用靶点[205]。该研究不仅对了解表观遗传修饰调控植物开花的分子机制迈出了关键的一

204 Zhou XL, Chen Y, Fang ZP, et al. Translational quality control by bacterial threonyl-tRNA synthetases. Journal of Biological Chemistry, 2016, 291(40):21208-21221.

205 Yuan W, Xiao L, Li Z, et al. A cis cold memory element and a trans epigenome reader mediate polycomb silencing of FLC by vernalization in *Arabidopsis*. Nature Genetics, 2016, 48(12):1527.

步，同时也为其在花期调控的生产应用提供了新的作用靶点。

造血干细胞对自我更新和分化能力的调节对维持整个造血系统的发育和稳态具有极其重要的作用。造血干细胞对自我更新和分化的调控通过细胞分裂模式来实现。尽管科学家已经揭示了一些转录因子在调节造血干细胞分裂模式方面的作用，但表观遗传和分裂模式调控的关系尚不明确。2016年12月，中国科学院上海生命科学研究院生物化学与细胞生物学研究所的研究人员揭示了Uhrf1以表观遗传的形式调节造血干细胞的分裂模式，继而控制造血干细胞的自我更新和分化，从而维持造血系统的正常发育和稳态[206]。

植物中至少有25%的光合产物储存在由苯丙氨酸（Phe）衍化而来的苯丙烷类化合物（如木质素、黄酮）之中。但大量光合产物流入苯丙烷类代谢通路的机理尚不清楚。Phe在叶绿体中以来自莽草酸途径的分支酸作为前体，主要通过分支酸变位酶、预苯酸转氨酶和阿罗酸脱水酶三步反应合成。2016年12月，中国科学院上海植物生理生态研究所的研究人员揭示了Phe合成调控的新机制，通过遗传学分析发现模式植物拟南芥中的6个ADT对花青素合成的贡献各不相同，ADT2的作用最大，其次是ADT1和ADT3，最后是ADT4～ADT6，且成员之间具有冗余性[207]。

2017年3月，中国科学院遗传与发育生物学研究所的研究人员通过正向遗传学的方法图位克隆了 J 基因。发现 J 基因是拟南芥 EARLY FLOWERING 3（ELF3）的同源基因，通过功能互补试验和近等基因系等方法验证了该基因的功能，且在低纬度条件下（短日照条件），突变型 j 与野生型 J 相比能提高大豆产量30%～50%。进一步研究表明，在短日照条件下，J蛋白能够与大豆光周期开花的核心调控因子 E1 启动子的 LUX 结合元件直接结合，进而抑制 E1 基因的表达，从而解除了 E1 对 FT 的抑制，促进 FT 基因的表达上调。同时，研究还发现 J 基因的表达受到光敏色素蛋白 E3 和 E4 的抑制，揭示了大豆特异的

206 Zhao J, Chen X, Song G, et al. Uhrf1 controls the self-renewal versus differentiation of hematopoietic stem cells by epigenetically regulating the cell-division modes. Proc Natl Acad Sci USA, 2017, 114(2):E142-E151.

207 Chen Q, Man C, Li D, et al. Arogenate dehydratase isoforms differentially regulate anthocyanin biosynthesis in Arabidopsis thaliana. Molecular Plant, 2016, 9(12):1609-1619.

光周期调控开花的 PHYA（E3E4）-J-E1-FT 遗传网络。群体遗传学分析发现，J 基因在适应低纬度大豆品种中至少存在着 8 种功能缺失型等位变异。J 基因多种变异的产生是大豆适应低纬度地区和产量增加的重要进化机制，低纬度地区的环境压力是 J 基因产生变异的主要驱动力[208]。这些等位变异对大豆在低纬度地区的推广和大豆生产必将起到重要的作用。

阐明在中国人群中是否存在与单不饱和脂肪酸相关的特异基因位点，以及在西方人群中发现的基因位点是否在中国人群中也起着相似的作用，并对潜在的功能性位点进行精细定位具有很重要的科学意义和研究价值。上海生命科学研究院的科研人员以 9 个队列人群、共 1.5 万余人的脂肪酸数据为基础，通过全基因组关联分析、跨种族荟萃分析等，不仅发现了多个影响单不饱和脂肪酸血液水平的基因位点，还对潜在的功能性位点进行了精细定位分析，相关成果于 2017 年 3 月发表在 *Journal of Lipid Research*（《脂质研究杂志》）上[209]。

心肌梗死是导致心衰和各种心脏疾病的主要因素，然而成体心脏缺乏有效的再生和自我修复能力。2017 年 5 月，北京大学的研究人员揭示了同一表观调控因子 EZH1 在心脏发育和再生过程中，产生不同的组蛋白修饰，导致截然不同的分子机制，调控发育与再生两个关联的生物学过程[210]。该结果为心脏再生的临床治疗策略提供了新的理论依据。

在植物中，RNA 介导的 DNA 甲基化（RdDM）是一种重要的建立全新 DNA 甲基化式样和转录基因沉默的机制。2017 年 5 月，中国科学院植物生态研究所的研究人员通过分析 mRNA 转录组与全基因组 DNA 甲基化的相关性，发现在 *pkl* 突变体中，虽然一定数量的转座子和基因的转录产物上升伴随着 DNA 甲基化的下降，大部分位点的 DNA 甲基化变化不足以释放转录沉默。因此研究人

208 Lu S, Zhao X, Hu Y, et al. Natural variation at the soybean J locus improves adaptation to the tropics and enhances yield. Nature Genetics, 2017, 49(5):773.

209 Hu Y, Tanaka T, Zhu J, et al. Discovery and fine-mapping of loci associated with MUFAs through trans-ethnic meta-analysis in Chinese and European populations. J Lipid Res, 2017, 58(5): 974-981.

210 Ai S, Yu X, Li Y, et al. Divergent requirements for EZH1 in heart development versus regeneration. Circulation Research, 121(2) :106-112.

员设想，在 RdDM 的靶位点区域，PKL 能够通过其核小体重塑活性改变染色质环境，从而影响非编码 RNA 的产生和转录沉默[211]。该研究揭示了染色质重塑因子 PKL 在 RNA 介导的 DNA 甲基化过程中的重要调控作用。

DNA 甲基化是一种保守的表观遗传学标记，在生物发育和环境应答的过程中具有重要的调控作用。2017 年 5 月，中国科学院上海植物逆境生物学研究中心的研究人员利用 CRISPR/Cas 9 技术获得了番茄 *sldml2* 的突变体植株，发现了番茄 *sldml2* 调节的 DNA 去甲基化不仅可以激活成熟需要的基因，同时还可以抑制成熟不需要的基因，在调节番茄果实成熟的过程中发挥了重要作用[212]。该发现揭示 DNA 甲基化可能是转录因子和植物激素之外的第三个最重要的调节果实成熟的因子，具有重要的理论和应用价值。

（四）前景与展望

近年来，表观遗传学机制在肿瘤的形成和治疗、干细胞分化等诸多领域扮演着越来越重要的角色，逐渐成为全球的研究热点。

表观遗传学不但颠覆了传统遗传变异的观念，而且在医学健康方面具有重大的科研和产业价值，尤其在疾病的表观遗传机制研究与临床疗法创新、表观遗传位点与药物靶点设计等方面发挥了巨大作用，颇具市场应用前景。根据美国市场调查与咨询公司 Markets & Markets 发布的表观遗传学市场预测报告和 Grand View Research 公司发布的表观遗传学市场分析报告，全球表观遗传学市场有望从 2015 年的 47 亿美元增长到 2020 年的 89 亿美元，复合年均增长率达 13.6%。未来 5 年，全球的表观遗传学市场有望快速增长。

该领域层出不穷的进展加深了人们对表观遗传学的理解与认识，并引起了人们的重视。表观遗传学以不同于基因学的视角，被广泛应用于癌症治疗、胚胎检查、药物研发等领域，成为生命科学研究的焦点之一，弥补了经典遗传学的不

---

211 Yang R, Zheng Z, Chen Q, et al. The developmental regulator PKL is required to maintain correct DNA methylation patterns at RNA-directed DNA methylation loci. Genome Biology, 2017, 18(1):103.

212 Lang Z, Wang Y, Tang K, et al. Critical roles of DNA demethylation in the activation of ripening-induced genes and inhibition of ripening-repressed genes in tomato fruit. Proceedings of the National Academy of Sciences Current Issue, 2017, 22:E4511.

足，为人类疾病的治疗提供了新的研究方向。就当前趋势来看，基于表观遗传修饰机制的药物和治疗技术仍普遍存在副作用大、特异性低等问题。但随着该领域研究的日益深入，基于表观遗传学的疾病诊疗与药物研发将取得突破性进展[213]。

五、结构生物学

（一）概述

结构生物学（structural biology）研究的主要目的就是获得用于构成活体细胞的各种各样大分子（macro-molecule）生物组件的高分辨率图像信息。该研究主要依赖的技术手段就是 X 射线晶体照相术（X-ray crystallography）及核磁共振光谱分析检测技术（nuclear magnetic resonance spectroscopy，NMR spectroscopy）。不过这两种技术都有各自的局限性。例如，X 射线晶体照相术只能够对生长得极为有序的三维结晶进行观察，而核磁共振光谱分析检测技术则要求被检测样品的纯度非常高，不能够有重叠峰出现。有很多生物大分子相互结合、组装之后形成的结构都非常大，或者非常不稳定、比较罕见，都不太适合用上述这两种技术进行分析和检测。单粒子电子显微镜技术（single-particle electron microscopy，EM）则能够观察少量非结晶样品，获得高分辨率的结构图谱。

世界发达国家在 20 世纪初期就对结构生物学领域进行布局。2004 年，牛津大学、多伦多大学等多国机构成立国际"结构基因组学联盟"（SGC），希望通过解析蛋白质的三维结构对糖尿病、癌症、传染性疾病等重大疾病提出解决方案。中国的结构生物学研究始于 20 世纪 70 年代。20 世纪 70 年代初期，中国科学工作者测定了亚洲地区第一个蛋白质晶体结构——猪胰岛素三方二锌晶体结构，成为中国结构生物学历史发展的起点。然而相比发达国家，中国在结构基因组学方面的布局时间相对较晚。2003 年，鲁华等科学家呼吁尽快建立自

---

213 李祯祺，王玥，施慧琳，等. 表观遗传学技术发展与市场发展分析. 生物产业技术，2017，（2）：21-26.

己的结构基因组计划，提出自己的结构基因组研究策略，在国际竞争中占据一席之地。2006 年起，《国家中长期科学和技术发展规划纲要（2006—2020 年）》明确将蛋白质研究列为国家重大科学研究计划之一。

（二）国际重要进展

线粒体呼吸链酶复合体 I 在细胞呼吸和能量代谢中发挥着至关重要的作用。这种分子质量大约为 1 兆道尔顿（MDa）的 L 形酶复合体是呼吸链中最大的蛋白质组装体。2016 年 9 月，来自奥地利和英国的研究者利用交联/质谱图谱辅助下的低温电子显微镜解析出分辨率为 3.9Å 的绵羊（一种哺乳动物）线粒体呼吸链酶复合体 I 基本完整的原子结构[214]。该研究结果有望为医学、生物能量学和其他研究领域提供参照信息来源。

RNA 是所有细胞的关键遗传物质，根据 DNA 蓝图以多种方式指导核糖体生产蛋白质。核糖开关是一种存在于细菌中的特殊 RNA 开关。2016 年 11 月，美国能源部斯坦福直线加速器中心（SLAC）国家加速器实验室的研究人员首次实现了对调控蛋白质生产的 RNA 开关进行实时成像。这项重要的研究成果向人们展示了 X 射线无电子激光器（XFEL）在研究 RNA 方面的强大能力[215]。

雄激素受体一直是研究人员抵御前列腺癌的中枢性靶点，鉴别其同型二聚体的 3D 结构或许就能够帮助开发出新型的治疗策略。2017 年 2 月，西班牙圣保罗生物医学研究所的研究人员通过研究首次证实了同型二聚体的雄激素受体配体结合域的 3D 结构，阐明这种新型细胞核受体的结构或许就能够解释 40 多种如前列腺癌及其他诸如雄激素不敏感综合征等疾病的遗传突变[216]。

鉴于细胞的内部工作机制发生改变能够导致疾病产生，理解纳米机器如何执行它们的细胞功能具有重要的生物医学意义。2017 年 2 月，来自西班牙、德

---

214 Fiedorczuk K, Letts JA, Degliesposti G, et al. Atomic structure of the entire mammalian mitochondrial complex I. Nature, 2016, 538(7625) :406-410.

215 Stagno JR, Liu Y, Bhandari YR, et al. Structures of riboswitch RNA reaction states by mix-and-inject XFEL serial crystallography. Nature, 2016, 541(7636):242.

216 Nadal M, Prekovic S, Gallastegui N, et al. Structure of the homodimeric androgen receptor ligand-binding domain. Nature Communications, 2017, 8:14388.

国和瑞士的研究人员开发出一种新的技术，利用它能够直接观察到活细胞中这些蛋白质复合体的结构和功能[217]。

蓝细菌是地球上首个通过光合作用产生氧气的有机体，它们对理解生命发挥着重要的作用。2017年3月，来自德国和荷兰的研究人员从结构上揭示了蓝细菌生物钟运转机制[218]。

肌肉萎缩症和过早衰老等疾病是由编码核纤层蛋白（lamin）的基因发生突变导致的。2017年3月，来自瑞士、美国和以色列的研究人员利用三维电子显微技术首次成功地在分子分辨率上阐明细胞核的核纤层（lamina）结构。这个核骨架让高等真核生物中的细胞核保持稳定，并且参与遗传物质的组装、激活和复制[219]。

多靶向P2X7的药物都是通过竞争性地抑制ATP与P2X7的结合而起到缓解疼痛的效果，通常认为通过阻碍ATP与P2X7的结合能够有效地阻断痛觉信号的传递。然而2017年4月，康奈尔大学的研究人员通过对P2X7受体的结构进行解析，表明这些药物实际上并不能像预期的那样与P2X7受体发生结合[220]。通过对这一受体结构的解析，有望为多种慢性疼痛的治疗提供新的思路。

GLP-1是一种重要的肽类激素，激活GLP-1受体是治疗Ⅱ型糖尿病最为重要和最为有效的机制之一，其在治疗其他的代谢疾病及心血管疾病和神经疾病中具有巨大的潜力。2017年5月，Heptares治疗公司发布了全长GLP-1受体结合到一种肽激动剂时的高分辨率X射线晶体结构。该研究成果揭示出GLP-1肽配体与GLP-1受体之间显著复杂的相互作用网络，在分子水平上理解这些相互作用可能有助于开发小分子药物和优化治疗性的肽分子[221]。此外，美国密歇根大学、斯坦

---

217 Picco A, Irastorza-Azcarate l, Specht T, et al. The *in vivo* architecture of the exocyst provides structural basis for exocytosis. Cell, 2017, 168(3):400.

218 Tseng R, Goularte NF, Chavan A, et al. Structural basis of the day-night transition in a bacterial circadian clock. Science, 2017, 355(6330):1174.

219 Turgay Y, Eibauer M, Goldman AE, et al. The molecular architecture of lamins in somatic cells. Nature, 2017, 543(7644):261.

220 Karasawa A, Kawate T. Structural basis for subtype-specific inhibition of the P2X7 receptor. Elife, 2016, 5:e22153.

221 Jazayeri A, Rappas M, Brown AJH, et al. Crystal structure of the GLP-1 receptor bound to a peptide agonist. Nature, 2017, 546:254-258.

福大学和 ConfometRx 公司的研究人员首次捕获到一种关键的细胞受体在发挥作用时的冷冻电子显微图片，揭示了 GLP-1 如何在细胞的外面结合它的受体，以及这如何导致这种受体延伸到细胞中的部分发生构象变化，而这种构象发生变化的受体随后结合和激活细胞中的 G 蛋白[222]。

通过将遗传信息传递到下一代，雌性配子（卵子）和雄性配子（精子）在受精时的相遇是生物学最为基础的过程之一。2017 年 6 月，瑞典卡罗琳斯卡研究所的研究人员首次获得了一种精子蛋白在受精开始时结合到一种对应的卵子外壳蛋白上的三维结构图，揭示出了一种相同的参与软体动物和哺乳动物中精子之间相互作用的卵子蛋白结构[223]。

错误折叠的蛋白质是肌萎缩性脊髓侧索硬化症（ALS）、阿尔茨海默病、帕金森病和其他神经退行性大脑功能障碍的罪魁祸首。2017 年 6 月，美国宾夕法尼亚大学的研究人员获得了 Hsp104 蛋白的高分辨率结构图，研究结果有助于理解细胞如何能够让有毒性的蛋白聚集物分解，以便恢复蛋白质功能，开发出在人体中起作用的治疗性蛋白质版本[224]。

（三）国内重要进展

CENP-A 蛋白是组蛋白 H_3 突变体，是中心粒行使正常功能和动粒的正确组装必不可少的表观遗传标志分子。中心粒区域组蛋白 H_3 和 CENP-A 需要保持合适比例，以维持稳定的中心粒，确保遗传信息的正确传递，相关的调控机制研究是本领域关注的热点之一。2016 年 9 月，中国科学院遗传与发育生物学研究所的研究人员解析了新型 NAP 蛋白家族 Ccp1 蛋白高分辨率的晶体结构，发现了该蛋白形成二聚体的关键氨基酸位点，并通过定点突变和相关功能研究证明了 Ccp1 蛋白二聚体结构是发挥正常生物学功能必不可少的。此外，还对 Ccp1

222 Yan Z, Sun B, Dan F, et al. Cryo-EM structure of the activated GLP-1 receptor in complex with a G protein. Nature, 2017, 546(7657):248-253.

223 Raj I, Sadat AHH, Dioguardi E, et al. Structural basis of egg coat-sperm recognition at fertilization. Cell, 2017, 169(7):1315.

224 Gates SN，Yokom AL，Lin J, et al. Ratchet-like polypeptide translocation mechanism of the AAA+ disaggregase Hsp104. Science, 2017, 357(6348):273-279.

与 CENP-A 蛋白互作进行了探索，为进一步研究组蛋白分子伴侣如何发挥功能提供了重要信息[225]。

TRIC 离子通道在人体中发挥了重要的生理功能，其缺失或突变也和一些疾病密切相关。TRIC 离子通道具有 TRIC-A 和 TRIC-B 两种亚型。TRIC-A 通道是治疗恶性高血压潜在的药物靶点；TRIC-B 通道与骨发育不全相关。2017 年 5 月，中国科学院遗传与发育生物学研究所的研究人员完成了来自古菌和细菌的 TRIC 离子通道高分辨率三维结构及相关的功能分析工作，提出了 TRIC 离子通道的开关机制[226]。该研究成果对人们理解心肌细胞和骨骼肌细胞等组织中的钙离子信号具有重要意义。

人胰高血糖素样肽 -1 受体（glucagon-like peptide-1 receptor，GLP-1R）是 B 型 G 蛋白偶联受体（G protein-coupled receptor，GPCR）家族成员之一，也是 Ⅱ 型糖尿病一种广为人知的药物靶标。2017 年 5 月，上海科技大学 iHuman 研究所和复旦大学药学院的研究人员解析出 GLP-1R 的分子结构[227]。

大脑内的神经细胞之间通过微小的特化结构——突触进行信号的交流。谷氨酸结合到突触后膜上的谷氨酸受体从而将信号传递到下级神经细胞。突触后膜上一种重要的谷氨酸受体被称为 AMPA 受体，主要由 GluA1 和 GluA2 两种不同的蛋白亚基组成。为了揭示这种异源 AMPA 受体的分子构成及空间结构，2016 年 9 月，南京大学的研究人员以同源 AMPA 受体（GluA2 四聚体）的晶体结构为模板，使用半胱氨酸交联（cysteine crosslinking）的技术来探究各个蛋白亚基之间的接触面，从而揭示异源 AMPA 受体的空间排列，并指出每个 AMPA 受体由两个 GluA1 和两个 GluA2 蛋白亚基构成，并且有着固定的空间排列，称为 1-2-1-2 构型[228]。该研究成果不但解析了脑内一种重要谷氨酸受体的分子结构，

225 Ning W, Yu Y, Xu H, et al. The CAMSAP3-ACF7 complex couples noncentrosomal microtubules with actin filaments to coordinate their dynamics. Developmental Cell, 2016, 39(1):61-74.

226 Min S, Feng G, Qi Y, et al. Structural basis for conductance through TRIC cation channels. Nature Communications, 2017, 8:15103.

227 Song G, Yang D, Wang Y, et al. Human GLP-1 receptor transmembrane domain structure in complex with allosteric modulators. Nature, 2017, 546(7657) :312.

228 He XY, Li YJ, Kalyanaraman C, et al. GluA1 signal peptide determines the spatial assembly of heteromeric AMPA receptors. Proceedings of the National Academy of Sciences of the United States of America, 2016, 113(38):E5645.

而且揭示了信号肽的一个全新功能。

ECF 转运蛋白是近年来发现的一类新型 ABC 内向转运蛋白，ECF 转运蛋白在细菌与植物中保守存在，介导微量营养物质的跨膜转运。中国科学院上海植物生理生态研究所的研究人员选择专用型 ECF 转运蛋白的典型代表——跨膜转运钴离子的 CbiMNQO 为研究对象开展结构与机理的研究[229]。这是首次对专用型 ECF 转运蛋白复合体结构的报道，对理解不同类型 ECF 转运蛋白的跨膜转运机理具有重要意义。

在基因表达过程中，内含子需要经过"剪"和"接"这两步化学反应被去除，从而使编码区可以连接成不同的信使 RNA（mRNA）。RNA 剪接是所有真核生物特有的过程，是真核生物"中心法则"的关键步骤之一，也被认为是真核生物复杂性的重要分子基础。2017 年 5 月，清华大学的研究人员研究报道了高分辨率的人源剪接体结构，也是首次在近原子分辨率的尺度上观察到酵母以外的、来自高等生物的剪接体结构，进一步揭示了剪接体的组装和工作机理，为理解高等生物的 RNA 剪接过程提供了重要基础[230]。

SWI/SNF 家族染色质重塑复合物通过利用 ATP 水解的能量调控染色质的结构，广泛参与调控干细胞分化、重编程、免疫应答、学习和记忆、癌症等不同的生物学过程。2017 年 4 月，清华大学的研究人员揭示了 Snf2 主要是通过多个保守的解旋酶 motif 与核小体 DNA 的磷酸骨架结合，同时也揭示了一个普遍的染色质重塑蛋白与底物结合的机制[231]。该研究解析了第一个染色质重塑蛋白与底物核小体结合的高分辨率结构，首次揭示了染色质重塑的机理。

钠离子通道是诸多国际制药公司的研究靶点，有着巨大的制药前景。获取钠离子通道的精细三维结构对于理解其工作机理及制药至关重要。2017 年 2 月，清华大学的研究人员利用序列分析选取长度最短的真核钠离子通道，成功利用重组技术获得了表达量较高、性质稳定均一的美洲蟑螂的钠离子通道蛋白，在

229 Bao Z, Qi X, Hong S, et al. Structure and mechanism of a group-I cobalt energy coupling factor transporter. Cell Research, 2017, 27:675-687.

230 Zhang X, Yan C, Hang J, et al. An atomic structure of the human spliceosome. Cell, 2017, 169(5):918.

231 Liu X, Li M, Xian X, et al. Mechanism of chromatin remodelling revealed by the Snf2-nucleosome structure. Nature, 2017, 544(7651):440.

世界上首次报道了真核生物电压门控钠离子通道 3.8Å 分辨率的冷冻电镜结构，为理解其作用机制和相关疾病致病机理奠定了基础[232]。

ATP 敏感的钾离子通道（KATP）可以在细胞内 ATP 水平升高时关闭，从而使钾离子无法外流，进而使膜的兴奋性增加。通过这种方式，它们将细胞内的代谢水平转化为电信号。这些离子通道广泛分布于很多组织中，并且参与多种生命过程。清华大学的研究人员通过冷冻电镜的方法，解析了 KATP 蛋白在别构抑制剂药物格列本脲结合状态下的结构，分辨率为 5.6Å。该结构清晰地显示了 KATP 的组装模式，提出了 KATP 被抗糖尿病药物格列本脲别构抑制及被 PIP2 别构激活的可能机制[233]。

2016 年 12 月，清华大学的研究人员通过不断创新蛋白质纯化技术和电镜数据处理方法，成功将呼吸体结构的分辨率提升至原子分辨率（3.3～3.9Å）级别，并解析了到目前为止分辨率最高的哺乳动物呼吸链复合物 I 的精细结构（3.3～3.6Å）。在此基础上提出了全新的电子传递机理，揭示了复合物 I 各亚基之间细致的相互作用，鉴定出新的连接各单独复合物的蛋白质亚基，以及发现了磷脂分子在呼吸体结构中发挥的重要作用[69]。该研究结果为深入理解哺乳动物线粒体呼吸链的组织形式、工作机理及治疗细胞呼吸相关的疾病提供了重要的结构基础。

CRISPR/Cas 系统是古菌和细菌抵抗病毒和质粒侵染的重要免疫防御系统。2017 年 1 月，中国科学院生物物理研究所的研究人员解析了 *Leptotrichia shahii*（*Lsh*）细菌中 C2c2 与 crRNA（CRISPR-RNA）的二元复合物及 C2c2 在自由状态下的晶体结构，揭示了 LshC2c2 通过两个独立的活性结构域来发挥其两种不同的 RNA 酶切活性，这为研究 C2c2 发挥 RNA 酶活性的分子机制提供了重要的结构生物学基础[234]。

---

232 Shen H, Zhou Q, Pan X, et al. Structure of a eukaryotic voltage-gated sodium channel at near-atomic resolution. Science, 2017, 355(6328) :eaal4326.

233 Li N, Wu JX, Ding D, et al. Structure of a pancreatic ATP-sensitive potassium channel. Cell, 2017, 168(1-2):101.

234 Liu L, Li X, Wang J, et al. Two distant catalytic sites are responsible for C2c2 RNase activities. Cell, 2017, 168(1-2):121.

（四）前景与展望

在过去的 30 年，低温冷冻电镜设备取得了长足的进展，在样品制备、成像、计算机处理等实验技术方面有了一定的提升，这些使低温冷冻电镜成像技术的分辨率有了极大的提高。高度连贯的场发射电子枪也使保留焦点以外图像的高分辨率信息成为可能，这对于单粒子低温冷冻电镜非常有帮助。这种技术创新帮助科研人员获得了 20 面体病毒粒子的图像，而且清楚地看到了其中的 α 螺旋结构[235]。得益于近年来在硬件和软件上的突破性发展，冷冻电镜技术已成长为解析生物大分子高分辨率结构的主要方法之一，尤其是在多蛋白复合物和膜蛋白的结构解析上展现出强大的潜力。

近几年来，结构生物学在中国发展迅速，越来越多的世界级难题被攻克。由于结构生物学研究可以与药物开发、靶向治疗等医学前沿领域有效地结合，因此在不断满足人们认识世界好奇心的同时，结构生物学也可以为人类的健康做出其特有的贡献。

六、免疫学

（一）概述

近年来，基础免疫学理论不断完善，临床免疫学应用不断拓宽，免疫学与前沿学科的交叉融合不断深入，对免疫系统和免疫应答的具体机制了解得更加全面，极大地提升了对免疫相关重大疾病具体机制的认识，并促进了从免疫学角度寻找新型的疾病防控手段[236]。2016 年，国际免疫学相关基础研究继续深入，致力于挖掘新的免疫细胞发育分化、功能活化和调节机制，从染色质修饰、蛋白质翻译后修饰、小分子代谢等不同角度对天然免疫和适应性免疫

235 Smith MT, Rubinstein JL. Structural biology. Beyond blob-ology. Science, 2014, 345(6197):617-619.
236 刘娟，曹雪涛. 2016 年国内外免疫学研究重要进展. 中国免疫学杂志，2017, 33（1）: 1-10.

应答调控机制进行解释，并在传染性疾病、自身免疫性疾病、肿瘤等重大免疫相关疾病的免疫学机制揭示及新靶标发现方面取得了可喜进展。中国本土科学家在免疫学研究方面也获得了重大突破，尤其在重大疾病的免疫学机制方面形成了原创性的学术观点，取得了令国际同行瞩目的突出成果。

（二）国际重要进展

1. 天然免疫与分子调控

天然免疫识别与活化是机体区分自我与非我的关键环节，在机体抵抗外来病原体、维持免疫平衡中发挥决定性作用，其具体调控机制是免疫学研究的根本问题。近来，基于小分子化合物、表观遗传学修饰、代谢水平阐述天然免疫应答新型调控机制是国际免疫学研究的热点方向。代表性成果如下。

丹麦奥胡斯大学等机构的研究人员证实上皮细胞能在 I 型干扰素产生之前以干扰素非依赖的方式对病毒进行防御。研究发现病毒的 O-聚糖能诱导上皮细胞分泌 CXCR3 趋化因子，并依赖中性粒细胞激活抗病毒免疫应答[237]。该研究揭示了一种全新的抗病毒防御机制。

美国康奈尔大学等机构的研究人员证实 E3 泛素连接酶 TRIM29 能直接结合 NEMO 调节因子，诱导其泛素化降解，进而抑制 NF-κB 信号活化，调控肺泡巨噬细胞产生 I 型干扰素，最终影响呼吸道抗病毒天然免疫[238]。该研究对免疫病理学临床研究具有重要的指导意义。

德国波恩大学医学院等机构的研究人员证实化合物莫诺苯宗（Monobenzone）能在黑色素细胞中产生半抗原，诱导具有免疫记忆功能及抗原特异性的自然杀伤（NK）细胞应答，这一过程完全不依赖 T 细胞或 B 细胞[239]，而是依赖于巨噬细

237 Iversen MB, Reinert LS, Thomsen MK, et al. An innate antiviral pathway acting before interferons at epithelial surfaces. Nature Immunology, 2016, 17(2): 150-158.

238 Xing J, Weng L, Yuan B, et al. Identification of a role for TRIM29 in the control of innate immunity in the respiratory tract. Nature Immunology, 2016, 17(12): 1373-1380.

239 van den Boorn JG, Jakobs C, Hagen C, et al. Inflammasome-dependent induction of adaptive NK cell memory. Immunity, 2016, 44(6): 1406-1421.

胞及 NLRP3 活化、适配蛋白 ASC 和 IL-18。该研究揭示 NLRP3 炎性复合体活化可能是 NK 细胞形成免疫记忆的关键检查点。

美国贝勒研究所等机构的研究人员鉴定了 II 型天然淋巴细胞（ILC2）可塑性的关键调控子——细胞因子 IL-1，并确定了 ILC2 向 ILC1 转化的响应开关——细胞因子 IL-12[240]。该研究有助于进一步了解 ILC2 关键活性调控因子，开发抑制有害炎症的新疗法。

英国剑桥大学等机构的研究人员证实 FAMIN 蛋白与脂肪酸合成酶形成的复合物能触发高水平的脂肪酸氧化、糖酵解及 ATP 再生，从而促进炎性复合体活化、活性氧生成并提高巨噬细胞的杀菌活性[241]。该研究确定了巨噬细胞代谢功能和生物能量状态的关键调节因子。

2. T 细胞亚群的分化与功能

T 细胞不同亚群的分化和功能不仅决定了 T 细胞介导的适应性免疫应答的效果与特点，对于机体在不同生理病理条件下的整体免疫调节也具有重要影响。T 细胞亚群分化受到细胞内外一系列因素的影响，其功能呈现出显著的多样性和异质性。对 T 细胞亚群分化功能的研究是免疫学的研究热点，重点包括两类具有重要免疫调节功能的 T 细胞亚群：调节性 T 细胞（Treg）及滤泡辅助性 T 细胞（TFH）。代表性成果如下。

英国伦敦大学国王学院等机构的研究人员发现 NLRP3 炎性小体在 CD4+T 细胞中组装，并启动半胱天冬酶 -1 依赖性白细胞介素 1β 的分泌，进而促进干扰素 γ 的产生和辅助性 T 细胞 1（Th1）的分化[242]。该研究揭示出 NLRP3 炎性小体在适应性免疫应答中发挥的重要作用，有望改善炎症性肠病等疾病的治疗。

美国耶鲁大学等机构的研究人员证实滤泡辅助性 T 细胞（TFH）对生发中

---

240 Ohne Y, Silver JS, Thompson-Snipes LA, et al. IL-1 is a critical regulator of group 2 innate lymphoid cell function and plasticity. Nature Immunology, 2016, 17(6): 646-655.

241 Cader MZ, Boroviak K, Zhang Q, et al. C13orf31 (FAMIN) is a central regulator of immunometabolic function. Nature Immunology, 2016, 17(9): 1046-1056.

242 Arbore G, West EE, Spolski R, et al. T helper 1 immunity requires complement-driven NLRP3 inflammasome activity in CD4+ T cells. Science, 2016, 352(6292): aad1210.

心 B 细胞免疫应答发挥着重要的调控作用。研究发现,在应答初期,TFH 细胞分泌白细胞介素 -21(IL-21),表达转录因子 Bcl-6,作用于高亲和力 B 细胞克隆,随着生发中心的形成,TFH 细胞不再分泌 IL-21 而分泌白细胞介素-4(IL-4),高表达共刺激分子 CD40L 和转录因子 Blimp-1,并促进 B 细胞应答[243]。该研究揭示了 TFH 细胞促进 B 细胞免疫应答的时空调控机制。

日本大阪大学等机构的研究人员证实胸腺中调节性 T 细胞的发育取决于 Satb1 依赖性超级增强子,明确 Satb1 依赖性超级增强子活化对于调节性 T 细胞谱系的重要性[244]。该研究揭示了自身免疫性疾病发病的新型分子机制。

美国耶鲁大学等机构的研究人员揭示了抗体进入神经系统并控制病毒感染的机制。研究发现,记忆性 CD4+T 细胞迁移到背根神经节和脊髓,以响应 2 型单纯疱疹病毒的感染,CD4+T 细胞分泌干扰素 γ 并介导血管通透性的局部增加,使抗体得以进入被感染的神经组织,进而控制病毒感染[245]。该研究揭示了 CD4+T 细胞的新功能,为疱疹等病毒感染的预防和治疗提供了一个新的思路。

美国密歇根大学等机构的研究人员发现肿瘤微环境中的效应 T 细胞能够通过调节成纤维细胞内谷胱甘肽和半胱氨酸的代谢过程来削弱癌细胞对化疗药物的抵抗[246]。该研究提示,把握化疗与免疫治疗之间的相互关系对于癌症治疗具有非常重要的意义。

德国马普学会等机构的研究人员证实线粒体的形态可调控 T 细胞代谢,从而影响 T 细胞对抗癌变细胞的能力。研究发现,激活的效应 T 细胞有分裂的线粒体,而记忆 T 细胞的线粒体维持融合网状结构[247]。该研究揭示了可以通过调整线粒体的形态来提高免疫细胞识别及杀伤肿瘤细胞的能力。

---

243 Weinstein JS, Herman EI, Lainez B, et al. TFH cells progressively differentiate to regulate the germinal center response. Nature Immunology, 2016, 17(10): 1197-1205.

244 Kitagawa Y, Ohkura N, Kidani Y, et al. Guidance of regulatory T cell development by Satb1-dependent super-enhancer establishment. Nature Immunology, 2017, 18(2): 173-183.

245 Iijima N, Iwasaki A. Access of protective antiviral antibody to neuronal tissues requires CD4 T-cell help. Nature, 2016, 533(7604): 552-556.

246 Wang W, Kryczek I, Dostál L, et al. Effector T cells abrogate stroma-mediated chemoresistance in ovarian cancer. Cell, 2016, 165(5): 1092-1105.

247 Buck MD, O'Sullivan D, Geltink RIK, et al. Mitochondrial dynamics controls T cell fate through metabolic programming. Cell, 2016, 166(1): 63-76.

3. 重大疾病免疫机制及新靶标

免疫学事件与肿瘤、自身免疫性疾病、炎症性疾病等多种重大疾病的发生发展密切相关。免疫学根本理论的发展及免疫学研究技术的进步为肿瘤免疫、自身免疫性疾病机制的探索、药物靶标的革新带来了重要突破。代表性成果如下。

美国纪念斯隆 - 凯特琳癌症中心等机构的研究人员阐明 CAR-T 细胞可作为靶向转运载体的潜力。研究发现，CAR-T 细胞可将胞外域蛋白 HVEM 直接转运到淋巴瘤位点，修复具有肿瘤抑制功能的 HVEM-BTLA 相互作用（HVEM 与 B 细胞、T 细胞衰减因子互作）[248]。该研究有助于开发淋巴瘤的新疗法。

美国纪念斯隆 - 凯特琳癌症中心等机构的研究人员还揭示了癌症免疫监视的新机制。研究发现在癌症初期，源于先天性 T 细胞受体 $TCR\alpha\beta$ 和 $TCR\gamma\delta$ 家族的非循环细胞毒性淋巴细胞扩增。与传统 NK 细胞、T 细胞和 NKT 细胞不同，这些淋巴细胞高表达 NK1.1、CD49a 和 CD103，并依赖于细胞因子 IL-15[249]。该研究为深入揭示癌症免疫监视特殊机制及开发新型癌症个体化疗法提供了新的思路。

德国美因兹大学等机构的研究人员研发了一种新的 RNA 肿瘤疫苗，该疫苗在 3 位晚期黑色素瘤患者身上成功诱发了抗癌免疫反应。研究人员将含有癌症编码 RNA 的 RNA- 脂质体（RNA-LPX）复合物注射进人体内，通过调整其电荷，靶向输送至树突状细胞，进而诱导干扰素 α 释放和抗原特异性 T 细胞应答[250]。该研究有助于推进通用型肿瘤疫苗的研发。

美国加州大学圣地亚哥分校等机构的研究人员揭示了 Hippo 信号通路在调节肿瘤免疫力方面的重要作用。研究发现，在三种不同的鼠源性肿瘤模型中，Hippo 途径激酶 LATS1/2 缺失，可刺激核酸富集的胞外囊泡的分泌，诱导 Toll

---

248 Boice M, Salloum D, Mourcin F, et al. Loss of the HVEM tumor suppressor in lymphoma and restoration by modified CAR-T cells. Cell, 2016, 167(2): 405-418, e13.

249 Dadi S, Chhangawala S, Whitlock BM, et al. Cancer immunosurveillance by tissue-resident innate lymphoid cells and innate-like T cells. Cell, 2016, 164(3): 365-377.

250 Kranz LM, Diken M, Haas H, et al. Systemic RNA delivery to dendritic cells exploits antiviral defence for cancer immunotherapy. Nature, 2016, 534(7607):396-401.

样受体 MYD88/TRIF 介导的 I 型干扰素应答，提高肿瘤免疫原性，增强机体抗肿瘤免疫应答[251]。该研究揭示了癌症免疫疗法的新靶标 LATS1/2。

英国癌症研究中心等机构的研究人员探索了癌新抗原（neoantigen）瘤内异质性（ITH）对抗肿瘤免疫应答的影响，揭示了癌新抗原异质性会影响免疫监视，是预测癌症免疫疗法效果潜在的生物标志物[252]。该研究有助于预测癌症患者对免疫疗法的应答情况，为实现个体化癌症治疗奠定了基础。

美国圣犹达儿童研究医院等机构的研究人员发现 LC3 相关吞噬作用（LAP）缺陷是系统性红斑狼疮的可能诱因。研究发现，将濒死细胞注射到 LAP 缺陷小鼠体内，吞噬细胞能吞没濒死细胞，但无法将其有效降解，驱动炎症的细胞因子水平将急速提高，引发系统性红斑狼疮样疾病症状[253]。该研究为阐释系统性红斑狼疮的病因提供了参考依据。

美国纽约大学医学院等机构的研究人员发现脱氧核糖核酸酶 DNASE1L3 缺陷是系统性红斑狼疮发病的可能诱因[254]。研究发现，DNASE1L3 缺陷将导致无法正常消化细胞破碎时释放出的微粒中的 DNA，从而触发系统性红斑狼疮炎症。该研究揭示了可应用于系统性红斑狼疮和其他自身免疫性疾病生物治疗的一个新机制。

加拿大蒙特利尔大学等机构的研究人员证实与帕金森病相关的线粒体蛋白 PINK1 和 Parkin，主动抑制线粒体来源的囊泡（MDV）形成和线粒体抗原呈递（MitAP），是免疫系统的重要调控因子[255]。该研究提供了直接的证据表明帕金森病与自身免疫疾病的联系。

英国伦敦大学等机构的研究人员发现 HIV 衣壳中存在"分子虹膜"，其以

251 Moroishi T, Hayashi T, Pan WW, et al. The hippo pathway kinases LATS1/2 suppress cancer immunity. Cell, 2016, 167(6): 1525-1539, e17.

252 McGranahan N, Furness AJS, Rosenthal R, et al. Clonal neoantigens elicit T cell immunoreactivity and sensitivity to immune checkpoint blockade. Science, 2016, 351(6280): 1463-1469.

253 Martinez J, Cunha LD, Park S, et al. Noncanonical autophagy inhibits the autoinflammatory, lupus-like response to dying cells. Nature, 2016, 533(7601):115-119.

254 Sisirak V, Sally B, D'Agati V, et al. Digestion of chromatin in apoptotic cell microparticles prevents autoimmunity. Cell, 2016, 166(1): 88-101.

255 Matheoud D, Sugiura A, Bellemare-Pelletier A, et al. Parkinson's disease-related proteins PINK1 and Parkin repress mitochondrial antigen presentation. Cell, 2016, 166(2): 314-327.

非常高的速率吸收 HIV 复制所需的 4 个核苷酸，从而揭示了 HIV 病毒感染可逃避免疫系统检测的原因。与此同时，研究人员找到了该通路的抑制剂——苯六甲酸[256]。该研究为 HIV 治疗提供了一个新的靶点。

（三）国内重要进展

1. 天然免疫与分子调控

中国的科研团队在机体抗病原体天然免疫应答机制及调控方面取得了多项重要研究成果，鉴定了天然免疫识别和活化调控的新分子，发现了巨噬细胞、树突状细胞功能调控的新路径，提出了机体抵抗真菌、细菌、病毒等病原体感染的新机制。代表性成果如下。

浙江大学等机构的研究人员发现 DNA 甲基化转移酶 Dnmt3a 能够促进天然免疫细胞高效释放 I 型干扰素，从而为免疫细胞在病毒入侵时及时高效启动抗病毒免疫反应做好准备[257]。该研究揭示了抗病毒免疫应答新型表观遗传机制，也为病毒感染性疾病防治提出了新的潜在分子靶标。

第三军医大学等机构的研究人员证实巨噬细胞中的促红细胞生成素（erythropoeitin，EPO）信号促进了濒死细胞清除及免疫耐受。研究发现，濒死细胞释放的鞘氨醇 -1- 磷酸（sphingosine-1-phosphate，S1P）信号激活了巨噬细胞 EPO 信号，进而通过过氧化物酶增殖物激活受体 γ（PPARγ）以促进凋亡细胞的清除[258]。该研究加深了对于吞噬细胞有效清除凋亡细胞的信号通路调控机制的理解。

同济大学等机构的研究人员证实丝氨酸 / 苏氨酸蛋白激酶 CK1ε 通过磷酸化信号接头蛋白 TRAF3 控制抗病毒免疫反应[259]。该研究确定 CK1ε 是抗病毒天然免

256 Jacques DA, McEwan WA, Hilditch L, et al. HIV-1 uses dynamic capsid pores to import nucleotides and fuel encapsidated DNA synthesis. Nature, 2016, 536(7616): 349-353.

257 Li X, Zhang Q, Ding Y, et al. Methyltransferase Dnmt3a upregulates HDAC9 to deacetylate the kinase TBK1 for activation of antiviral innate immunity. Nature Immunology, 2016, 17(7): 806-815.

258 Luo B, Gan W, Liu Z, et al. Erythropoeitin signaling in macrophages promotes dying cell clearance and immune tolerance. Immunity, 2016, 44(2): 287-302.

259 Zhou Y, He C, Yan D, et al. The kinase CK1ε controls the antiviral immune response by phosphorylating the signaling adaptor TRAF3. Nature Immunology, 2016, 17(4):397-405.

疫反应的一个调控因子，揭示了与 CK1ε 介导 TRAF3 磷酸化相关的一种新免疫调控机制。

中国科学院生物物理研究所等机构的研究人员发现，具有解除 DNA 感受器 cGAS 谷氨酸化作用的羧肽酶 CCP5 或 CCP6 的缺陷可导致机体易受 DNA 病毒的侵袭，揭示 DNA 感受器 cGAS 的谷氨酸化和去谷氨酸化密切调控了对 DNA 病毒感染的免疫反应[260]。

浙江大学等机构的研究人员证实唾液酸结合性免疫球蛋白样凝集素-G（Siglec-G）通过促进吞噬体的酸化，破坏主要组织相容性复合体（MHC）Ⅰ类分子 - 抗原肽复合物的形成，进而抑制树突状细胞的抗原交叉呈递[261]。该研究揭示了树突状细胞交叉呈递功能的调节机制。

清华大学等机构的研究人员证实 c-Jun 氨基端激酶 1（JNK1）通过抑制 CD23 基因的表达，负调控抗真菌的天然免疫，从分子、细胞和动物水平首次揭示了 JNK1 介导的抗真菌感染免疫负调控机制[262]，为真菌感染疾病提供了新的分子靶标和治疗策略。

2. T 细胞亚群的分化与功能

中国的科研团队发现了新的 CD8+T 细胞亚群，明确了不同 T 细胞亚群如 Th9、Th17 细胞分化发育的新型调控机制。代表性成果如下。

第三军医大学等机构的研究人员发现了在控制慢性病毒复制中起到至关重要作用的新的 CD8+T 细胞亚群，探究了在慢性病毒入侵的不利条件下，其维持免疫功能的机制[263]。该研究对深入理解慢性病毒感染的免疫学机制具有重要意义，并为清除慢性病毒感染，特别是功能性治愈 HIV 感染患者提供了新的思路。

---

260 Xia P, Ye B, Wang S, et al. Glutamylation of the DNA sensor cGAS regulates its binding and synthase activity in antiviral immunity. Nature Immunology, 2016, 17(4): 369-378.

261 Ding Y, Guo Z, Liu Y, et al. The lectin Siglec-G inhibits dendritic cell cross-presentation by impairing MHC class I-peptide complex formation. Nature Immunology, 2016, 17(10):1167-1175.

262 Zhao X, Guo Y, Jiang C, et al. JNK1 negatively controls antifungal innate immunity by suppressing CD23 expression. Nature Medicine, 2017, 23(3): 337-346.

263 He R, Hou S, Liu C, et al. Follicular CXCR5-expressing CD8+ T cells curtail chronic viral infection. Nature, 2016, 537(7620): 412-428.

北京师范大学等机构的研究人员证实组蛋白脱乙酰酶 SIRT1 负向调控 CD4+T 细胞亚群 Th9 细胞的分化，明确 SIRT1-mTOR-HIF1α 信号偶联糖酵解信号通路是诱导 Th9 细胞分化的基本特征 [264]。该研究揭示了代谢重编程是一种潜在的免疫治疗方法。

清华大学等机构的研究人员发现非编码 RNAmiR-183C 通过抑制转录因子 FOXO1 的表达，增强了 Th17 细胞发育过程中致病因子的产生，驱动自身免疫性疾病中 Th17 的致病性 [265]。该研究为自身免疫性疾病的治疗提供了一个新靶标。

3. 重大疾病免疫学机制及新靶标

中国的科研团队在传染性疾病、自身免疫性疾病和肿瘤等重大疾病的免疫机制研究中取得了多个原创性成果，对于深入认识相关疾病的免疫学细胞和分子机制、寻找疾病防治新靶标、开发新型治疗策略具有重要意义。

清华大学等机构的研究人员揭示了两种人源埃博拉病毒中和抗体 mAb100 和 mAb114 独特的结合特性，发现 mAb100 结合在糖蛋白的酶切位点处，在空间上阻碍了蛋白酶对糖蛋白的剪切，并且可以使糖蛋白在 pH 降低时不发生显著的构象变化，mAb114 结合在糖蛋白的受体结合区域，能阻碍宿主细胞的受体与糖蛋白的相互作用 [266]。该抗体有望成为治疗埃博拉感染的候选药物，其结合特性的揭示有望指导相关药物的开发。

中国科学院微生物研究所等机构的研究人员率先分离出高效、特异性人源寨卡病毒抗体，并在小鼠模型上成功验证其具有抗病毒感染的能力。研究发现了这两种抗体能够高效地与不同的病毒抗原表位结合，从而特异性阻断病毒

264 Wang Y, Bi Y, Chen X, et al. Histone deacetylase SIRT1 negatively regulates the differentiation of interleukin-9-producing CD4+ T cells. Immunity, 2016, 44(6): 1337-1349.

265 Ichiyama K, Gonzalez-Martin A, Kim BS, et al. The microRNA-183-96-182 cluster promotes T helper 17 cell pathogenicity by negatively regulating transcription factor Foxo1 expression. Immunity, 2016, 44(6): 1284-1298.

266 Misasi J, Gilman MSA, Kanekiyo M, et al. Structural and molecular basis for Ebola virus neutralization by protective human antibodies. Science, 2016, 351(6279): 1343-1346.

感染[267]。该抗体有望成为治疗寨卡病毒感染的候选药物，打破无药可医的困境。

北京大学等机构的研究人员以流感病毒为模型，通过在天然病毒株遗传序列中引入提前终止密码子（PTC），使得改造后的病毒在细胞中丧失增殖能力，但保留完全的感染活性和免疫活性，发明了通过人工控制病毒复制将病毒直接转化为疫苗的技术[86]。该成果在预防和治疗病毒性传染病方面具有重要的医学价值和社会意义。

中国科学院微生物研究所等机构的研究人员报道了埃博拉病毒糖蛋白结合内吞受体 Niemann-PickC1（NPC1）的机制。该研究解析了埃博拉病毒糖蛋白（GPcl）结合 NPC1 的 C 结构域（NPC1-C）的晶体结构，证实 NPC1-C 利用两个突出的环状结构占据了 GPcl 头部的疏水性空腔[268]。该研究为埃博拉病毒感染药物研发奠定了分子基础。

北京大学人民医院等机构的研究人员报道了白细胞介素 -2（IL-2）调控免疫平衡治疗系统性红斑狼疮的最新成果。该研究发现，低剂量重组人 IL-2 能够选择性升高 Treg 细胞水平、降低致炎性的 TFH 细胞及 Th17 细胞水平，而不影响 Th1 和 Th2 细胞水平，最终改善系统性红斑狼疮患者体内的免疫失衡[269]。该研究为自身免疫性疾病治疗带来了新的思路。

浙江大学等机构的研究人员发现胆汁酸通过 TGR5-cAMP-PKA 通路促进 NLRP3 泛素化和磷酸化，抑制 NLRP3 炎性体活化，从而改善炎症性疾病[270]。该研究揭示了胆汁酸介导的信号转导参与炎症性疾病发生发展的新机制，发现了治疗炎症性疾病的潜在靶标——胆汁酸受体 TGR5。

中国科学院上海生命科学研究院等机构的研究人员发现调节胆固醇代谢可以调控 T 细胞的抗肿瘤活性，鉴定了肿瘤免疫治疗的新靶标——胆固醇酯化酶 ACAT1 及

---

267 Wang Q, Yang H, Liu X, et al. Molecular determinants of human neutralizing antibodies isolated from a patient infected with Zika virus. Science Translational Medicine, 2016, 8(369): 369ra179.

268 Wang H, Shi Y, Song J, et al. Ebola viral glycoprotein bound to its endosomal receptor Niemann-Pick C1. Cell, 2016, 164(1): 258-268.

269 He J, Zhang X, Wei Y, et al. Low-dose interleukin-2 treatment selectively modulates CD4+ T cell subsets in patients with systemic lupus erythematosus. Nature Medicine, 2016, 22(9): 991-993.

270 Guo C, Xie S, Chi Z, et al. Bile acids control inflammation and metabolic disorder through inhibition of NLRP3 inflammasome. Immunity, 2016, 45(4): 802-816.

相应的小分子药物前体[78]。该研究为癌症免疫治疗提供了新的思路和方法。

第二军医大学等机构的研究人员发现肿瘤外泌体来源的 RNA 能够明显上调肺泡 II 型上皮细胞的 TLR3 及趋化因子表达，促进中性粒细胞募集，进而促进肺转移前微环境的形成[271]。该研究为深入认识肿瘤转移前微环境的形成及肿瘤转移的器官选择性提供了新的视角，为肿瘤治疗尤其是肿瘤转移的防治提供了新的靶标。

（四）前景与展望

未来，免疫学基础研究将继续围绕免疫系统发育、免疫细胞功能、免疫相关病理等根本问题深入探索，从分子遗传学、生物化学、生物物理学、生理学、系统生物学等多角度对免疫应答的启动、活化和调控机制的再认识和新发现将成为免疫基础研究的热点。此外，肿瘤免疫逃逸机制、炎症性疾病的免疫紊乱机制等基于免疫基础研究的疾病分子机制的破解和新型免疫诊疗手段的革新也将是免疫研究的重点，进一步加深对免疫相关疾病本质的深入认识。

总体来说，基于单细胞技术、组学技术、分子互作平台技术及生物信息学技术的快速发展，以及免疫学与分子生物学、分子遗传学及生物化学的深入渗透，免疫学基础研究将向单细胞、亚细胞、分子层面发展[272]，进一步揭示免疫系统的形成和功能机制，加深对免疫疾病具体机制的理解，寻找有效的疾病防控手段和靶向疗法。

七、再生医学

（一）概述

再生医学是一个由生命科学、材料科学、临床医学、计算机科学和工程学等

---

271 Liu Y, Gu Y, Han Y, et al. Tumor exosomal RNAs promote lung pre-metastatic niche formation by activating alveolar epithelial TLR3 to recruit neutrophils. Cancer Cell, 2016, 30(2): 243-256.

272 王璞玥，徐薇，孟庆峰. 免疫学相关的交叉学科前沿与发展趋势. 中国科学基金，2015，（2）：83-87.

多学科交叉形成的学科体系，其核心理念是通过替代、修复和再生人类细胞、组织和器官，实现对疾病的治疗。现有疾病疗法大都是对疾病的"有限处理"，许多疾病仍然缺乏有效的治疗手段。再生医学这种新型的疾病治疗理念使疾病的彻底治愈成为可能，为神经退行性疾病、糖尿病、心血管疾病、自身免疫性疾病等重大慢性疾病，以及由外伤等原因引起的肢体损伤疾病均带来治愈的希望。同时，再生医学还将有助于解决器官移植供体不足的问题，为器官衰竭患者带来生机。再生医学的不断发展成熟标志着医学将步入"重建、再生、制造"的新时代，再生医学也正在逐渐成为继药物、手术治疗后的第三种治疗途径。

干细胞和组织工程是再生医学最核心的两大领域。随着生物技术的不断发展，再生医学的范畴也在不断拓展。例如，3D生物打印正在逐渐成为再生医学的新成员，不仅有助于推动组织工程技术的发展，3D生物打印本身也将为组织器官的构建带来新的发展机遇。

（二）国际重要进展

1. 干细胞

美国杜克大学的科研人员利用CRISPR/Cas9技术精确激活自然生成重要转录因子，从而控制神经元基因网络的三个基因，成功将小鼠成纤维细胞直接转化为神经元。这种新方法在激活神经元基因后，即使将基因激活物取走，这些细胞仍然会保持神经元的特征，与利用病毒将新基因永久性导入宿主细胞基因组实现细胞重编程的方法相比，该方法将使重编程的过程更加安全[273]。

美国加州大学旧金山分校的科研人员单独筛选出两组由9种化学物质组成的化合物，分别成功将皮肤细胞转化为心肌细胞[24]和脑细胞[25]，这一突破为利用化学药物修复和再生组织器官奠定了基础。

日本九州大学首次在体外利用小鼠胚胎干细胞和诱导多能干细胞（iPS细

---

273 Black JB, Adler AF, Wang HG, et al. Targeted epigenetic remodeling of endogenous loci by CRISPR/Cas9-based transcriptional activators directly converts fibroblasts to neuronal cells. Cell Stem Cell, 2016,19(3): 404-406.

胞）生成成熟卵细胞，且该卵细胞在受精后能够发育形成健康的后代。该研究成果为理解卵子形成进程提供了新的蓝图，也为实现人体多能干细胞的转化提供了技术支撑[23]。该成果入选了 2016 年 *Science* 杂志十大科学突破。

日本大阪大学的研究人员在世界上首次成功利用 iPS 细胞同时培育出部分角膜、晶体和视网膜等眼睛多个主要部位的细胞，并在将角膜移植入兔子眼中后发挥了功能，利用 iPS 细胞培育出具有功能的角膜细胞尚属首次。这项成果为未来治疗失明相关疾病奠定了基础[274]。

美国斯坦福医学院的研究人员证实，源自 iPS 细胞的心肌细胞能够忠实反映供体原始心脏组织中关键基因的表达模式。这些细胞可以作为患者相应组织的替身，帮助医生评估治疗药物的副作用[275]。

加拿大麦克尤恩再生医学中心的研究人员从人类干细胞中开发出了第一个功能性的起搏细胞，这些人类起搏细胞在大鼠心脏中成功显示出生物起搏器的功能，通过激活电脉冲触发心脏收缩，该成果为可替代的生物起搏器治疗铺平了道路[276]。

日本信州大学的科研人员利用猴子皮肤细胞产生的 iPS 细胞生成了心脏细胞，再植入猕猴的心脏组织。科研人员还通过一种在供体和受体之间相匹配的分子来降低受体对异体细胞的排斥，从而获得了良好的移植效果。该成果为利用干细胞治疗心力衰竭等心脏疾病奠定了坚实的基础[277]。

加拿大渥太华大学医学院的研究人员发现一种通过干细胞再造的免疫系统，从而治疗多发性硬化症的方法。该研究招募了 18～50 岁预后不佳的多发性硬化患者，开展 2 期临床试验，研究结果表明，除一位患者因肝衰竭死亡外，其余所有患者均没有复发，也没有一例再检测到因活动性炎症带来的脑损伤，且所有患者均不再需要服用控制硬化症的药物，近 70% 的患者多发性

---

274 Hayashi R, Ishikawa Y, Sasamoto Y, et al. Co-ordinated ocular development from human iPS cells and recovery of corneal function. Nature, 2016, 531:376-380.

275 Matsa E, Burridge PW, Yu KH, et al. Transcriptome profiling of patient-specific human iPSC-cardiomyocytes predicts individual drug safety and efficacy responses *in vitro*. Cell Stem Cell, 2016, 19(3): 311-325.

276 Protze SI, Liu J, Nussinovitch U, et al. Sinoatrial node cardiomyocytes derived from human pluripotent cells function as a biological pacemaker. Nature Biotechnology, 2017, 35:56-68.

277 Shiba Y, Gomibuchi T, Setp T, et al. Allogeneic transplantation of iPS cell-derived cardiomyocytes regenerates primate hearts. Nature, 2016, 538(7625):388-391.

硬化症完全消失[278]。

美国麻省理工学院和哈佛大学的科研人员利用单细胞 RNA 测序技术，发现癌症干细胞是促进少突胶质细胞瘤生长的关键，有力地支持了肿瘤干细胞是人类肿瘤增长主要来源的观点。该成果为靶向肿瘤干细胞治疗癌症提供了理论依据[279]。

2. 组织工程

2016 年 12 月，美国 FDA 首次批准了一种针对膝关节软骨缺损的组织工程修复技术——Maci，该技术是一种搭载体外扩增自体软骨细胞的猪胶原蛋白膜，用于治疗有症状的全层软骨损伤成年患者，这是 FDA 首次批准临床提取患者自体健康膝关节软骨组织在体外支架进行培养，做成治疗产品，标志着自体软骨细胞治疗软骨疾病正式迈向临床[280]。

瑞士洛桑联邦理工学院的科研人员开发出一种合成水凝胶培养基质，通过调整其特性和参数，成功将肠道干细胞培养成微型肠道，同时发现了类器官形成过程的不同阶段需要不同的力学环境和生物成分。这种人工合成的水凝胶避开了传统动物来源的组织培养基质的局限性，包括无法批量生产、很难调整材料参数、可能携带病原体或抗原等问题，从而为类器官的长期培养提供了完全可控、可调的方式[281]。

3. 3D 打印

美国哈佛大学的科研人员利用人类干细胞、细胞外基质和内衬血管内皮细胞的循环通道 3D 打印出厚实的血管化组织构造，最终形成的包含在深层组织

---

278 Atkin HL, Bowman M, Allan D, et al. Immunoablation and autologous haemopoietic stem-cell transplantation for aggressive multiple sclerosis: a multicentre single-group phase 2 trial. Lancet, 388(10044): 576-585.

279 Tirosh I, Venteincher AS, Hebert C, et al. Single-cell RNA-seq supports a developmental hierarchy in human oligodendroglioma. Nature, 2016, 539(7628): 309-313.

280 FDA. FDA approves first autologous cellularized scaffold for the repair of cartilage defects of the knee. https://www.fda.gov/NewsEvents/Newsroom/PressAnnouncements/ucm533153.htm [2017-08-10].

281 Gjorevski N, Sachs N, Manfrin A, et al. Designer matrices for intestinal stem cell and organoid culture. Nature, 539(7630): 560-564.

内的血管网络能够使液体、营养物质和细胞生长因子均匀地灌注于整个组织，解决了构建较大规模人体组织再生的最大问题——缺少可靠方法将血管网络嵌入组织内部[282]。

加拿大多伦多大学的科研人员利用3D打印技术开发出一种三维血管网络支架芯片——AngioChip，并利用该技术成功制备了功能性的血管化肝脏和心脏组织；同时，在将这种血管支架移植到成年鼠后肢后，发现小鼠的血液能够在AngioChip内顺畅流动。该技术未来可用于评估不同器官之间的相互作用，并可用于药物筛选和药效评估，同时将极大地推动器官芯片领域的发展[283]。

美国维克森林大学的科研人员开发出一种新型的3D打印技术——ITOP，首次实现了利用活细胞作为"油墨"打印活体组织器官，目前已使用该技术构建出结构稳定且具备生理功能的人耳、骨骼和肌肉等组织器官，并通过在组织器官中设计"微通道"，确保了血液的连通。该技术未来有望推动个性化组织器官重建领域的发展[26]。

（三）国内重要进展

1. 干细胞

中国科学院与南京医科大学的研究人员突破了体外构建精子的主要障碍，在体外重现了减数分裂的全过程，成功在体外构建了小鼠功能性精子，为男性不育症的临床研究搭建了简单可行的平台，同时也为探索减数分裂的过程提供了模型[284]。

杭州师范大学的研究人员揭示了长寿基因 Sirt6 在造血干细胞稳态维持过程中的重要作用。研究人员发现 Sirtuin 家族成员 SIRT6 缺失引起 Wnt 信号通路的活性

282 Kolesky DB, Homan KA, Skylar-Scott MA, et al. Three-dimensional bioprinting of thick vascularized tissues. PNAS, 2016, 113(12): 3179-3184.

283 Zhang B, Montgomery M, Chamberlain MD, et al. Biodegradable scaffold with built-in vasculature for organ-on-a-chip engineering and direct surgical anastomosis. Nature Materials, 2016, 15: 669-678.

284 Zhou Q, Wang M, Yuan Y, et al. Complete meiosis from embryonic stem cell-derived germ cells in vitro. Cell Stem Cell, 2016, 18(3):330.

上调，迫使造血干细胞进入细胞周期增殖，最终导致了造血干细胞的耗竭；而利用 Wnt 通路抑制剂 ICG001 可以逆转 Sirt6 基因敲除的造血干细胞的过度增殖和耗竭。该研究结果对延缓干细胞衰老和防治骨髓衰竭性疾病有重要的科学意义[285]。

中国人民解放军军事医学科学院、北京大学、中国医学科学院等机构的科研人员在造血干细胞起源研究中取得了重要突破。其通过单细胞转录组分析、单细胞诱导移植、组织特异性基因敲除等多种研究手段，首次在单细胞尺度实现了小鼠造血干细胞发育全过程的深度解析[286]。

中国人民解放军军事医学科学院的科研人员利用小分子化合物技术，成功将人体胃上皮细胞转变成多种潜能的内胚层祖细胞，后者可以被诱导分化为成熟的肝细胞、胰腺细胞和肠道上皮细胞等，为将来利用干细胞技术治疗终末期肝病、糖尿病等带来了新的希望[287]。

中山大学与美国加州大学的研究人员合作，成功在新西兰兔和食蟹猴中实现了透明晶状体的原位再生，并在临床治疗先天性白内障中证实了其有效性和安全性。该成果是首次利用干细胞在人体内实现了具有生理功能的实体组织器官的原位再生，不仅为白内障治疗提供了新策略，也为其他组织疾病的治疗提供了一个新范式[77]。

2. 组织工程

中国科学院遗传与发育生物学研究所的科研人员于 2015 年开展了两例利用神经再生胶原支架治疗急性完全性脊髓损伤的临床试验，经过 1 年的康复，两位患者均实现了运动功能方面的显著改善，损伤部位已经建立了神经连接。该成果是脊髓损伤再生修复领域的重大突破，使我国在该领域位居国际领先地位[288]。

285 Wang H, Diao D, Shi Z, et al. SIRT6 controls hematopoietic stem cell homeostasis through epigenetic regulation of Wnt signaling. Cell Stem Cell, 2016, 18(4):495-507.

286 Zhou F, Li X, Wang W, et al. Tracing haematopoietic stem cell formation at single-cell resolution. Nature, 2016, 533: 487-492.

287 Wang Y, Qin J, Wang S, et al. Conversion of human gastric epithelial cells to multipotent endodermal progenitors using defined small molecules. Cell Stem Cell, 2016, 19(4): 449-461.

288 中国科学院遗传与发育生物学研究所. 生物材料移植治疗急性完全性脊髓损伤临床研究取得突破. http://news.sciencenet.cn/htmlnews/2016/6/349202.shtm [2017-05-20].

中国科学院与南京大学附属鼓楼医院等机构成功设计出全新的基于"hiHep细胞"的生物人工肝系统，可显著提升肝衰竭猪的存活率，并有望延续肝衰竭患者的生命[289]。2016年1月，科研人员已经利用该系统成功治疗了一位重症肝病患者，标志着我国首次自行研发的人源性细胞构建的生物人工肝在临床应用获得成功，我国生物人工肝的研究站在了国际前沿。

3. 3D打印

四川蓝光英诺生物科技公司与四川大学华西医院、四川省生物增材制造产业技术研究院利用自主研发的3D生物血管打印机构建出具有生物活性的血管，首次实现了3D打印血管成功在动物体内移植，成功解决了困扰临床半个世纪的人工血管内皮化问题。该成果不仅为全球近18亿心血管疾病患者带来了新的希望，也在推动干细胞技术的临床应用方面具有重大意义。

2016年3月3日，吉林大学第二医院完成了世界首例3D打印全肩关节置换手术。3D打印的肩关节具有正常的肱骨近段形态，同时表面为网格结构，更有助于软组织长入，可以帮助维持肩关节的稳定性、恢复肩关节功能，提高患者的生活质量[290]。

（四）前景与展望

2016年，随着干细胞基础研究的不断深入，临床转化进程进一步推进，干细胞疗法已经在一系列重大慢性病及罕见病中展现出治愈的希望，未来这一趋势将进一步获得推进，干细胞疗法的临床应用和推广也将越来越接近现实。重编程领域作为干细胞领域的"后起之秀"展现出强劲的发展势头，科研人员在重编程技术方面开展了大量创新工作，使该技术朝着更加安全、高效的方向不断革新；同时，基于iPS细胞已经构建出一系列具有生物功能的细胞和组织类

---

289 Shi XL, Gao Y, Yan Y, et al. Improved survival of porcine acute liver failure by a bioartificial liver device implanted with induced human functional hepatocytes. Cell Research, 2016, 26(2): 206-216.

290 吉林大学第二医院. 吉大二院骨科医院完成世界首例3D打印全肩关节置换术. http://www.jdey.com.cn/news_show.aspx?Id=6392 [2017-05-20].

型，在疾病疗法研发和疾病模型建立中均孕育了巨大的发展前景。此外，干细胞领域与新兴先进生物技术的融合还将进一步加快干细胞领域的发展。

组织工程是通过细胞与生物材料结合，实现更大规模组织器官的修复和替代，实现人体组织、器官再生及功能恢复是组织工程的核心目标。目前组织工程技术在骨骼、软骨等相关疾病中已经实现了临床应用，2016 年，在生物肢体的构建方面也获得了突破，未来在干细胞技术与 3D 打印技术的推动下，组织工程将发挥更大的应用潜力。

近年来，3D 生物打印技术发展迅速，在再生医学领域的应用前景逐渐显现，其应用范畴已不仅限于骨骼等仅需要外形特征的组织器官，该领域正逐渐向具有生物功能的组织器官构建方向迈进。

第三章　生物技术

一、医药生物技术

医药生物技术作为生物技术最主要的应用领域，是生物技术的前沿、研究开发的热点，也是整个医药产业发展最重要的技术推动力。近年来，人们在以基因组学、蛋白质组学、基因工程、细胞工程、基因芯片技术、干细胞技术和转基因动物技术等为代表的现代生物技术领域取得的重大进展，直接推动了以医药生物技术为核心的现代医药技术的迅猛发展，也为现代医药产业开辟了更为广阔的新领域。2016 年是"十三五"规划开局之年，生物医药被列为重点发展领域之一，一大批新政出台并施行，不断推动生物技术行业健康、透明、有序地发展。

（一）新药研发

1. 疫苗

疫苗产业是我国生物医药产业的重要组成部分，随着我国民众生活水平的提升，对健康的诉求也水涨船高，疫苗品种扩增速度迅猛加快。我国科研人员在疫苗研发领域取得了一系列突破。

2016 年 12 月，沃森生物公司将自主研发的伤寒 Vi 多糖疫苗、甲型副伤寒结合疫苗、乙型副伤寒结合疫苗和伤寒 Vi 多糖结合疫苗 4 个产品的所有技术及与之相关的知识产权和其他权利转让给上海珩江生物技术有限公司，并签署了《技术转让合同》，转让价格为 6 500 万元。

2016 年 12 月，中国人民解放军军事医学科学院研发的重组埃博拉疫苗（rAd5-EBOV），在非洲塞拉利昂开展的 II 期 500 例临床试验取得成功，这是我国疫苗研究走出国门后的首次历史性突破[291]。

2016 年 12 月，北京大学的研究人员以流感病毒为模型，发明了人工控制病毒复制从而将病毒直接转化为疫苗的技术，该研究成果被称为"革命性"或"颠覆性"的发现[86]。

2017 年 4 月，中国科学院上海巴斯德研究所成功研发出寨卡病毒新型疫苗，率先在毕赤酵母中重组表达寨卡病毒亚单位疫苗，在小鼠模型中证实其能有效保护小鼠免于致死剂量的病毒攻击，是一种安全有效的抗寨卡病毒候选疫苗，具有很好的产业化前景。

2017 年 5 月，中国科学院上海巴斯德研究所等在 H7N9 禽流感疫苗研究中取得了进展。利用黑猩猩型腺病毒 AdC68 为载体，设计了新型 H7N9 禽流感疫苗，即 H7N9-H7HA。H7N9-H7HA 单剂量免疫后，即可在小鼠及豚鼠体内诱导出高强度的特异性体液免疫和细胞免疫。并且，免疫小鼠 100% 可拮抗致死剂量 H7N9 病毒的攻击感染。免疫血清被动转移试验和 CD8+T 细胞清除试验证明，HA 特异性体液免疫和细胞免疫反应对免疫保护都起着重要作用。该研究为新型禽流感疫苗的研究和禽流感疫情的防控提供了新策略。

2. 抗肿瘤新药

受生活环境、方式的变化和生存压力的增大等各种客观因素的影响，肿瘤的发病率不断上升，或将成为全球第一大死因。随着基因组学、蛋白质组学、基因工程、细胞工程、基因芯片技术、干细胞技术和转基因动物技术的快速发展，抗肿瘤药物的开发进程不断加快。

2016 年 8 月，由中国科学院上海药物研究所相关研究团队自主研发的抗肿瘤 1.1 类新药倍赛诺他原料药及其片剂顺利通过国家食品药品监督管理总局

（CFDA）的评审并获得"药物临床试验批件"，获准开展临床研究。

2016 年 8 月，山东绿叶制药有限公司在研产品注射用乙酸戈舍瑞林缓释微球（LY01005）获得国家食品药品监督管理总局批准，进行治疗前列腺癌的临床试验。该产品已于 2016 年 3 月获得美国 FDA 临床试验许可，是中国首个在美进行注册临床研究、治疗肿瘤的长效制剂。

2016 年 10 月，清华大学罗永章团队首次证明肿瘤标志物热休克蛋白 90α（Hsp90α）可用于肝癌检测，这一成果已被国家食品药品监督管理总局批准在临床中使用。这是继甲胎蛋白标志物检测肝癌后又一标志物。这对肝癌患者的病情监测、疗效评估、指导治疗具有重要临床价值。

2017 年 3 月，厦门大学研究人员研发的原创抗癌新药 K-80003 获得美国 FDA 的临床试验许可批件，正式进入了新药在被批准上市前必经的临床试验阶段，将开展在晚期结直肠癌患者中的临床测试。它是一种靶向结肠癌等癌症的高表达癌蛋白 tRXRα 的高效低毒型靶向抗癌药，能够很好地抑制癌细胞生存并导致细胞凋亡。

2017 年 4 月，嘉和生物药业有限公司自主创新研发的单克隆抗体药物 GB223 注射液获得了上海市食品药品监督管理局受理。该药物是嘉和生物自主创新研发并具有全新序列的抗人 RANKL 单抗，其主要适应证包括有高骨折风险的绝经后妇女骨质疏松症；实体瘤骨转移患者的骨骼相关事件，巨骨细胞瘤，恶性肿瘤患者高血钙等。

3. 其他新药

我国在治疗其他疾病的药物研究开发领域也取得了喜人的成果。

2016 年 10 月，厦门特宝生物工程股份有限公司自主研发的治疗病毒性肝炎的 I 类新药——长效干扰素"派格宾"在国内正式上市。相对于普通干扰素，长效干扰素抗病毒效果较好，一周只需注射一次，使用方便。其对丙肝的疗效与进口产品相当，且价格低。该药成功上市，打破了国际同类药物的垄断，大幅度降低了医疗成本，具有较好的经济效益和社会效益。

2016 年 10 月，美国食品药品监督管理局（FDA）批准康柏西普眼用注射液可在美国直接开展Ⅲ期临床试验。据悉，中国自主研发的一类生物新药直接进入美国Ⅲ期临床试验，之前在我国还未有先例。康柏西普眼用注射液2013年上市以后，以良好的疗效、安全性和较低的成本得到市场广泛认可，打破了国际垄断。

2016年11月，我国科学家自主研发成功的新一代抗艾滋病药物（HIV 融合抑制剂，艾博卫泰），通过国家食品药品监督管理总局与新药创制国家科技重大专项建立的"创新药品审评审批绿色通道"，获得优先审批、加快审评，目前已启动针对该药Ⅲ期临床试验数据的核查程序，使该药提前进入上市前冲刺阶段，有望成为世界首个长效注射抗艾滋病药物。

2016年12月，中国创新药物开发企业歌礼公司的第一个原研丙肝创新药物丹诺瑞韦（ASC08）的上市申请，已通过了浙江省食品药品监督管理局的全面现场核查，获国家食品药品监督管理总局受理。

2017年2月，上海爱科百发生物医药技术公司用于治疗呼吸道合胞病毒（RSV）感染的在研抗病毒一类新药 AK0529 已获得国家食品药品监督管理总局临床试验批件，将作为Ⅰ类新药在中国开展临床试验，有望为 RSV 领域带来突破。

2017年4月，四川大学华西医院的研究人员首次提出了利用"点击化学"（click chemistry）分子内反应实现药物 CO 可控释放的设计，并成功开发了全世界第一个 CO 前药。CO 小分子前药不仅在细胞水平表现出了强烈的抗炎活性，显著降低 TNF-α 水平，在小鼠结肠炎模型中也表现出极强的抗炎活性和显著的治疗效果。

（二）治疗与诊断方法

随着我国医学科技的进步和临床医学的发展，一些新技术、新手段不断应用于临床。一些新型的疾病诊断和治疗方法不断被挖掘，为疑难杂症的诊断和治疗提供了保障。

1. 疾病诊断

2016年7月，中国科学院上海生命科学研究院生物化学与细胞生物学研究所洪国藩院士发明的、完全符合美国 FDA 金标准的低温封闭多级 PCR（lcn-PCR）基因测序专利技术将实现产业化，它克服了普通 PCR 技术的自身缺陷，

具有超高的灵敏度和准确性，并能排除环境的交叉污染，安全简便，可在普通医院中应用。单就导致宫颈癌的人乳头瘤病毒（HPV）检测而言，消除了假阳性现象，解决了由灵敏度过低引起的漏检、碱基错配偏移而造成的误诊等问题，对 HPV 检测精确度高达一个核苷酸的最高点。

2016 年 10 月，位于江苏泰州的江苏命码生物科技有限公司，发布了全球首个胰腺癌早期诊断试剂盒。这款胰腺癌早期诊断产品名为"胰安血清微小核糖核酸定性检测试剂盒"。借助这个试剂盒，高危人群只需要采 5～10ml 静脉血样就能完成检测。

2. 疾病治疗

2016 年 11 月，中国医学团队的原创方案成功突破了白血病骨髓移植供体不足的世界性难题，成为全球一半以上单倍体骨髓移植患者的首选方案。2016 年被世界骨髓移植协会正式命名为白血病治疗的"北京方案"，并推荐作为全球缺乏全相合供体的移植可靠方案。

2017 年 1 月，复星医药全资子公司上海复星医药与 KPEU C.V（Kite）签订了合作协议，复星医药将投资不超过 8 000 万美元与 Kite 设立合资企业，开拓中国（包括中国内地、香港及澳门）癌症 T 细胞免疫疗法市场。本次合作拟引入的首个产品为 KTE-C19 疗法，该疗法是一种研究中的嵌合抗原受体（CAR-T）细胞治疗产品，用于治疗复发难治的 B 细胞淋巴瘤及白血病，目前尚处于临床研究阶段。

2017 年 3 月，天津大学的技术人员在细胞靶向药物导入方向取得重要突破，在国际上首次提出"应用微机电系统（MEMS）薄膜谐振器激发'特高超声波（千兆赫兹）'进行靶向细胞药物导入"的新技术。他们通过为细胞"做手术"，实现了多种分子对细胞的精准导入，为传统的靶向药物导入技术提供了一种全新的方法，拓展了微机电系统技术在生命科学中的应用[292]。

---

292 Zhang Z, Wang Y, Zhang H, et al. Hypersonic poration: A new versatile cell poration method to enhance cellular uptake using a piezoelectric nano-electromechanical device. Small, 2017, 13(18): 1602962.

2017 年 6 月，中国科学院深圳先进技术研究院生物医药与技术研究所和暨南大学合作，在肿瘤治疗纳米药物研究领域取得了新进展。他们设计合成了一种金/硒核壳结构的靶向纳米复合体系，从而实现了肿瘤靶向的放化疗法[293]。

2017 年 6 月，中国团队首次发布大规模肿瘤单细胞水平免疫图谱。该项工作首次大规模针对肿瘤相关 T 细胞的单细胞组学研究，提供了极有价值的数据资源，为多角度理解肝癌相关的 T 细胞特征奠定了基础，有望促进已有的免疫治疗方案在肝癌中的临床应用，并有助于发现有效的针对肝癌免疫治疗的靶点，进而加速创立新的肝癌免疫疗法。

（三）生物样本库

生物样本库包括多种类型，即常见的组织、器官库，如血液库、眼角膜库、骨髓库，到拥有正常细胞、遗传突变细胞、肿瘤细胞和杂交瘤细胞株（系）的细胞株（系）库，近年来出现了脐血干细胞库、胚胎干细胞库等各种干细胞库及各种人种和疾病的基因组库。这些生物样本库为血液病、免疫系统疾病、糖尿病、恶性肿瘤等重大疾病的研究起到了非常重要的推动作用。我国在生物样本库的建设方面取得了较多突破。

2016 年 12 月，中国内地首个百万级全自动生物样本库落户上海长征医院，标志着内地生物样本存储技术正式进入了全自动信息化时代。此举不但可以最大限度地保证人类生物样本存储的安全性，生物大数据的构建对攻克 SARS、H7N9 等凶险的流行性疾病也将大有裨益。

2017 年 3 月，全球首座深渊生物、微生物样品大数据中心在上海临港建成启用。彩虹鱼公司联合上海海洋大学深渊生命科学中心的科学家对位于南太平洋深度 6 500～10 900m 的几条深渊海沟进行了科学考察和取样，获得了非常宝贵的万米深渊的沉积物、海水及宏生物样品和影像资料。这些样本经过检测、分离、鉴定后，最终归入彩虹鱼深渊生物、微生物菌种样本库和全基因组大数

---

293 Chang Y, He L, Li Z, et al. Designing core-shell gold and selenium nanocomposites for cancer radiochemotherapy. ACS Nano, 2017, 11(5): 4848-4858.

据中心。

2017年5月，心血管疾病生物样本库落户中关村生物银行，依托首都医科大学心血管病学系和心脏外科学系多个以心血管疾病研究为主的国家级平台及丰富的临床数据资源，通过存储和研究心血管疾病的各类生物样本及相关临床资料等信息，对心血管疾病进行大数据、基因组学、蛋白质组学、干细胞等方向的研究，为实现心血管疾病的早预警、早发现、个体化精准治疗提供大数据支撑。

2017年5月20日，深圳百年春自体生命银行试营业。作为中国首家"自体干细胞库"，百年春自体生命银行正在探索一条全新的模式来改写中国干细胞储存业的生态。利用客户自身的体细胞为客户生产出数千万乃至上亿的干细胞，然后将这些干细胞储存在−196℃的超低温中长久储存，以备将来之需。

二、生物医学工程

（一）生物医用材料

1. 生物医用材料行业市场情况

据麦姆斯咨询报道，2016年全球生物材料市场规模为709亿美元，预计2021年将达到1 491.7亿美元，2016～2021年的复合年均增长率预计达16%。材料类型方面，2016年金属生物材料市场占据份额最大，其中不锈钢材料占金属生物材料市场的份额最大。产品应用领域方面，2016年心血管领域的生物材料占据全球生物材料市场的份额最大。地区分布方面，2016年北美占据全球生物材料市场的份额最大。但预计亚太地区在未来几年的复合年均增长率最高，这可能与该地区人口老年化加快，以及心血管和骨科疾病发病率的增加有关。

我国生物医用材料研制和生产迅速发展，目前已成为整个医疗器械产业的重要基础，产品占医疗器械市场的40%～50%。保守估计10年内，我国将成长为世界第二大生物医用材料市场。

2. 生物医用材料政策部署

国家发展改革委员会《"十三五"生物产业发展规划》指出：继续加快植入型心律转复除颤器、可降解血管支架、人工瓣膜、骨及周围神经等修复材料，以及人工关节、人工角膜、人工晶体、人工耳蜗等植（介）入医疗器械新产品的创新和产业化。推动生物技术与材料技术的融合，加速仿生医学、再生医学和组织工程技术的发展，推进增材制造（3D 打印）技术在植（介）入新产品中应用。

国务院《中国制造 2025》强调：大力发展针对重大疾病的化学药、中药、生物技术药物新产品，提高医疗器械的创新能力和产业化水平，实现生物 3D 打印、诱导多能干细胞等新技术的突破和应用。

3. 国内生物医用材料最新研发进展

国内首个 3D 打印骨科修复产品成功应用于临床。北京大学第三医院、哈尔滨市第五医院和湖南湘雅第三医院分别成功将 3D 打印技术应用在重症颈椎切除修复、复杂颅骨骨折治疗和脊柱截骨手术中。其中北京大学第三医院还推出了国内首个 3D 打印髋关节，并与北京爱康医疗投资控股集团联合研发出人工椎体和椎间融合器，均先后获得国家食品药品监督管理总局注册批准。

我国自主研发的脱细胞角膜（猪）用于治疗急性角膜损伤，取得了满意的疗效，并获得 CFDA 的产品注册证。中国再生医学国际有限公司研发的"艾欣瞳脱细胞角膜基质"在 2016 年底获得 CFDA 的产品注册证；广州优得清生物科技有限公司研发的"优得清脱细胞角膜植片"在 2017 年初获得 CFDA 的产品注册证。

我国自主研发的介入心脏瓣膜先于国外同类产品获得 CFDA 的产品注册证。浙江启明医疗器械有限公司和苏州杰成医疗科技有限公司自主研发的两种介入心脏瓣膜在 2017 年初获得 CFDA 的产品注册证，成功进入临床应用。

左心耳封堵在业界被广泛认可为脑卒中风险最高的抗凝药物禁忌患者预防由房颤导致脑卒中的一种可替代传统口服抗凝药物的有效治疗方法。近期多中心临床试验已证实，左心耳封堵较抗凝药物在脑卒中防治、降低出血并发症和死亡率上均具有优势。先健科技有限公司自主研发的左心耳封堵器系统 LAmbre™ 于 2016 年 6 月获得欧盟 CE（Conformite Europeenne）认证，可以进入欧盟市场。

由上海微特科技有限公司自主研发的 Xinsorb 聚乳酸全降解冠脉支架和北京乐普公司自主研发的 Enovas™ 聚乳酸全降解冠脉支架都已完成 1 230 例临床试验，正在进入 CFDA 审批程序。

4. 国外生物医用材料最新研发进展

3D 打印方面，美国哈佛大学约翰·保尔森工程和应用科学学院（SEAS）开发出一种新的 3D 打印技术，可打印具有集成传感功能的器官芯片；美国西北大学麦考密克工程及应用科学学院的科研人员利用 3D 打印技术，研制出了一种人造卵巢，它在小鼠体内发挥了天然卵巢的功能，帮助其成功受孕。可降解材料方面，美国 FDA 批准全球首个完全生物可吸收支架 Absorb GT1 BVS 治疗冠状动脉疾病；美国哈佛大学和英国诺丁汉大学的研究人员研发出一种用合成生物材料制成的填充物，可以刺激牙髓中干细胞的生长，修复受损部位，使牙齿自愈。纳米生物材料方面，多伦多大学生物材料和生物医学工程研究所的研究团队设计出一组可附着于 DNA 链的纳米粒子，并使用该纳米粒子研发了一种抗癌药物靶向分子交付新系统；韩国基础科学研究所（IBS）纳米颗粒研究中心的研究人员制造出了一种可穿戴石墨烯补片设备，用于监控和抵抗糖尿病。

（二）数字诊疗装备

数字诊疗装备是医疗服务体系、公共卫生体系建设中最为重要的基础装备，也是催生新一轮健康经济发展的核心引擎，具有高度的战略性、带动性和成长性。由于技术创新能力不强，产学研用结合不紧密，创新链和产业链不完整等，我国医疗器械特别是高端影像诊断和大型治疗等数字诊疗装备的技术竞争力薄弱，高端数字诊疗装备主要依赖进口。

为增强我国数字诊疗装备的技术竞争力，推动医疗器械产业发展，全面落实《国家中长期科学和技术发展规划纲要（2006—2020 年）》和《中国制造2025》的相关任务，2015 年"数字诊疗装备研发"重点专项列为国家重点研发计划首批启动的 6 个试点专项之一，并正式进入实施阶段，2016 年和 2017 年先后发布了两批指南，从多个维度进行了布局。

从全链条部署角度，安排了前沿和共性技术创新、重大装备研发、应用解决方案研究、应用示范和评价研究等 4 项任务；在产品方向上，重点部署完成成像、治疗两类十大重大战略性产品；从任务性质角度，开展前沿技术突破、共性技术支撑、核心部件研发、产品系统集成、临床解决方案研究、产品评价、示范体系建设等；在应用方向上，涉及心脑血管、肿瘤等重大疾病；在服务层次上，涵盖了先进高端、应用主流、基础支撑等层面。

2017 年新部署的重大战略性产品包括新型磁共振成像、低剂量 X 射线成像、复合内镜成像、新型显微成像、手术机器人、医用有源植入式装置等。

1）新型磁共振成像系统。高场超导磁共振成像系统将国产磁共振磁场强度由 3.0T 提高到 5.0T，临床应用成像序列实现多种原始创新；专科磁共振在术中和儿科方面实现了专业化、小型化和低成本。

2）低剂量 X 射线成像系统。低剂量数字减影血管造影（DSA）X 射线成像系统从核心部件到系统集成实现全面突破，并在多自由度机械臂、图像处理软件等方面形成了国际竞争力。

3）复合内镜成像系统。从镜体、光学探测器等方面形成核心器件突破，从高清电子内镜、高频超声内镜、超高分辨共聚焦荧光显微内镜等三个方面形成了产品突破。

4）新型显微成像系统。在随机光学重建/结构光照明（STORM/SIM）复合显微成像系统双光子 - 受激发射损耗（STED）复合显微镜这一国际前沿领域形成并跑研发。

5）手术机器人。多孔腔镜和单孔腔镜手术机器人将填补这一领域的国内空白；骨科手术机器人在原理突破的基础上进一步拓展了产品功能。

6）医用有源植入式装置。植入式人工心脏及心室辅助装置、人工视网膜将实现国内相关产品从无到有的目标。

（三）体外诊断技术

体外诊断（IVD）是在人体外，通过对人体样品（血液、体液、组织等）进行检测而获取人体生物学信息的产品和服务，包括试剂、仪器、标准及检测系统等。体外诊断提供了医疗健康所需约80%的信息。体外诊断除在常规的疾病诊断中发挥作用外，其应用领域已拓展到早期诊断、预后判断、用药指导、疗效监测和风险评估方面，在医疗活动、公共卫生中发挥了重要支撑作用。2016年，体外诊断行业前沿技术发展迅速，创新产品不断涌现，市场高度活跃，监管政策不断出台。我国体外诊断行业总体上处在快速发展之中。

1. 体外诊断试剂行业市场情况

据Kalorama Information公司估计，全球体外诊断市场规模2016年为605亿美元，预期到2021年增长至723亿美元，复合年均增长率为4%。由于受到发达国家的经济衰退、医保控费、自动化检测替代等因素影响，全球IVD市场规模增速有所放缓。美国、日本、欧洲占领了75%的IVD市场份额。七大新兴市场为中国、巴西、土耳其、韩国、印度、沙特阿拉伯、墨西哥。在中国，IVD市场规模约为500亿元，复合年均增长率达15%～20%，是全球增长最快的IVD市场。由人口老龄化、生活方式改变、环境恶化等因素而引起的心脑血管疾病、肿瘤等慢性疾病高发，成为驱动中国IVD市场增长的首要因素。

在全球范围内，IVD市场高度活跃，大型整合并购频频发生。赛默飞13亿美元收购全球基因芯片巨头昂飞，雅培以58亿美元收购全球快速诊断巨头美艾利尔（但到2016年底，美艾利尔的一系列问题导致雅培宣布终止此次收购）。中国IVD市场2016年投融资表现活跃，国内共有8家IVD企业在新三板挂牌上市及 22 起并购事件。

2. 体外诊断试剂政策部署

我国关于体外诊断行业的法律法规和行业政策将逐步向国际惯例趋同。CFDA 自 2007 年以来出台的关于体外诊断试剂的系列管理办法，均充分体现了欧美发达国家关于体外诊断行业监管的普遍原则。一方面，CFDA 先后推出创新鼓励措施，促进体外诊断试剂产业发展，鼓励企业做大做强。2014 年 2 月首次发布《创新医疗器械特别审批程序（试行）》，明确提出国家鼓励医疗器械的研究与创新，促进体外诊断试剂新技术的推广和应用。2016 年 5 月，开展药品上市许可持有人制度试点，改革药品审评审批制度，对于鼓励药品创新、提升药品质量具有重要意义。另一方面，CFDA 对体外诊断试剂行业的管理力度也在不断升级。CFDA 自 2014 年中开始逐步加强对体外诊断试剂行业的监管，陆续出台了一系列相关政策和文件，从研发、生产、注册、临床、流通、销售等各个环节加强监控，通过严格苛刻的行业准入和运营要求，对体外诊断试剂行业进行大范围的洗牌。2016 年，CFDA 发布的《医疗器械冷链（运输、贮存）管理指南》的实施致使体外诊断试剂企业运输成本大幅度提高，无形中增加了国产体外诊断试剂行业的竞争压力，以质量为核心的细分市场龙头厂家将受益于该政策的执行，国产品牌的市场份额将逐渐集中。

3. 国内体外诊断试剂最新研发进展

体外诊断创新产品在国内外不断涌现并进入临床，开辟了新的应用领域。核酸检测产品方面，国内雅睿生物也推出了对应的 NEQ-9600 全自动核酸提取及荧光 PCR 分析系统，实现了核酸提取、体系配制及 PCR 扩增的全自动化操作。北京博晖创新推出了基于微流控技术的全自动核酸检测系统，实现了 4 样本 / 芯片的自动化样本提取、扩增及杂交检测。CFDA 批准了格诺思博生物科技南通有限公司自主研发的首个肺癌循环肿瘤细胞检测——叶酸受体阳性 CTC 检测试剂盒。该试剂盒采用了国内原创的靶向 PCR CTC 检测技术，显著提高了 CTC 检测的敏感性，可用于对尚未确诊的肺癌疑似患者进行辅助诊断，监测手

术或含铂类化学药物治疗的非小细胞肺癌患者的疾病进程或治疗效果。清华大学罗永章教授研制的热休克蛋白 90α 作为肿瘤标志物在我国率先进入临床使用并获得了欧盟 CE 认证。

全自动串联整合检测新产品方面，Biolumi8000 是深圳新产业生物推出的免疫、生化、电解质、样本处理相结合的分析平台，具有可扩展及根据实验血药重新组合的功能。

检验仪器方面，天津微纳芯科技有限公司研发的基于离心式微流控原理的生化检测芯片填补了多指标联检的生化 POCT 空白。其芯片仅需 $100\mu l$ 全血，可同时检测最多 32 个指标，检测时间仅为 10 分钟/样本。

4. 国外体外诊断试剂最新研发进展

核酸检测产品方面，瑞士 TECAN 推出了核酸抽提纯化及 PCR 体系构建平台 EVO75，其样本通量为 48，整体运行时间约为 2h。全自动串联整合检测新产品方面，瑞士罗氏的 Cobas 8000 新型生化免疫一体化分析系统可根据客户提供定制化的解决方案，它的组合方式多达 30 多种，以满足不同实验室不断变化的要求。检验仪器方面，英国卡迪夫大学工程学院的研究人员开发出一款类似可穿戴设备的 Patch monitor 新型的微波血糖检测仪，不需要刺破手指就能检测血糖，只需将仪器放在皮肤上就能通过微波追踪血糖水平。

三、工业生物技术

中国正如火如荼地以可持续发展战略积极推进经济、社会、环境的建设与发展。工业生物技术具有环境友好、高效、可持续发展等显著特点，能有效支撑国家可持续发展战略，有效推进中国经济发展、社会发展和环境建设。

目前全球正掀起一场生物制造技术革命，推动着包括生物能源、生物材料、生物化工和生物冶金等在内的现代工业生物技术体系的形成。工业生物技术对于减轻石油和煤炭等化石资源依赖、实现二氧化碳减排、实现产业转型升级、提质增效、提高经济和科技竞争力具有十分重要的战略意义。世界经济合作与发展组织（OECD）指出："工业生物技术是化学工业可持续发展最有希望的技术。"*The Bioeconomy to 2030* 显示，预测工业生物技术在 2030 年将占市场份额的 39%，生物经济正呼之欲出，并将成为新一代可持续发展的产业经济。

（一）生物反应工程

工业生物技术的核心是实现物质转化和加工的绿色生物反应。近年来，在国家和各级政府的倡导和支持下、在科研工作者的不断努力下，我国在生物催化反应系统创制、绿色生物催化过程集成与应用、生物反应过程装备等领域取得了一批代表性成果，在实现传统物质制造产业转型升级，提升我国绿色产业经济水平等方面做出了突出贡献。

1. 反应系统与催化工艺

2017 年 3 月，国际顶级学术期刊 *Science* 上以专刊及封面文章发表了 4 篇研究论文，报道了天津大学、清华大学和深圳华大基因研究院联合完成 4 条真核生物酿酒酵母染色体的从头设计与化学合成工作，标志着我国继美国之后成为第二个具备真核基因组设计与人工生命构建能力的国家。一方面，人工合成酵母可以帮助人类更深刻地理解基础生物学的问题；另一方面，通过人工合成酵母的推广应用，有望显著提高酵母在工业生产、药物制造等方面的效率与质量，形成原创性的生物催化反应细胞工厂和系统。

2017 年 5 月，浙江大学研究团队主持的"酶催化生产烟酰胺及吡啶产业优化技术"通过了中国石油和化学工业联合会科技成果鉴定。该技术形成了新型高效腈水合酶研制、吡啶合成催化剂研制、反应器设计、吡啶及其副产物分离精制、烟酰胺分离精制等吡啶产品链中的一系列重大突破，建成了 5 万 t/ 年吡啶碱生产线，联产 2700t/ 年多甲基吡啶，吡啶碱类产品生产规模全球最大，市场占有率达到 35%～40%；同时，建成了 1 万 t/ 年 3-氰基吡啶和 1 万 t/ 年烟酰胺两条生产线，打破了国外 3-甲基吡啶综合利用技术的封锁和烟酰胺市场的垄断，产品远销德国、澳大利亚等 12 个国家和地区，近三年累计新增销售额 24.91 亿元，新增利润 4.52 亿元。

2016 年 6 月，中国科学院微生物研究所的研究团队开发了淀粉全酶法生产海藻糖的新技术和工艺。海藻糖是一种安全可靠的天然糖类，在科学界素有"生命之糖"的美誉。针对淀粉深加工现行产品附加值低及国内海藻糖产能差等问题，中国科学院微生物研究所研发了系列具有自主知识产权的工业酶制剂和酶法转化新技术，酶综合成本、产品转化率等多个指标在国际达到领先水平，打破了我国海藻糖酶法生产成本高、产能低、长期受国外垄断的局面，为海藻糖替代食品加工广泛使用的蔗糖提供了经济可行的保证。年产 5 000t 的新型酶法合成海藻糖生产线于 2016 年 6 月在山东福洋生物科技有限公司正式投产。一年以来，为企业新增产值 5 000 万元，已有数千吨产品在中国销售的同时销往美国等地，市场反应良好，需求量持续增加。

此外，我国全生物法生产琥珀酸、D- 乳酸、1,3- 丙二醇、生物柴油、长链二元酸等大宗化学品的产业化进程正在稳步推进，未来将大幅度推动下游生物能源、生物基材料、生物基高附加值产品等新兴产业的发展与壮大。

2. 技术装备与装置

生物技术装备是绿色生物反应过程研发和产业化推广的重要技术保障，也是我国工业生物技术补短板的重要方向。

华东理工大学的研究团队在科学技术部重大科学仪器专项的支持下，牵头开展了"高通量优选仪器开发及应用"项目攻关，完成了 6 类仪器及系统的开发，包括培养基分装、单克隆挑选、动态检测培养、液体处理、多模式光谱检测和多参数非接触微反应，极大提升了我国在微生物高通量筛选和评价领域的技术装备水平。项目通过在小分子药物筛选、哺乳细胞高效表达、农用抗生素、生物酶、精细化学品和能源微藻筛选等领域开展示范，大力推动了高通量筛选技术和装备在绿色生物反应过程中的推广应用。

2017 年 4 月，清华大学的研究团队在第 45 届"日内瓦国际发明展"上参展的"ARTP 诱变育种仪"获得大会金奖和泰国国家研究评议会特别优异奖。这是国际上首次报道的常压室温等离子体（ARTP）新型生物诱变育种技术与设备。相比于传统物理和化学诱变技术，ARTP 诱变具有诱变效率高、图谱广、操作安全和友好等明显优势，能满足不同类型微生物诱变育种的需求。该技术及装备已通过中国轻工业联合会的成果鉴定，整体达到国际领先水平，成功应用于包括细菌、放线菌、真菌、酵母、微藻等在内的 100 多种微生物诱变育种。系列设备服务于国内外 70 余家科研机构和企业，并实现对日本、新加坡等海外出口，成为我国生物化工领域高端科研设备海外出口的典型案例，对提高我国工业生物技术行业菌种生产力、增强知识产权竞争力大有裨益。

（二）生物分离工程

生物分离是将生化产物分离、提取、精制的关键环节，决定了生物产品的质量、安全性和成本。生物分离技术的进步对推动生物产业发展、提高生物产业竞争力至关重要。生化产品常见的分离纯化方法包括离心、过滤、膜分离、色谱、萃取、沉淀、结晶、干燥等技术。这些技术各有其独特的特点和适用范围，大多数生化产品的制备和生产需要综合利用多个分离纯化技术。近年来，我国在色谱、膜分离、结晶等关键分离纯化技术领域取得了长足进步，并成功应用于发酵产品、生物大分子、药物分子等典型生物产品的生产，为我国生物产业的发展提供了重要的技术支撑。

1. 色谱分离技术

中国科学院过程工程研究所的研究团队针对传统色谱分离介质机械强度低的问题，通过新型交联技术，将琼脂糖微球的机械强度提高了 1 倍以上，最大线性流速提高至常规介质的 2～3 倍。针对分离介质载量低的问题，该研究团队采用接枝技术，在琼脂糖微球上引入线性多糖分子，将介质的结合能力和载量提高了 30% 以上；开发超大孔离子交换介质，与琼脂糖介质相比，用于兽用疫苗等病毒颗粒样疫苗的分离纯化时，载量提高了 10 倍，活性收率提高了 30% 以上。上述技术已在中科森辉微球技术（苏州）有限公司实现了产业化，获得两个高新技术产品证书，产品新增应用单位 100 多家，并在多家生物医药企业的中试放大、临床报批和扩大生产中得到应用。

南京工业大学的研究团队开发了连续离子交换技术和"智能型"连续离子交换装备。不同于传统意义上的固定床、模拟移动床等分离系统，"智能型"连续离子交换装备可将传统离子交换、色谱分离工艺中的各个工序集中在一套系统中同时运行。同时，通过多通道可实现依照工艺要求改变流体的流动方向。该技术已在核苷酸生产中获得工业化应用，树脂的用量降低了 40%，废酸、废碱的排放量降低了 50% 以上。

2016 年 11 月，浙江福立分析仪器股份有限公司在全国中小企业股份转让系统正式挂牌，实现了国产分析色谱上市企业零突破，彰显了国产色谱仪器创新发展的实力。中国科学院微生物研究所的研究团队将大孔树脂法成功用于分离纯化阿维菌素工艺研究，相关技术"阿维菌素的微生物高效合成及其生物制造"获得 2016 年国家科技进步奖二等奖。

2. 膜分离技术

南京工业大学膜科学技术研究所的研究团队通过与相关企业合作，研制开发了具有自主知识产权的多通道管式无机陶瓷微滤、超滤、纳滤膜等系列产品，填补了国内空白并达到世界先进水平。在抗生素、酶制剂、医药中间体、有机酸、维生素、中草药等生物制品生产中得到了广泛应用。依托上述技术支持，江苏久吾高科技股份有限公司已成为国内生产规模最大的无机陶瓷膜生产企业，并于 2017 年 3 月在创业板挂牌上市。

中国科学院大连化学物理研究所的研究团队利用膜分离技术实现了寡糖制备关键技术的突破，成功开发了酶反应 - 膜分离耦合寡糖生物选控制备工艺，克服了寡糖制备过程中聚合度难以调控的技术瓶颈，开发了高效制备高活性壳聚糖、海藻酸寡糖等生产技术和工艺，并实现产品在生物农药、保健食品、饲料添加剂、医药等领域的推广应用。北京化工大学的研究团队利用脂肪酶在低温下催化酯化和转酯化的特性，开发以废油脂为原料、通过酶反应和膜分离耦合过程连续酶法转化废油合成生物柴油的新工艺。产品经过测试，达到目前国际上公认的指标最高的德国标准要求，并满足国内 BD5、BD100 生物柴油标准要求。目前，利用地沟油所生产的生物柴油作为燃料已经在上海市出租车中得到应用。

3. 高端生物医药产品精制结晶技术

高端医药晶体的粒子形态目前是医药行业研究的热点和难点。天津大学研究团队通过晶体工程学研究、晶体构效关系研究及结晶过程研究等，成功研发了数十种特定目标晶型的医药产品结晶工艺。例如，将原来难以结晶、形态极差的头孢羟氨苄产品结晶成为具有规整四方块状形态的完美晶体产品。节能、降耗、减排技术大幅度提升。例如，实现了五水头孢唑林钠三废减排 20%，国内市场占有率超过 85%。该技术成功突破了国外对相关医药产品的晶型及结晶制造技术的专利封锁与垄断，环境和社会效益突出。

四、农业生物技术

（一）作物品种培育

作物品种培育是指通过系统选择、杂交、诱变等传统方法，结合现代生物技术如转基因、基因组编辑等技术培育高产、优质、高效的农作物新品种的过程。培育优良品种是现代种业发展的关键，对于提高我国农业发展水平和国际竞争力具有重要意义。

1. 首次分离得到花粉管识别雌性吸引信号的受体蛋白复合体

中国科学院遗传与发育生物学研究所的杨维才研究组首次分离得到了花粉管识别雌性吸引信号的受体蛋白复合体，并揭示了信号识别和激活的分子机制。2016 年 2 月 11 日，该成果在线发表于 *Nature* 杂志上。

远缘杂交育种是指打破植物种属间的隔离，进行不同种属或亲缘关系更远的物种间杂交，产生远缘杂种，获得新的作物品种。一直以来，远缘杂交广泛存在生殖隔离造成的杂交障碍，往往导致杂交表现不亲和性，作物杂交育种失

败率高或效率低下。导致杂交障碍的主要原因之一是雌雄配子体的有效识别不足。 由于植物的精子细胞不具备动物精子的游动能力，被子植物的胚囊会分泌信号分子引导花粉管定向生长，花粉管将精子细胞运送到胚囊里，进而和包裹在胚囊内的卵细胞结合。

在模式植物拟南芥中，利用反向遗传学手段，杨维才研究组在花粉管中筛选到了对胚囊信号分子响应的两个膜表面受体蛋白激酶（MIK 和 MDIS1）。一系列的生化和细胞生物学实验结果显示，这两个受体蛋白激酶共同接受胚囊的信号，并启动花粉管的定向生长。更重要的是，研究人员通过转基因手段把其中的一个信号受体导入另一种植物荠菜（*Capsella rubella*）中，并和拟南芥进行杂交试验，发现转基因荠菜的花粉管识别拟南芥胚囊的效率大大提高。

该研究是植物生殖领域的重大突破，通过基因工程手段建立利用生殖关键基因打破生殖隔离的方法，为克服杂交育种中杂交不亲和性提供了重要的理论依据与手段。

2. 提出未来超级杂交稻分子设计模型

2016 年，中国科学院遗传与发育生物学研究所植物基因组国家重点实验室的李家洋院士、中国农业科学院中国水稻研究所水稻生物学国家重点实验室的钱前研究员等提出了理想株型与杂种优势相结合的未来超级杂交稻分子设计模型。根据这个模型，未来超级杂交水稻育种将基于籼 - 粳杂交，通过精准分子设计与全基因组分子标记辅助选育，组合亚种间已知及待发现的优良等位基因，培育具有籼 - 粳杂种优势与理想株型的高产、优质、耐逆、抗病的新品种。

作为例证，李家洋等根据现有优良基因资源设计了一个超级理想型籼 - 粳杂交稻组合。在该组合中，粳稻背景的雄性不育系母本含有 *DEP1*、*Ghd7*、*GS3* 等调控穗型、粒型、光周期、氮高效等性状的优良等位基因，而籼稻背景的父本恢复系中则携带 *IPA1*、*Gn1a*、*Ghd8*、*Hd1*、*Dro1* 等调控理想株型、穗型、粒型、光周期、耐逆等性状的优良等位基因。携带上述优良等位基因的超级理想型籼 - 粳 F_1 杂种将具有理想株型、根系发达、高光效、源库分配优化、氮高效、耐逆等高产特征，同时具有优良的食用品质。

该模型阐述了基于籼、粳亚种间杂种优势利用的分子育种学理论，奠定了未来超级杂交稻设计的理论基础，为水稻生产的第三次产量飞跃提供了指导性思路。相关论文发表于 *National Science Review* 杂志上。

3. 解析水稻产量性状杂种优势的全基因组

2016 年，*Nature* 杂志在线刊发了中国科学院上海生命科学研究院植物生理生态研究所国家基因研究中心的韩斌研究组、黄学辉研究组联合中国水稻研究所的杨仕华研究组取得的一项成果，题为"水稻产量性状杂种优势的全基因组解析"。这项研究通过大量杂交稻品种材料的收集及对多套代表性杂交稻遗传群体进行基因组分析和田间产量性状考察，综合利用基因组学、数量遗传学及计算生物学等技术手段，全面、系统地鉴定出了控制水稻杂种优势的主要遗传（数量性状或基因）位点，详细剖析了三系法、两系法和亚种间杂种优势的遗传机制。

该项研究表明，这些遗传位点在杂合状态时大多表现出不完全显性，通过杂交育种产生了全新的基因型组合，从而在杂交一代高效地实现了对水稻花期、株型、产量各要素的理想搭配，形成杂种优势。例如，在传统三系杂交稻组合中，父本（恢复系）聚集了较多的优良等位基因，综合性状配置优良；在此基础上，来自母本（不育系/保持系）的少数等位基因则进一步改善了水稻植株的结实率、穗粒数（如 *hd3a* 基因）及株型（如 *tac1* 基因），实现了杂交组合子一代的优势表现。这些发现对推动杂交稻和常规稻的精准分子设计育种实践有重大意义。

利用这项研究成果，科研人员有望进一步优化水稻品种的杂交改良，实现对亲本材料的高效选育和配组，服务于具有高配合力特性的亲本材料和聚合双亲优点的常规稻材料的创制和改良，选育出更加高产、优质和多抗的水稻种质资源。

4. 超级杂交稻高产攻关再获重大进展

2016 年，由"杂交水稻之父"袁隆平领衔的科研团队在超级杂交稻高产攻

关上再获重大进展。他们在云南、四川、陕西、重庆、湖南等 16 个省（自治区、直辖市），建立了 42 个超级杂交稻百亩连片高产攻关示范点，采用南方一季稻超高产攻关、华南双季稻超高产攻关、南方一季加再生稻超高产攻关、长江中下游双季晚稻超高产攻关等模式，实施"良种＋良田＋良法＋良态"的"四良"配套技术，开展超级杂交稻超高产攻关研究。

广东省兴宁市双季早稻'超优千号'百亩片平均亩产 832.1kg，双季晚稻'超优千号'百亩片平均亩产 705.7kg，合计亩产 1 537.8kg，创世界双季稻最高产量纪录。河北省永年县一季稻'超优千号'百亩片平均亩产 1 082.1kg，创北方稻区水稻高产纪录，也创世界高纬度地区高产纪录。云南省个旧市一季稻'超优千号'百亩片平均亩产 1 088.0kg，刷新 2015 年创的 1 067.5kg 纪录，再创世界水稻百亩片单产最高纪录。广西灌阳县'超优千号'再生稻百亩片平均亩产 497.6kg，创华南稻区高产纪录；'超优千号'一季加再生稻百亩片平均亩产 1 448.2kg，创华南稻区一季加再生稻高产纪录，也创世界高产纪录。

5. 提出玉米分子育种新理论

2016 年，中国农业科学院作物科学研究所玉米分子育种创新团队的徐云碧博士在国际上首次提出了环境型（envirotype）和环境型鉴定的概念，并对其原理进行了详细阐述。相关论文在线发表于 *Theoretical and Applied Genetics* 杂志上。"环境型鉴定"概念的提出，为作物育种在内的作物科学提供了解码环境影响的参考技术和途径。

作物的产量、品质、抗逆性等重要性状的表现都是基因型和环境型共同作用的结果。在基因型变异可以进行精确测序、功能分析和网络构建的今天，我们仍然无法对表现型进行有效的预测，成为制约作物生产和品种改良的重要瓶颈。因此，精确测定和评价影响作物生长发育的所有环境因子在未来作物改良中十分重要。

徐云碧团队多年来对环境因子的精确测定和评价进行了理论和方法的探索。他们把环境型定义为影响作物生长发育的所有环境因子的组成和变异，环境型鉴定是指对所有环境因子的组成和变异的精确测定和评价。环境型鉴定的主要应用包括环境特征分析、基因型×环境互作分析、表现型预测、近等环境型构建、农艺组学研究、精准农业、精准育种等。全方位环境型信息还将应用于发展由基因型（G）、表现型（P）、环境型（E）和发育时间（T）构成的作物科学四维图像。

环境型鉴定有望与基因型鉴定、表现型鉴定一起，成为影响未来作物高效育种和生产的三大支撑技术之一。同时，环境型鉴定也为数量遗传学和作物模拟等领域如何利用海量环境型信息提出了新的研究思路。

6. 鉴定玉米苗期抗旱性显著相关基因

2016 年，中国科学院植物研究所的秦峰研究组利用全球不同地区的玉米自交系组成的自然变异群体，通过全基因组关联分析发现，83 个遗传变异位点（解析出 42 个候选基因）与玉米苗期抗旱性显著相关。其中，最显著的位点位于第 9 号染色体上的 *ZmVPP1* 基因中，该基因编码一个定位于液泡膜上的质子泵 - 焦磷酸水解酶。

研究人员通过对大量玉米自交系 *ZmVPP1* 序列的精细分析发现，在抗旱性强的材料中，*ZmVPP1* 的启动子含有一个长度为 366bp 的 DNA 片段插入（InDel-379），该片段含有 3 个干旱应答的 MYB 顺式作用元件，可以提高 *ZmVPP1* 在干旱胁迫下的表达量。利用杂交和连续回交的方法，研究人员将抗旱材料的 *ZmVPP1* 基因导入干旱敏感的材料中，有效提高了玉米苗期的抗旱性。研究还发现，提高 *ZmVPP1* 的表达量可以促进根系发育、增加侧根数目、提高叶片的光合速率和水分利用效率，从而增强玉米的抗旱能力。在田间干旱缺水条件下，*ZmVPP1* 过表达植株的产量显著高于对照植株，其产量受干旱影响较小。

在全球范围内，干旱等自然灾害严重威胁玉米生产，严重时会造成大幅减产甚至绝收。因此，克隆玉米抗旱基因、改良玉米抗旱性是农业生产的迫切需求。该研究对玉米抗旱性的遗传改良具有重要意义，为玉米抗旱新品种培育提供了重要的基因资源和选择靶点。该成果发表于 *Nature Genetics* 杂志上。

7. 鉴定白菜类和甘蓝类蔬菜叶球形成及根（茎）膨大有关的重要基因

通过深入研究白菜和甘蓝两类芸薹属作物，中国农业科学院蔬菜花卉研究所王晓武研究员领衔的科研团队获得了白菜和甘蓝类蔬菜作物全基因组的大量变异，确定了一批与白菜类和甘蓝类蔬菜叶球形成及根（茎）膨大有关的重要基因，为加快白菜类与甘蓝类蔬菜分子育种奠定了重要基础。相关研究结果于2016年发表于 *Nature Genetics* 杂志上。

500年前，中国人将白菜驯化出结球大白菜，欧洲人将甘蓝驯化出结球甘蓝；2000年前，欧洲人将白菜驯化出根膨大的芜菁，500年前又将甘蓝驯化出茎膨大的苤蓝。这两个物种为什么能被驯化出如此多样的类型？为什么经过我们祖先独立的驯化，都能形成叶球或者膨大根（茎）这样非常相似的性状？这一直是待解的谜题。

为了解开上述谜题，王晓武带领团队完成了白菜和甘蓝类蔬菜作物代表材料的基因组重测序，构建了白菜和甘蓝类蔬菜的群体基因组变异图谱，发现叶球的形成与多种植物激素信号转导相关基因及叶片背性和腹性两类不同极性形成的基因受高度选择相关。膨大根（茎）的形成除与生长素相关基因受选择有关外，还与细胞快速膨大和糖转运相关基因的选择有关。

在距今约1100万年前，芸薹属的祖先发生了一次基因组三倍化复制事件，这次事件形成了芸薹属基因组的三套亚基因组。这一特殊的进化事件对于芸薹属物种的演化和该属作物的形成具有深远的影响。研究发现，白菜和甘蓝这两个物种分别产生结球白菜和结球甘蓝，芜菁和苤蓝这样具有相似产品器官的现象与其共同祖先的一次全基因组三倍化事件有关。

8. 马铃薯新品种推广取得新进展

2016年，中国农业科学院蔬菜花卉研究所在湖北省襄阳市农业科学院展示中薯系列新品种新品系，并对襄阳市襄州区张集镇万亩'中薯5号'高产创建示范片进行了实地测产验收。测产结果显示，该示范片平均亩产达4 121.38kg，商品薯率达93.6%，比'早大白'增产49.02%，按照当天产地价格每千克3.0

元，亩产值 12 364.14 元，扣除生产成本后亩纯收入 10 614.14 元。

'中薯 5 号'是中国农业科学院蔬菜花卉研究所金黎平团队育成的早熟新品种之一，该品种早熟、抗晚疫病、产量高、丰产性好、适应性广、增产潜力大，被农业部列为主推品种。目前已在全国 20 多个省份推广，也是湖北江汉平原种植面积最大的早熟品种，2016 年襄阳和随州两市种植面积达 30 多万亩，占马铃薯总播种面积的 62.5%。

张集镇万亩'中薯 5 号'高产创建示范片采取新品种与配套单垄双行覆膜机播新技术，按照"千亩丰产田、万亩示范片"的要求创建示范区，示范片实现了"六统一""五改"措施，确保'中薯 5 号'主导品种、主推技术应用率达到 100%。"六统一"即统一优良品种、统一播种时间、统一种植技术、统一配方施肥、统一病虫防治和统一技术培训，"五改"即改露地种植为地膜覆盖、改平作为垄作、改常规种薯为脱毒种薯、改常规施肥为测土配方施肥、改松散管理为统防统治。同时，采用了马铃薯、花生和蔬菜三种农作物轮作制度，不仅提高了耕地复种率和产出率，还有效扩大了马铃薯的种植面积。

9. 我国科学家参与了在 *Nature Genetics* 杂志上提出的基因组编辑作物管理框架的构建

基因组编辑技术是对特定基因进行精准定点诱变，从而改变其调控的特定性状。其中，最为突出的是基于 CRISPR/Cas9 的基因组编辑技术，通过对目标基因的精准编辑使基因组产生与自然突变或遗传诱变性质完全相同的、可稳定遗传的变异，且不携带任何外源转基因。基因组编辑技术解决了常规育种需要多代杂交、所需时间长的问题，加快了育种进程，但另外，人为增加突变效率、存在脱靶效应等也带来了潜在的安全性问题。

2016 年，中、美、德 3 国科学家联名在 *Nature Genetics* 杂志上提出了包括 5 项要点的基因组编辑作物（genome-edited crops，GECs）管理框架：①研究中尽可能降低材料的传播风险；②登记基因组编辑对基因组序列造成的所有变异，确保无脱靶发生；③若在 CRISPR/Cas9 基因组编辑技术初始步骤中用到外源 DNA 转化方法，须确保基因组编辑作物中的外源 DNA 被完全去除；④若基

因组编辑作物中的目标基因是参照不同物种的同源基因进行编辑，必须注明两个物种的亲缘关系，若亲缘关系很远，须具体情况具体分析；⑤以上4点应写入新品种审定和登记制度中，在满足这些条件的基础上，基因组编辑作物在进入市场之前应当只需要接受和常规育种作物同样的管理。

（二）生物反应器

武汉禾元生物科技股份有限公司采用水稻胚乳细胞生产的重组人溶菌酶和人乳铁蛋白，表达量分别达到 6.0g/kg 糙米和 3.0g/kg 糙米，已完成中试放大，产品纯度大于 95%，由二者配制的治疗儿童腹泻的制剂，经致病菌和轮状病毒模型的药效研究，表明该制剂具有与目前临床用药治疗儿童腹泻相似的效果。

河南农业科学研究院采用水稻胚乳细胞表达体系生产的猪瘟疫苗，经初步纯化，免疫动物后，可以完全保护猪瘟的侵染，保护率达到 100%，保护效果高于鸡胚生产的疫苗，可望取代目前由鸡胚生产的猪瘟疫苗。

上海交通大学采用乳腺生物反应器获得乳汁中有活性的人凝血因子Ⅸ表达的转基因山羊。得到的人凝血因子Ⅸ，已完成中试放大，纯度大于 95%，生物活性与阳性对照相当，正在进入临床前研究，有望替代由人血浆提取的人凝血因子Ⅸ，成为治疗血友病的有效药物。

中国农业大学采用乳腺生物反应器获得一批高效表达重组人乳铁蛋白、抗CD20 单克隆抗体、人溶菌酶等的奶牛。其中重组人乳铁蛋白建立高水平的重组人乳铁蛋白纯化工艺，已完成重组人乳铁蛋白安全评价和功能评价，证明该重组蛋白不存在食用风险。他们培育出高效表达重组人抗 CD20 嵌合单克隆抗体的奶牛，重组单克隆抗体表达水平可达 5g/L 牛奶以上；动物实验显示该抗体对 B 淋巴瘤细胞的杀伤作用强于市场上 CHO 细胞系生产的美罗华药物，可望成为单克隆抗体药物生产的新途径。

（三）农业微生物

近年来，农业微生物技术广泛地应用于种植业、养殖业、农业生态环境保护和农产品加工等领域。农业微生物技术的理论与创新，为现代农业跨越发展提供了重要的支撑作用。2016 年，美国白宫宣布启动"国家微生物组计划"，旨在促进微生物领域的科学研究，与农业密切相关的重要微生物特别是作物病原微生物基因组研究是研究重点之一。虽然我国农业微生物功能基因组研究开发的总体水平和产业规模与国外存在一定差距，但近年来已取得一系列重要进展，基本具备了参与国际竞争的基础与条件。

植物能够与微生物建立互惠互利的共生关系，一方面，植物为微生物提供生长所必需的碳源；另一方面，微生物帮助植物固定氮素或更好地从土壤中吸收磷、氮等元素。2016 年，*Nature Communications* 杂志发表了中国科学院上海生命科学研究院植物生理生态研究所王二涛研究组题为 "DELLA proteins are common components of symbiotic rhizobial and mycorrhizal signaling pathways" 的研究论文。该论文报道了 *DELLA* 是植物 - 根瘤菌和植物 - 菌根共生长中的关键基因，填补了植物 - 微生物共生信号转导过程中钙信号解析复合体和转录复合体之间的空白。

稻瘟病俗称水稻"癌症"，往往造成水稻严重减产，深入研究水稻 - 稻瘟菌互作机制，对提出新的病害防控策略具有重要意义。2016 年，通过分析鉴定稻瘟菌效应蛋白在水稻中的靶标蛋白，由中国农业科学院植物保护研究所王国梁研究员领衔的研究团队揭示了水稻 - 稻瘟菌互作过程中的新机制。该研究首次揭示了寄主 R 蛋白可稳定病原菌效应蛋白在寄主中的靶标蛋白，从而抑制效应蛋白介导的细胞坏死。该机制的发现为提出新的病害防控策略提供了新思路。相关研究结果发表在 *Current Biology* 杂志上。

棉花黄萎病是棉花最严重的病害。由于没有有效的防治措施，该病是当前棉花产业可持续发展的重大限制因素。中国科学院微生物研究所的郭惠珊研究组发现，大丽轮枝菌侵染棉花诱导积累一类植物内源小 RNA（miRNA），这些 miRNA 能够转运到病菌细胞中，降解病菌的致病基因。该项研究在国际上首次发现了植物 - 真菌跨界小 RNA 诱导病原靶基因沉默的抗病新途径。该途径的发现，为寄主诱导 RNA 沉默（host induced gene silencing，HIGS）技术在棉花抗黄萎病的有效应用提供了重要的理论支持，也将引领宿主 - 病原菌互作领域的研究进入新的层面，对于土传病害的防控具有重要的借鉴价值。2016 年 9 月 26

日，其研究论文在线发表于国际期刊 *Nature Plant* 上。

作物根际联合固氮菌在长期进化中形成了一套复杂而精细的基因表达网络调控系统，以适应复杂而多变的外界环境。2016 年，由中国农业科学院生物技术研究所林敏研究员领衔的微生物功能基因组团队在解析生物固氮机制方面取得了新进展。他们发现，非编码 RNA 在最佳固氮调节中发挥了重要作用。分子生物学证据表明，固氮酶基因 *nifK* 招募了感受逆境信号的非编码调控因子 NfiS，并且经过长期的协同进化，使其 mRNA 稳定性或翻译活性受到 NfiS 高效而精细的调控。该非编码 RNA 是目前报道的第一例直接参与固氮调控的非编码 RNA，有望成为一个生物固氮智能调控的候选元件。相关成果在线发表在《美国科学院院刊》（*PNAS*）上。

1. 生物农药

我国在农业生物农药研究的关键技术与产品开发方面已取得了一批重大成果，拥有一批具有自主知识产权的研究成果和新产品。植物激活蛋白、苏云金杆菌杀虫剂等技术产品已经达到或部分超过国外同类先进水平。创制的多功能激活蛋白新品种、新类型处于国际领先地位。我国现有 260 多家生物农药生产企业，约占全国农药生产企业的 10%，生物农药制剂年产量近 13 万 t；年产值约 30 亿元，分别占整个农药总产量和总产值的 9% 左右。目前，我国生物农药类型包括微生物农药、农用抗生素、植物源农药、生物化学农药、天敌昆虫农药和植物生长调节剂类农药等六大类型，已有多个生物农药产品获得广泛应用，其中包括井冈霉素、苏云金杆菌、赤霉素、阿维菌素、春雷霉素、白僵菌、绿僵菌等。

在转基因微生物农药创制方面，我国已研制了一些复合型的杀虫防病工程菌。采用了现代分子生物学技术对天然微生物菌株进行定向遗传改造，创制高效、安全、复合型生物农药如新型抗生素农药、昆虫病毒复合杀虫剂等。对生物农药的制剂加工、产品质量、环境行为等一系列问题开展研究，突破了我国活体微生物农药剂型及其生产工艺落后的瓶颈，建立了优化的发酵、增殖生产工艺和规范的生产质量标准，降低了生产成本。中国农业科学院植物保护研究所邱德文研究员带领的研究团队筛选了弱致病性病原真菌，获得了能高效提高植物免疫的极细链格孢菌株，分离纯化了高活性热稳定蛋白，通过高效蛋白生产加工工艺，并添加增效因子氨基寡糖素，创制了我国第一个抗植物病毒蛋白质生物农药——阿泰灵。该生物农药产品一方面可抑制病毒基因表达，控制病毒繁殖；另一方面还能通过细胞活化作用，修复受害植株损伤，促根壮苗。同时，它可激发植物体内基因表达，产生具有抗病作用的几丁酶、葡聚糖酶及 PR 蛋白等，诱导植物产生多重防御反应，提高自身的抗病能力，起到抗病防虫作用。

2. 生物肥料

新型微生物肥料是指通过研制与开发，得到的在菌种资源与功能、菌种组成、工艺路线、产品质量、使用效果等方面具有一系列技术创新的微生物活体制品。我国有机类肥料及微生物肥料等新型肥料产业正在以 20% 的复合年均增长率快速成长，出口产品种类和数量也显著增加，已成为新型肥料中产量最大、应用面积最广的产品。我国研制的生物肥料产品包括：①高固氮、抗逆、高竞争力的新型根瘤菌制剂等；②新型作物秸秆（有机物料）腐熟菌剂的研制等；③作物秸秆（有机物料）腐熟菌剂等。目前，我国已有生物肥料企业 950 余家、产能达 1 000 万 t、登记产品 2 058 个、产值 150 亿元的产业规模。

2016 年，由中国农业科学院生物技术研究所和保得生物公司共同研发的固氮施氏假单胞菌微生物菌剂获得肥料临时登记证，高效甘蔗固氮促生微生物产品大田应用试验结果表明，在减少 30% 氮肥投入的情况下，试验区甘蔗平均亩产 7.89t，较对照增产 11.9%；含糖量为 14.02%，较对照增加了 17.06%。接种固氮菌试验田块，每亩增糖 260kg，具备良好的经济效益。

3. 生物饲料

生物饲料产品在饲料中占饲料成本的 20%，却决定了饲料质量的 80%。目前，我国生物饲料的市场值以年均 20% 的速度递增，发展潜力巨大。饲料用酶主要选择研究基础较好、市场潜力大、国内急需、与我国主要饲料成分相适应的主酶种如木聚糖酶、植酸酶、甘露聚糖酶和淀粉酶等，重点建立高效基因工程菌株的高密度发酵技术平台、开展适合于饲料加工要求的酶后处理技术、构建饲料用酶效果的快速准确评估体系、制定酶制剂产品的质量标准等。

2016 年，我国生物饲料中的植酸酶研究和生产已达到了国际领先水平，其单位发酵水平高于国外最高水平 2～3 倍，占据了国内 80% 以上的市场，并出口到十余个国家。此外，具自主知识产权的木聚糖酶生产技术水平已达到国际领先水平，实现了规模化生产和应用。中国农业科学院饲料研究所的王建华研究团队对来源于假黑盘菌的一种抗菌肽"菌丝霉素及其衍生物"研究取得重要突破，开发出抗菌肽 MP1106，使其抗金黄色葡萄球菌的活性比母体肽提高近 40 倍，还设计出靶向抗菌肽，在杀灭病菌的同时保护其他益生菌。针对当前抗菌肽提纯难、制备水平低的现实问题，王建华团队相继建立菌丝霉素、NZ2114、MP1102、MP1106 的高效生产体系，实现该系列产品的高效分泌表达，分别为 748mg/L、2 390mg/L、695mg/L 和 2 134mg/L，为同类型抗菌肽表达产量的国际最高值。

角蛋白是一种普遍存在于自然界中且有很强抗性的硬性蛋白，有多种存在形式，如动物毛发、蹄、角和羽毛等，是潜在的优良蛋白质资源。2016 年，中国农业科学院饲料研究所姚斌研究员领衔的饲用酶工程创新团队通过筛选获得野生型快速羽毛降解菌株——解淀粉芽孢杆菌 K11。利用现代分子生物学技术，他们克隆得到了高效羽毛降解的角蛋白酶基因，进而实现了其在不能降解羽毛的枯草芽孢杆菌中的成功表达。重组表达角蛋白酶基因的枯草芽孢杆菌具有显著的蛋白酶活性，能在 24h 内有效降解羽毛，表明该基因是羽毛降解的关键基因。随后他们还创新性地将新基因转化至原始菌株，使羽毛降解效率进一步提高，获得了 12h 可将羽毛几乎完全降解的新型工程菌 K1127，是目前报道的降解羽毛效率最高的菌株。该菌在羽毛粉的制备及废弃羽毛的处理上具有巨大的应用前景，为角蛋白酶产品的生产及羽毛等角蛋白的规模化快速处理奠定了基础。

五、环境生物技术

环境生物技术作为 21 世纪国际生物技术发展的前沿热点，兼具基础科学和应用科学的特点。相较于物理和化学技术，生物技术具有成本低、能耗少、操作简单、处理方式温和、无二次污染等优点，因而在水污染控制、大气污染治理、有毒有害物质的降解、清洁可再生能源的开发、废物资源化、环境监测、环境污染的修复和重污染工业企业的清洁生产等方面能够发挥重要作用。

近一年来，在环境污染控制与监测、废物处理与资源化领域，生物技术展示出了独特功能和优越性，体现出了可持续发展的战略思想，取得了喜人的成果。

（一）环境监测与污染控制

生物技术在环境监测和污染控制领域应用发展迅速，综合、多手段、多参数的监测技术和治理方案正在日趋完善。

1. 环境监测

2016 年，辽宁科技大学的研究团队针对邻苯二酚类环境污染物的快速检测问题，研发了生物酶传感器。科学家将酪氨酸酶（TYR）固定于玻碳电极上，利用了酪氨酸酶能够将邻苯二酚氧化为邻苯二醌的原理，同时电极表面添加亚甲基蓝作为电子传递介体，大大提高了电极表面的生物活性和稳定性。该传感器对于邻苯二酚的响应时间约为 3s，检测下限为 5nmol/L，实现了对邻苯二酚的快速检测。

2016 年 9 月，中国海洋大型海洋环境与生态教育部重点实验室的研究团队提出用文蛤生物标志物评价尾水 - 海水混合体系的污染水平。陆源污水处理厂排海尾水的化学物质成分复杂，采用化学分析方法对所有污染物逐一监测十分困难、烦琐。利用多种生物标志物的同步响应联合指示海洋污染水平，文蛤生物标志物响应指数与尾水浓度呈显著相关，适合尾水 - 海水混合体系的综合污染评价。这一技术丰富了我国近岸受陆源排放影响海域综合污染水平监测评价技术体系。

　　海南大学海洋学院的研究团队确定了针叶蕨藻和细齿麒麟菜具有快速吸收海水中氨氮的能力，并且持续有效、生态友好。氨氮是海水养殖中的主要污染物之一，可以被大型海藻吸收用于自身生长，因此该研究团队提出采用大型海藻对贝类养殖水体中氨氮进行净化的策略，为藻种的选择及海藻净化海水养殖污染水体技术的推广提供了参考。

　　2017 年 2 月，山东科技大学的研究团队通过分离筛选，获取了一株可在养殖污水中快速生长，并同步有效去除养殖污水中化学需氧量（COD）、总氮（TN）、总磷（TP）的蛋白核小球藻，藻内蛋白质质量分数为 45.6%。6 月，哈尔滨工业大学深圳研究生院土木与环境工程学院筛选获得了两株细菌资源，在与小球藻协同处理城市污水过程中，可促进小球藻中油脂的积累，油脂产量提高了 21.50% 和 22.58%。上述研究利用藻类处理污水的同时可生产产品，这为新的生物资源生产提供了思路。

　　2017 年 4 月，中国科学院城市环境研究所开展了一系列的室内模拟实验来确定影响铜绿微囊藻砷生物转化的最优化试验条件。研究发现，氮是影响铜绿微囊藻砷（特别是三价砷）生物转化的关键因素，而磷是除砷外，影响藻类砷积累的主要影响因素。因此，低磷高氮环境有利于砷的累积。此外还发现，在低砷高磷环境下，藻类累积的少量砷被安全地储存在活藻细胞内，但在藻细胞死亡后会很容易释放出来。该研究结果有助于科学认识砷的生物地球化学行为，特别是在评价与砷污染水体藻类修复相关联的关键环境因素的全面控制和实际应用方面具有十分重要的科学意义[294]。

　　2017 年 5 月，中国科学院城市环境研究所在人为和自然干扰对水库浮游植物群落影响方面取得了新进展。该研究一方面表明亚热带中小型水库蓝藻水华发生的复杂性和可控性，进一步为流域综合整治提供了科学依据；另一方面说明升温将可能大大降低蓝藻水华发生的营养盐阈值，进而能够解释为什么中营

---

294 Wang Z, Luo Z, Yan C, et al. Impacts of environmental factors on arsenate biotransformation and release in *Microcystis aeruginosa* using the *Taguchi experimental* design approach. Water Research, 2017, 118:167.

养的水库也会发生蓝藻水华的现象[295]。

2. 废水处理

随着应用环境生物技术的快速发展，我国在工业污水治理、湖泊富营养化控制、生活污水处理等方向实现了技术突破，开展了多项水污染控制与污水处理的综合示范。

2016 年，湖州环境科技创新中心的研究团队采用功能微生物强化生物流化床工艺，处理丽水市工业园区废水。针对工业园区废水的特点，将氨氧化细菌、反硝化细菌、COD 高效降解菌等功能菌发酵扩培后接种于流化床，形成复合功能生物膜进行废水处理。目前已完成了废水处理规模 $21m^3/d$ 的中试实验，出水化学需氧量低于 50mg/L，氨氮低于 5mg/L，总氮低于 15mg/L，去除率分别达到 85%、85%、60%，处理出水水质符合一级 A 排放标准。该技术为难降解、高氨氮的工业园区废水的达标排放处理提供了思路和数据积累。

2016 年，嘉兴市秀洲区环境保护监测站提出了生物 - 生态组合技术体系，以岸边湿地和河口湿地的多样生物处理外源污水，以河道水生植物组合曝气净化技术处理内源性污染，以改性膨润土覆盖河道地质。该生物生态组合工艺完成了对嘉兴秀洲典型城市重污染河道和睦桥港的治理，实现了河道水质的明显好转，可为城市同类型河道水质改善工程设计提供有效借鉴。

2016 年 8 月，扬州大学环境科学与工程学院及水利部南京水利科学研究院构建了水稻秸秆 - 蚯蚓生物工程床，用于处理畜牧养殖废水，蚯蚓的添加大幅提升了秸秆填料生物工程床的污染物去除效率，最终氨氮、TN、TP 的去除率分别超过 90%、90% 和 70%，为畜禽养殖废水中高浓度氮磷污染物的脱除提供了新的技术选择。

2017 年 2 月，天津市农业资源与环境研究所开发了"两级交替回流局部循环供氧生物膜"工艺，在天津现代农业科技创新基地完成了 $150m^3/d$ 规模的

---

295 Yang JR, Lv H, Isabwe A, et al. Disturbance-induced phytoplankton regime shifts and recovery of cyanobacteria dominance in two subtropical reservoirs. Water Research, 2017, 120:52-63.

分散型生活污水处理的试验运行。在平均处理量 100t/d、水力停留时间（HRT）为 2d 的情况下，出水有机污染物、总氮和总磷的平均质量浓度分别为 15.3mg/L、17.2mg/L、0.8mg/L，出水水质符合一级 B 标准，满足此类分散型生活污水处理需求。

（二）废物处理与资源化

废物的生物处理与资源化、产物的高值化应用，近年来成为环境生物技术发展的新热点和新趋势。其中，电子废弃物、餐厨垃圾和污泥等废物的生物处理与资源化是环境技术革新与环保设备研发的重点领域。借助生物技术，可以实现生物回收金属纳米颗粒、生物浸出有价金属、生物发酵产酸和可燃气、生物降解有机物、生物堆肥等。相较于欧美等发达国家，中国在环境生物技术废物处理与资源化领域内的研究起步较晚，但发展迅速。

1. 微生物降解

当前，我国在利用微生物回收电子废弃物中的金属并合成金、银、铂、钯等纳米颗粒方面取得了较大进展，同时负载纳米颗粒的微生物经碳化可应用于电催化产氢、氧还原、污染物降解/转化等领域。2016 年，华南理工大学环境与能源学院的研究团队利用粪肠球菌生物吸附和生物还原作用回收钯离子，并形成钯纳米颗粒用于重金属六价铬还原反应的催化，对该过程的机理进行了深入探索。同时，该研究团队利用血红密孔菌回收电子废弃物浸出液中的金形成纳米颗粒，将其在氩气中煅烧获得负载金的自掺氮生物源碳材料，能高效催化产氢反应和氧还原反应，该研究成果发表在 *Chem. Eng. J.* 和 *Angew. Chem. Int. Ed.* 等杂志上。

2017 年，中国科学院昆明植物研究所在塑料生物降解领域取得重大突破。研究人员首次发现能够高效降解聚氨酯塑料的新菌种——塔宾曲霉菌，它可在聚氨酯表面生长，并通过产生的酶和塑料发生生物反应，破坏塑料分子间或聚合物间的化学键，在培养条件下可在两个月内使塑料聚合物基本降解完全。该菌株的获得为实现真菌降解塑料垃圾、治理塑料垃圾污染的产业化奠定了微生物资源基础。

环境生物技术应用于厨余垃圾的高效堆肥，主要集中于高效复合菌种配制、堆肥过程中的菌种鉴定与分离及高效堆肥反应器研究。2016 年，南京大学资源与环境学院对好氧堆肥过程中的菌种进行了鉴定和分离，得到成博德特氏菌、小麦苍白杆菌、汉氏硝化细菌、螺旋己克斯霉 4 种微生物，为微生物堆肥提供了理论基础。北京林业大学资源与环境学院研制出一种包含多种微生物（地衣芽孢杆菌、枯草芽孢杆菌、米曲霉、指状青霉等）的复合菌剂，有效地提高了堆肥效率。

复合菌剂用于家庭式堆肥研制和推广在全国范围已广泛实施，但是堆肥的基本问题——臭气一直难以去除。2016 年，臭味控制及资源化效果好的厨余垃圾高效生物堆肥成套设备与技术在我国珠海市横琴新区建立了示范项目，该技术堆肥周期短、占地少、投资和运行费用低，有望实现生活垃圾源头减量、厨余垃圾资源化和减小末端处理压力。厨余垃圾厌氧消化工程项目逐渐显露头角。

2. 污泥资源化

随着污水排放量增加、处理率提升且处理程度不断深化，我国污泥产生量也逐年增加。目前城市污泥处理与资源化的方式主要有污泥堆肥、厌氧消化、制生物柴油等。2016 年，清华大学环境学院采用"超高温酸化（70℃）—高温甲烷化（55℃）"的强化两相厌氧消化工艺，成功运行了一个中试污泥高固厌氧消化系统，处理剩余活性污泥的含固率约为 9%。中国人民大学环境学院针对城市污泥制生物柴油的过程强化开发了系列催化剂，大大提高了生物柴油产率和工程化应用可行性。将污泥资源化利用途径与其他废弃物资源化利用途径相结合的研究也有报道，如污泥制沼气与城市垃圾焚烧发电联合处理等，对构建废弃物资源化的生态系统大有益处。

2016 年 8 月，中国科学院城市环境研究所主持的"城市污泥制备生物炭成套技术与示范"项目，根据污泥的特性，针对污泥问题，研究了高温热解污泥制备生物炭。通过与其他处理技术进行结合，探讨了污泥生物炭的强化，以及

这种污泥生物炭作吸附剂吸附典型染料和重金属的过程。该技术制备的活性炭被用于催化两种不同菌株联合浸出电子废弃物中的金属资源。

在面临可持续发展和环境保护的重大议题前，环境生物技术存在着较大的研究空间。生物本身具有对环境适应与自修复的能力，因此采取合适的技术方法、仪器设备及探索先进的工程理论原理，能够有效解决环境治理过程中造成的二次污染问题，为环境问题的治理开辟新的路径，为我国环保产业的发展注入新鲜的活力。

第四章 生物产业

随着现代生命科学的快速发展，以及生物技术与信息、材料、能源等技术的加速融合，高通量测序、基因组编辑和生物信息分析等现代生物技术突破与产业化快速演进，生物经济正加速成为继信息经济后新的经济形态，对人类生产、生活产生深远影响。靶向药物、细胞治疗、基因检测、远程医疗、健康大数据等新技术加速普及应用，智慧医疗、精准医疗正在改变着传统的疾病预防、检测、治疗模式，为提高人民群众健康质量提供了新的手段。

"十二五"以来，我国生物产业复合年均增长率达15%以上，部分领域与发达国家水平相当，已经具备加快发展、实现赶超的良好基础。但是，我国生物产业发展成果还不能满足人民群众对健康、生态等方面的迫切需要，产业生态系统依然存在制约行业创新发展的政策短板，开拓性、颠覆性的技术创新还不多，我国要成为生物经济强国依然任重道远。我们必须进一步提升生物产业创新能力，深化改革行业规制，不断拓展产业应用的新空间，满足人民群众的新需求，打造经济增长新动能。2016年底发布的《"十三五"生物产业发展规划》提出："预计到2020年，我国生物产业规模将达到8万亿～10万亿元，创造的就业机会大幅增加，生物产业增加值占GDP的比例超过4%，成为国民经济的主导产业。"

一、生物医药

2016年是"'十三五'医改规划"开篇之年，也是医药行业深化改革全面

推进的年份，从临床核查到一致性评价再到工艺核查，医药行业面临一波又一波严查整顿。随着国际竞争的日益加剧，国家把新药研发及科技医疗项目作为重点扶持发展对象，建立优先审评绿色通道以加速新药新技术的问世。国务院颁布了《"健康中国2030"规划纲要》和《关于促进医药产业健康发展的指导意见》（国办发〔2016〕11号）等多个顶层设计产业规划，将"医药健康产业"上升为国家战略，助力中国医药健康产业迎来更广阔的发展局面。

在政策的支持下发展创新合作模式，国内医药产业迎来新投资、新融合、新技术浪潮，使我国医药产业与创新发展步入了国际梯队，医药行业整体发展态势良好，根据国家统计局数据，医药工业全年收入增长回升到9.7%，显著优于整体宏观经济。

（一）生物医药需求持续增长

2016年是医药行业从政策和需求两方面实现产业升级、集中度提高，行业向"优质"转型，逐渐走出谷底的一年。从2015年医改严厉政策，2016年各省招标的全面推进，到2017年初的医保目录调整，医药行业政策逐渐清晰，医药行业底部回暖，走向上升通道。

同期随着我国人口年龄结构的变化、生活水平的提高，对健康的需求进一步旺盛，将带动医药行业的需求升级。国家统计局数据显示，截至2016年底，我国60岁以上老年人口达到2.3亿人，占总人口的16.1%，预计到2020年将达到2.56亿人，2025年将突破3亿人。根据联合国的标准，60岁以上人口占总人口的比例达到10%或65岁以上人口占总人口的比例达到7%，即步入老龄化社会，我国早已超过该标准，步入老龄化国家的行列（图4-1）。人口老龄化加速，老年医疗需求与日俱增。2016年，医疗卫生与计划生育支出13 154亿元，增长10.0%。政府医疗卫生支出占财政支出的比例提高到7.0%。据统计，2016年医疗机构的销售规模将达到10 490亿元，占药品终端销售的68.6%，增长了7.6%，零售终端的销售额将达到3 415亿元，占比22.3%，增长了9.8%。据统计，2016年我国医药产业规模达到2.96万亿元，同比增长10.0%（图4-2）。

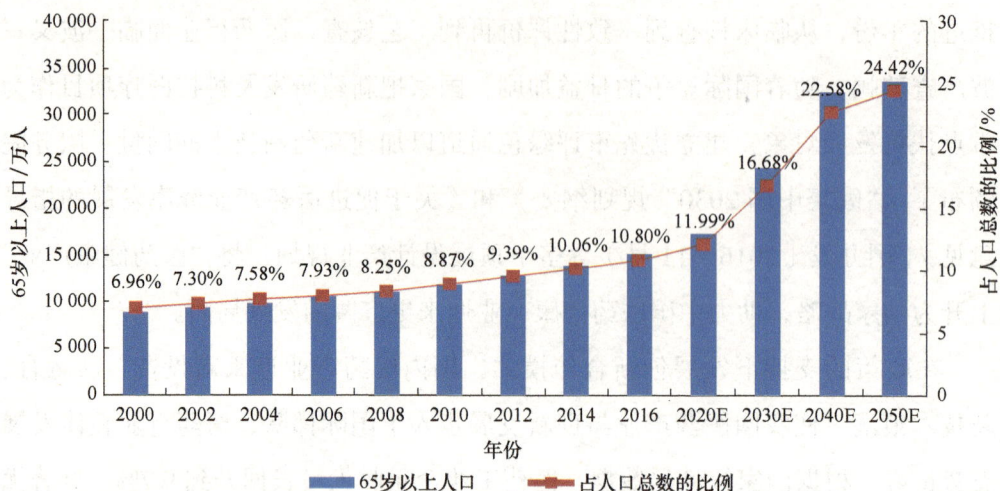

图 4-1   我国 65 岁以上老龄人口增长趋势

数据来源：国家统计局，卫生和计划生育委员会，渤海证券研究所

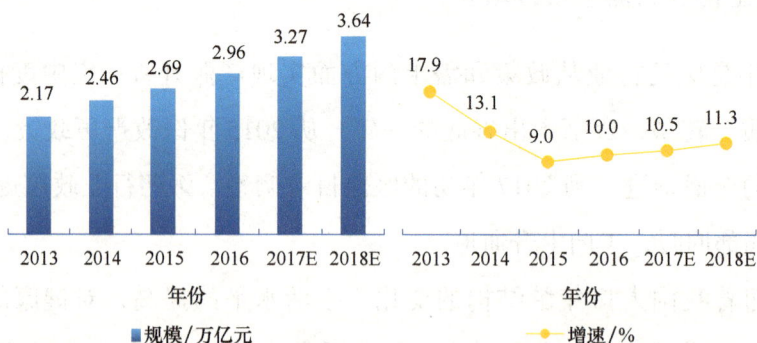

图 4-2   2013～2018 年五年我国医药产业规模及增速

数据来源：中华人民共和国工业和信息化部，赛迪顾问整理（2016.12）

（二）医药产业总体增速上升

1. 主营业务收入增速小幅提升

2016 年医药工业规模以上企业实现主营业务收入 29 635.86 亿元，同比增长
9.92%，增速较上年同期提高 0.90 个百分点，增速高于全国工业整体增速 5.02 个
百分点。各子行业中，增长最快的是医疗仪器设备及器械制造，化学药品原料药
制造、中成药制造、制药专用设备制造的增速低于行业平均水平（图 4-3，表 4-1）。

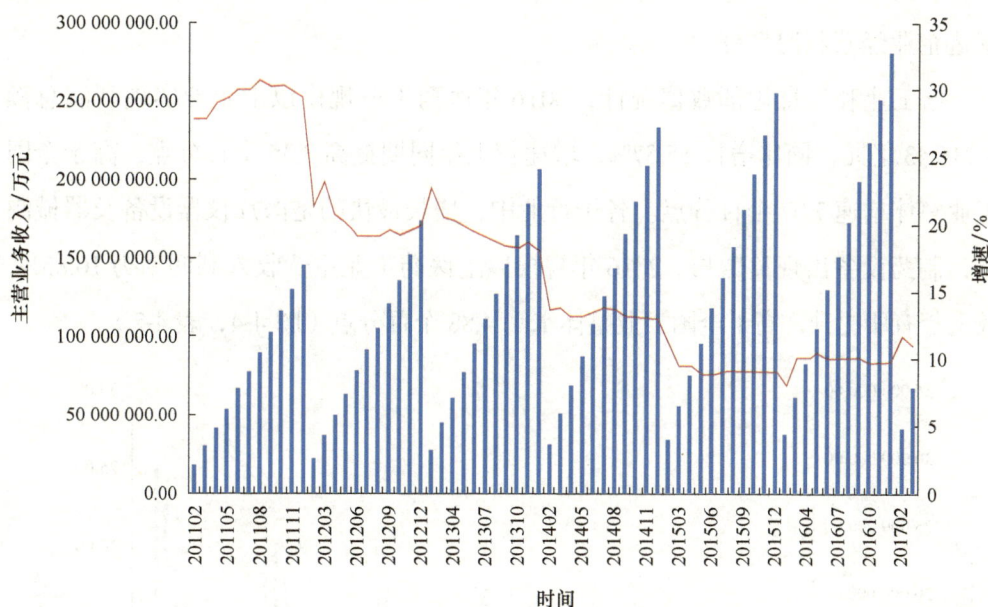

图 4-3　2011 年以来生物医药行业的主营业务收入变化

数据来源：wind 国联证券研究所

表 4-1　2016 年医药工业主营业务收入完成情况

行业	主营业务收入 / 亿元	同比 /%	比例 /%	2015 年增速 /%
化学药品原料药制造	5 034.90	8.40	16.99	9.83
化学药品制剂制造	7 534.70	10.84	25.42	9.28
中药饮片加工	1 956.36	12.66	6.60	12.49
中成药制造	6 697.05	7.88	22.60	5.69
生物药品制造	3 350.17	9.47	11.30	10.33
卫生材料及医药用品制造	2 124.61	11.45	7.17	10.68
制药专用设备制造	172.60	3.52	0.58	8.94
医疗仪器设备及器械制造	2 765.47	13.25	9.33	10.27
医药工业合计	29 635.86	9.92	100.00	9.02

数据来源：中华人民共和国工业和信息化部，2017，《2016 年医药工业主要经济指标完成情况》

2. 利润增速明显

"十二五"期间，国家对医药卫生事业的投入加大，医保体系更趋健全，医药出口稳健增长，资本市场迅猛发展，医药行业优质资源面临整合，一系列扶持医药创新发展的政策措施先后出台，在各项有利因素的促进下，医药工业保持了较好的发展态势，医药工业的整体利润水平平稳增长，国内规模以上医药制造企业经营状况良好。

据工业和信息化部数据统计，2016 年医药工业规模以上企业实现利润总额 3 216.43 亿元，同比增长 15.57%，增速较上年同期提高 3.35 个百分点，高于全国工业整体增速 7.07 个百分点。各子行业中，增长最快的是医疗仪器设备及器械制造，制药设备出现负增长。2016 年规模以上医药工业主营收入利润率为 10.85%，较上年有所提升，高于全国工业整体水平 4.88 个百分点（图 4-4，表 4-2）。

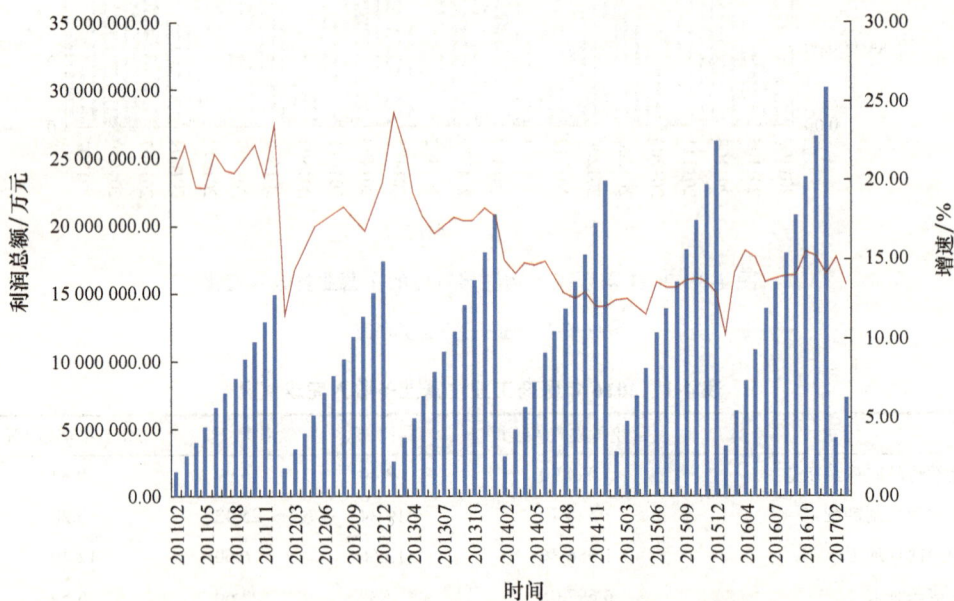

图 4-4 2011 年以来生物医药行业的利润变化

数据来源：wind 国联证券研究所

表 4-2 2016 年医药工业利润总额和利润率完成情况

行业	利润总额 / 亿元	同比 / %	利润率 / %	2015 年利润率 / %
化学药品原料药制造	445.25	25.85	13.84	15.34
化学药品制剂制造	950.49	16.81	29.55	11.20
中药饮片加工	138.27	8.64	4.30	18.78
中成药制造	736.28	9.02	22.89	11.44
生物药品制造	420.10	11.36	13.06	15.75
卫生材料及医药用品制造	191.75	8.52	5.96	13.04
制药专用设备制造	15.80	−13.30	0.49	1.63
医疗仪器设备及器械制造	318.49	32.29	9.90	5.34
医药工业合计	3216.43	15.57	100.00	12.22

数据来源：中华人民共和国工业和信息化部，2017，《2016 年医药工业主要经济指标完成情况》

3. 出口交货值首现回升

进入"十二五"后，医药工业规模以上企业出口交货值增长放缓，2011～2015 年连续 4 年个位数低速徘徊发展。但 2016 年出口增速首现回升。据工业和信息化部数据统计，2016 年医药工业规模以上企业实现出口交货值 1 948.80 亿元，同比增长 7.26%，增速较上年同期提高 3.66 个百分点。但是根据海关进出口数据，2016 年医药产品出口额为 554.14 亿美元，同比减少 1.82%，增速较上年仍下降 4.52 个百分点。

4. 固定资产投资放缓

2016 年医药制造业完成固定资产投资 6 299 亿元，同比增长 8.4%，增速较上年下降 3.5 个百分点，高于全国工业整体增速 4.8 个百分点。

（三）医药行业改革影响产业布局

1. 医药商业集中度加速提升

2016 年，公立医院改革加速推进，特别是以全面取消药品加成和两票制为代表开始在 8 个省份推广，同时也鼓励 200 个医改试点城市推行零加成和两票制。2016 年 4 月，国务院办公厅印发关于《深化医药卫生体制改革 2016 年重点工作任务》的通知，对 2016 年医改的重点工作和落实的部委进行了分工，其中 8 个省份开始推广两票制，包括安徽、福建、江苏、青海、陕西、上海、浙江、四川等。国务院明确规定，医改试点省份要在全范围内推广两票制，鼓励一票制，医院和药品生产企业直接结算货款，药企和配送企业计算配送费用。

从 2012 年开始实行两票制的福建看，医药流通行业集中度及纯销比例明显提升。两票制实施使医药流通行业更加规范，对医药流通行业产生了深远影响，促使行业集中度提升加速。2016 年，全国医药流通市场规模为 18 393 亿元，较 2016 年增长 10.4%。全国药品流通直报企业主营业务收入 13 994 亿元，同比增长 11.6%；利润总额 322 亿元，同比增长 10.9%；平均毛利率 7.0%，同比上升

0.1 个百分点；平均费用率 5.2%，同比下降 0.2 个百分点；平均利润率 1.8%，同比上升 0.1 个百分点；净利润率 1.5%，同比上升 0.1 个百分点（图 4-5）。

图 4-5　2009～2016 年医药商品销售总额及增速情况

数据来源：商务部秩序司官网，天风证券研究所

2. 新药研发时代来临

根据 Pharmaprojects 统计，截至 2015 年底，中国共有 147 家企业涉足原药研发，如果仅从研发企业数量上看，中国已经取代日本，成为亚洲最大的新药研发国。国内新药研发企业已在质变前夜。随着 CFDA 不断的政策支持和持续的理念更新，海外人才的陆续回归与新药研发配套产业的完善，整体工业水平的提升与部分新药研发相关领域技术（如基因测序、分子诊断和精准医疗）的迅猛发展，风险投资机构的前瞻性及专业化程度的大幅提升等因素，新药研发行业即将进入质变的快速生长期。面向中国甚至全球市场、掌握重磅产品和关键技术的平台型新药研发企业及临床优势明显的重磅品种将受到资本的青睐。

全新靶点及化合物的原创新药研发具有很高的资金成本和研发风险，而引进重磅品种并进行差异化和针对性地开发或具有更为可控的资金成本和研发风险，因此也得到资本更多的认可。一方面，外资药企出于合规风险及药物推广成本的考虑倾向出售药物在中国的授权，而国内药企在合规和低成本营销方面具有独特优势，获得外企的独家授权可以迅速增强竞争力。例如，西藏药业收购阿斯利康旗下心血管药物依姆多、恒瑞引进 Tesaro 公司旗下止吐药罗拉匹坦（Rolapitant）、亿腾收购礼来旗下抗生素希刻劳和稳可信都属于这种模式。另一方面，国内新药研发企业积极在全球范围内挑选重磅药物。例如，再鼎药业引入韩美医药的肺癌领域在研药物 HM61713、派格生物引入辉瑞的糖尿病领域在研药物 GKA 都属于这种模式。而索元生物收购礼来临床失败药物 DB103 的全球权益则属于创新药物的再开发。这些企业大都具有在跨国药企积累了丰富研发经验的团队，所选品种具有很高的市场潜力，在国际市场上已获成功或进展较快，具有较多可靠临床数据支持等特点。

3. 生物药产能大大提高

据《医药经济报》记者不完全统计，2016 年至少有 7 家企业（未名集团、华兰生物、尚华医药、喜康生物、药明生物、三生制药、东曜药业）宣布在国内正在建设或已经投产生物制药大规模生产基地，总规模几乎均达到了上万升，另外还有相当多数量的生物药企业在自建生产基地。2016 年 5 月，喜康生物全球首个符合国际标准的模块化生物药物工程落成，将规模化生产生物类似药及单克隆抗体；2016 年 9 月，药明生物投产目前已知的亚洲最大使用一次性反应器的生物制药灌流生产车间；2016 年 10 月，三生制药宣布旗下 3 万 L 生产线建成后将成为中国规模最大的单抗生产线，涵盖从细胞系、培养基、原液到制剂（多种剂型和规格）。据了解，这些企业投资建设大规模生产基地的主要原因是看好国内生物类似药及单抗市场发展前景，其中有部分企业还将计划提供生物药 CMO 服务。

随着生物药研发热在全球范围内蔓延，近年来国内生物制药生产能力急剧增加。初步数据测算，目前国内有约 150 家生物药生产工厂可以生产用于临床开发的生物制品，中国生物药总产能将超过 160 万 L，其中绝大部分增长的产能由本土企业贡献。

不过，GEN 网站在一篇分析中国生物药生产的文章中对上述现象表示出了担忧。该文指出，目前生物药在中国才刚刚起步，企业绝大部分生产的仍然为生物类似药，但由于缺乏相似性检测、严格的欧美 GMP 标准及临床对照性试验，

严格意义上甚至不能称为类似药，未来中国生物药企业的发展任重而道远。

4. 兼并重组更趋活跃

我国医药制造业企业数量较多、行业整体集中度不高。截至 2016 年末，我国制药企业数量达到 7 449 家，市场较为分散。而在国家相关政策之下，行业门槛逐步提高，竞争加剧，小型企业的生存空间受到挤压，客观上需要借助更大的平台来获得优势资源，涉足新技术、新领域的创新性业态也需要上市公司这一平台作为有力支撑。再加上医药行业普遍具有的良好现金流状况及上市公司充足的资金储备，这些都为 2016 年医药行业兼并重组的开展提供了良好的条件。因此，2016 年医药行业的并购数量、规模再次刷新历史。根据上市公司公告、高特佳研究报告等多方统计，2016 年医药健康行业并购超过 400 起，金额超过 1 800 亿元，复合年均增长率高达 53.6%。

通过并购，一方面，大型药企尤其是上市公司可以扩大市场规模、完成产业链布局，可使收入、利润率、每股收益等指标得到优化，企业也可进一步巩固市场地位。例如，2016 年 7 月 26 日，华润三九拟以 18.9 亿元收购昆明圣火药业（集团）有限公司 100% 股权，这有助于华润三九产业链的延伸。资料显示，圣火药业集团以生产、销售口服心脑血管药物为主，主要产品包括血塞通软胶囊和黄藤素软胶囊；在慢病管理方面有一定基础；还拥有生产规模及技术在国内居领先地位的软胶囊生产线。

在 2016 年的并购热潮中，有两个比较明显的特点：一是公立医院成热门标的。近两年来，公立医院并购稳定增长，被并购医院主要为综合性二甲医院及专科医院。济民制药、海南海药、康美药业等药企纷纷出手拿下医院。来自上市公司公告、咨询公司报告等公开信息及医学界智库整理的并购项目与金额数据显示，2016 年医院并购达到 48 个，涉及金额 134.5 亿元。截至 2016 年 8 月底，全国公立医院数量同比减少 474 家，月均减少近 40 家[296]。2016 年全年，中国公立医院数量减少 600 家左右。而此前五年，公立医院年均减少数仅 156 家

---

296 http://www.moh.gov.cn/mohwsbwstjxxzx/s7967/201610/9fe629223cc94407af69a7fbe9ab2ec5.shtml.

左右。二是新兴市场热度升温。近年来，全球药企的并购步伐加快，并且来自新兴市场的标的越来越受到投资集团关注。根据普华永道发布的2016年中国医药及医疗器械行业并购报告，2016年中国共发生28起海外并购交易，涉及资金近30亿万美元。从2016年并购案例看，很多药企瞄准印度等新兴市场。例如，2016年7月，复星医药拟以126 137万美元收购 Gland Pharma Limited（印度第一家获美国 FDA 批准的注射剂药品生产制造企业）约86.08%的股权，其中包括收购方将依据依诺肝素在美国的上市销售情况所支付的不超过5 000万美元的或有对价，创下当时中国药企最大海外并购记录。

5. 国际化步伐加快、海外并购以美国为主

东兴证券数据显示，2016年前后，中国药企发起的海外并购案高达23起，其中超过1亿美元的交易近10起，数量与规模都较前几年大大提高，海外市场并购成为国内部分药企寻求利润增长点的新选择。在23起并购案中，美国市场并购交易达11起，占比接近50%（图4-6）。有分析机构指出，生物医药

美国（11）　加拿大（1）　英国（1）　　法国（1）　德国（2）
瑞士（2）　西班牙（1）　澳大利亚（2）　韩国（1）

图4-6　中国医药企业2016年海外并购版图

数据来源：东兴证券研究所；所用世界地图来自国家测绘地理信息局，审图号 GS（2016）2955

已经成为中国对外投资并购最为活跃的三大行业之一，未来还将有更多的医药企业在有实力的 PE/VC 帮助下进入海外并购布局中，以获得国际化发展。

一方面，欧美国家新药审批制度与支付体系都较为成熟，打入这些市场也意味着更广阔的市场空间。对于国内创新药企业而言，走出国门有望使产品加速上市，使资本方尽早获得投资回报。另一方面，获得其他人种的临床数据也更有可能使企业得到一些潜在的海外合作机会，有助于在国际市场上为新药开发找到投资或合作伙伴。2016 年 11 月发布的《医药工业发展规划指南》明确提出："支持企业建立跨境研发合作平台，充分利用国际资源，发掘全球创新成果，鼓励开展新药国际临床研究，实现创新药走向国际市场和参与国际竞争"（图 4-7）。

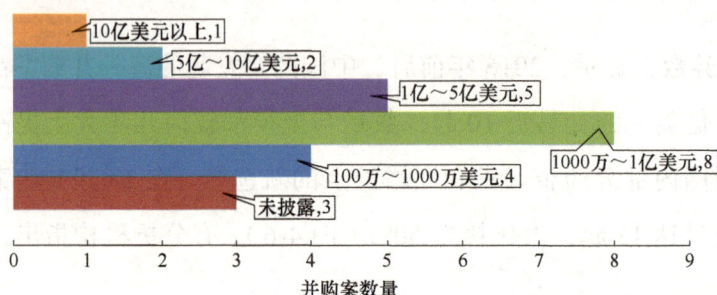

图 4-7 2016 年中国药企海外并购案（按并购金额统计；统一换算成美元）

数据来源：东兴证券研究所公开资料

（四）部分领域发展势头较好

1. 精准医疗

精准医疗指导下的药物开发是以个体化医疗为基础，交叉运用基因组测序技术及生物信息大数据技术，从而开发特定患者的特定基因突变的靶向药物市场。2016 年中国精准医疗的市场规模已达 400 亿元，其中靶向药物市场规模为 130 亿元，占精准医疗 32.5% 的市场份额，未来 5 年增速预计超过 20%。

精准医疗的出现导致疾病的分型更加细化，疾病亚群数量大量增加，大型制药公司很难再完全垄断创新药研发的市场，同时与传统药物研发模式相比，以精准医疗为指导的新药研发可以显著降低研发成本和周期，提高临床成功率。国内中小企业在精准医疗方面的产品技术及商业模式方面的创新也不逊于国外企业，针对特定基因突变进行肿瘤靶向药物开发的思路迪，以全基因组扫描、临床大数据技术指导失败药物再开发的索元生物就是这类企业的典型代表。

目前，根据艾瑞咨询整理的数据，目前全球 7 389 台基因测序设备分布在60 多个国家，主要出自 Illunima、Thermo Fisher、Roche、Pacific Biosciences、OxfordNanopore，这 5 家公司占市场份额的 99% 以上，其中以 Illunima 所占市场份额最大（83.9%）。我国在上游设备这部分的技术相对比较落后，虽然目前已有华大基因、华因康基因开始自研设备，贝瑞和康采取合作开发模式，但直接购买国外公司设备还占据主流。根据英国两名学者（James Hadfield 和 Nick Loman）绘制的高通量测序仪在全世界的分布图，中国拥有的高通量测序仪数量仅次于美国，基本出自以上厂家。

中游测序服务门槛较低，目前国内提供基因测序服务的第三方机构数量较多，竞争比较激烈。中游数据挖掘在产业中的地位将加速显现，市场尚未形成稳定的格局，我国的华大基因、上海其明、贝瑞和康、荣之联等，均从事相应的生物信息技术服务业务，中国庞大的人口基数带来的基因数据处理需求很可能将促生一批专门从事包括数据处理、云产品等服务在内的优秀公司。

下游应用和技术水平高度相关，而我国目前在多项临床研究和应用上处于世界领先地位。2016 年 2 月，我国首例应用 "Karyomapping"（核型定位）基因芯片技术进行 "植入前单基因病诊断"（PGD）的试管婴儿——K 宝在上海诞生，新生儿各项身体指标良好，这是我国 PGD 技术在世界处于领先地位的标志。我国开展的 CAR-T 临床试验数据已多达 19 项，仅次于美国，这是我国首次在新药研发领域走在世界前列。除此之外，在心脑血管相关的慢性病、复杂遗传性疾病基因层面的诊断和治疗及药物研发上也存在率先突破的机会。据 *Nature* 报道，四川大学华西医院的团队全球首次使用革命性的基因编辑技术 CRISPR/Cas9 编辑癌症患者 T 细胞并回输到患者体内进行癌症治疗（图 4-8，图 4-9）。

上游（设备及耗材）	中游（服务）	下游（应用）
● 设备 Illumina、Thermo、Life Tech、PACBIO、Nanopore、华大基因、达安基因、中科紫鑫、贝瑞和康、博奥生物等 ● 耗材及试剂 Illumina、Thermo、Life Tech、罗氏、Agilent Technologies、华大基因、达安基因、中科紫鑫、贝瑞和康等	● 基因测序服务 Illumina、QUAGEN、Myriad Genetics、Sequenom、Genomic Health、华大基因、达安基因、贝瑞和康、博奥生物、药明康德、迪安诊断、诺禾致源、瀚海基因等 ● 数据服务 Illumina、Thermo、华大基因、上海其明、贝瑞和康、荣之联、华因康基因、基云惠康等	● 对企业 科研机构：生物、农学、环境、医疗等 医院：医学研究、无创产前基因检测、肿瘤诊疗、辅助生育、遗传病监测等 药企：药物研发和临床检测 ● 对消费者 无创产前基因检测、肿瘤诊疗、药物代谢检测、辅助生育

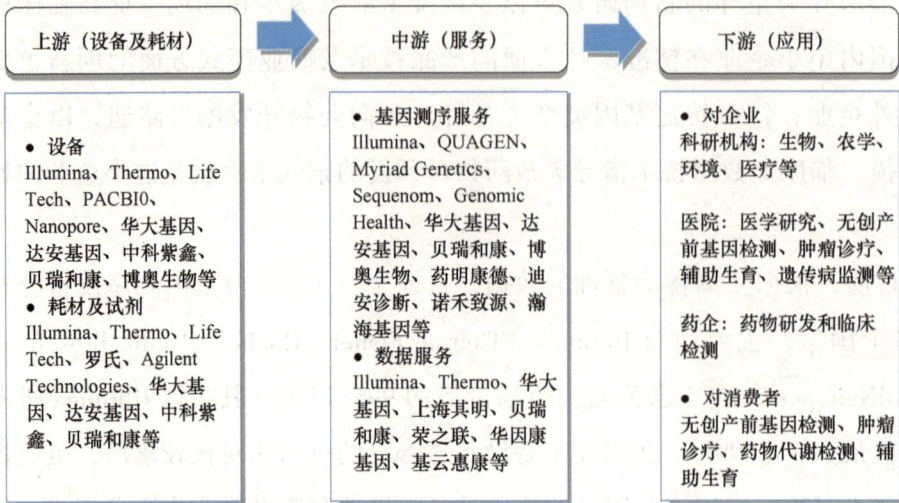

图 4-8　基因测序产业链及代表性公司

数据来源：艾瑞咨询，国海证券研究所

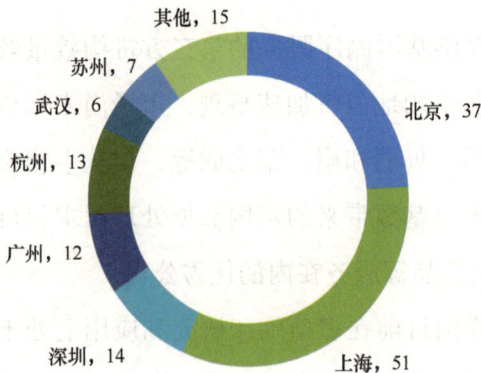

图 4-9　国内基因测序服务机构地区分布
（数字为测序服务机构数量）

数据来源：艾瑞咨询，国海证券研究所

2. 我国体外诊断行业处于快速发展期

体外诊断（in vitro diagnosis，IVD）是指将样本（血液、体液、组织等）从人体中取出后进行检测，通过与正常人的分布水平相比较，来确定患者相应的功能状态和异常情况，以此来作为诊断和治疗的依据。体外诊断产品包括体外诊断试剂和体外诊断仪器，由于诊断试剂在体外诊断行业占主导地位（约占整个行业总产值的70%），并且与疾病治疗密切相关，因而通常将体外诊断行业归属于"医药制造业"。

我国体外诊断行业处于行业生命周期中的成长阶段，人口老龄化、城镇化、人民健康意识的增强、政策的支持及诊断技术的进步等因素都推动该行业快速发展。

2016年，我国人均体外诊断支出约为4.6美元，仅约为世界平均水平的

一半（2016年世界人均体外诊断支出约为8.5美元），更远低于欧、美、日等发达经济体国家和地区的人均体外诊断支出水平，发展空间巨大。与之相对的是，2016年，我国体外诊断市场规模约为430亿元，根据中国医药工业信息中心发布的《中国健康产业蓝皮书（2016）》，到2019年，我国IVD市场规模将有望达到723亿元，三年间复合年均增长率高达18.7%，发展迅猛（图4-10）。

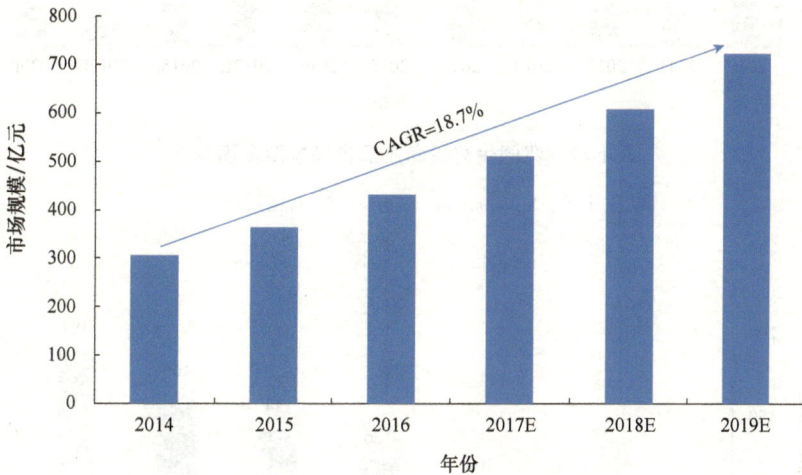

图4-10 我国体外诊断产品市场规模及预测

数据来源：《中国健康产业蓝皮书（2016）》，渤海证券研究所

具体到细分领域，受益于技术进步与基层医疗市场的发展，我国生化诊断行业将继续保持稳定的增长态势。2016年，我国生化诊断产品市场规模约为65亿元，据Kalorama Information预测，未来我国生化诊断行业将以6%～8%的速度稳定发展，取7%为复合年均增长率，到2020年，我国生化诊断行业市场规模有望达到85.6亿元（图4-11）。

2016年，我国免疫诊断产品市场规模约为109亿元，根据Kalorama & Huidian Research的预测，未来几年我国免疫诊断产品市场增速将达到15%以上，我们按年增速15%计算，到2020年，我国免疫诊断产品市场规模将超过190亿元。细分领域方面：酶联免疫诊断产品市场份额逐步萎缩，化学发光产品在2010～2015年的CAGR达28.1%，在我国免疫诊断市场中的占比不断提升（图4-12）。

分子诊断是当前全球发展最快的体外行业，随着PCR、分子杂交、生物芯

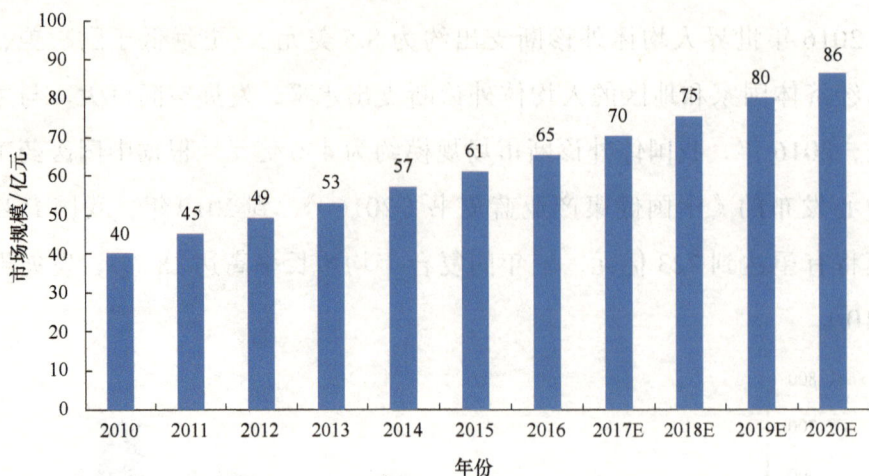

图 4-11 我国生化诊断产品市场规模及预测

数据来源：Kalorama Information，渤海证券研究所

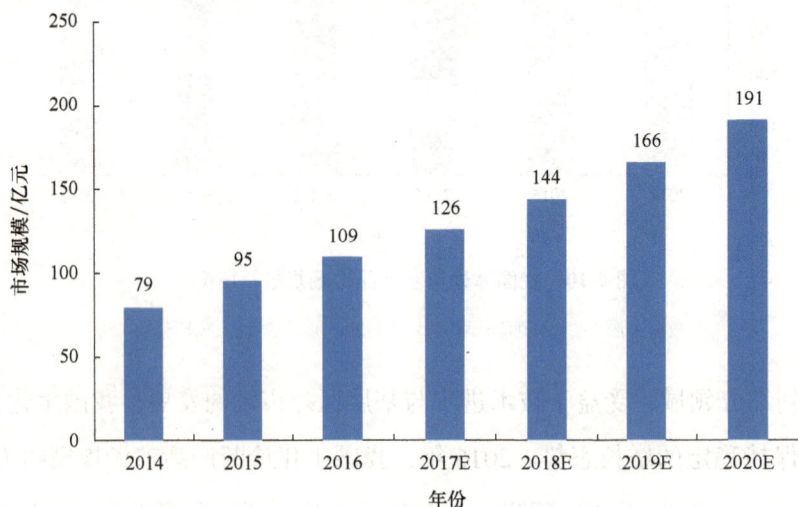

图 4-12 我国免疫诊断产品市场规模及预测

数据来源：Kalorama & Huidian Research，渤海证券研究所

片等分子诊断核心技术的不断发展，分子诊断也从早期主要应用于传染性疾病监测拓展到现在的肿瘤个体化诊疗、药物代谢基因组学研究等领域。由于应用领域广泛，分子诊断行业在全球得到了飞速发展。灼识咨询研究表明：2016年，全球分子诊断行业复合年均增长率约为 12%，而我国分子诊断行业复合年均增长率则达到了 25%，约为全球增速的两倍。预计到 2019 年，我国分子诊断市场规模将有望超过 90 亿元（图 4-13）。

图 4-13　我国分子诊断行业市场规模及预测

数据来源：灼识咨询，渤海证券研究所

二、生物农业

　　由于过去几年内，全球农业发展速度空前，因此农业生产过程中农药的使用量也十分大，传统化学农药的过量使用严重危害了自然环境，近几年全球农业发展开始向绿色可持续方向转变。与化学品相比，农业生物制品是有机农业的基本组成部分，由于其无化学品和生态友好的特性，它们的需求日益增加，因此农用生物制剂的未来市场将会飞速发展。

　　根据 Markets & Markets 出版的最新报告，2015 年全球农业生物市场价值约为 51 亿美元，预计 2016～2022 年农用生物制剂市场复合年均增长率将达到 12.76%，到 2022 年达到 113.5 亿美元。这一增长趋势在多数地区生物农药市场中将十分显著。该报告深入分析了驱动市场快速增长的因素，主要包括有机农业的发展、化学农药成本的上升及对于化学农药引起的危害认识的加深等。另外，全球各国的政府机构正在积极推广农业生物学的好处，这也促进了农业生物市场的剧烈增长。

　　另外，该报告也指出，基础设施的缺乏、生物农药较低的采用率是全球市场发展的主要阻碍。而粮食需求的增加和人均收入的增长为亚太、拉美等新兴

经济体的生物农药市场带来了巨大的机会。

（一）生物育种

生物育种是指运用生物学技术原理培育生物品种的过程。它通常包括杂交育种、诱变育种、单倍体育种、多倍体育种、细胞工程育种、基因工程育种等多种技术手段和方法。目前，育种研究已经从传统育种转向依靠生物技术育种阶段。生物育种是目前发展最快、应用最广的一个领域。我国是一个人口大国，相应也是粮食消费大国，但干旱、洪涝及病虫害等问题严重威胁着粮食安全。因此，生物育种技术是增强作物抵御病虫害能力、确保粮食产量的有效途径，是推动现代农业科技创新、产业发展和环境保护等的有效手段。

新中国成立以来，我国种业科技领域不断发展，种业科技创新能力逐步提高，对种业发展的支撑保障能力开始逐步增强。但我国的种业体制格局长期以来是在政府主导下形成的，大田作物由科研机构、院校负责研发、选育，国有种子公司进行种子生产经营，各级乡镇推广机构负责分销；经济作物种子的研发、生产、经营单位较多，主要以科研机构、国有种子公司、私人种子公司、外国种子公司为主。《种子法》实施后，国内种子企业发展迅速，企业的市场主体地位日渐突出。但是面对现代生物技术的快速发展和跨国种子企业的竞争，我国种业的竞争力要素优劣并存，种业发展面临机遇和挑战。2014 年，中国生物育种的总市值已经增长到 966 亿元，其中 7 种主要农作物种子市值占比65% 左右。

1. 我国育种企业集中度不断提高

随着 2011 年国务院《关于加快推进现代农作物种业发展的意见》出台，种子企业作为商业化育种体系核心的地位得到明确，行业准入门槛大幅度提高，鼓励和支持繁育推一体化的大型企业进行兼并重组，该行业将迎来高速发展期。

受国家政策的影响，全国种子持证企业数量在持续减少，规模在不断扩大；同时受国家对种业扶持利好政策的刺激，种业资本投资的活跃度也在提升，企业在研发层面投入增加，不断丰富自有品种储备，加速提高行业集中

度。到 2016 年，我国种业企业总量由 3 年前的 8 700 多家减少到目前的 3 951 家，减幅达 54.6%；注册资本 1 亿元以上企业 298 家，占企业总数的 7.5%。市场规模方面，2007 年我国农作物种子市场规模约为 300 亿元，到 2009 年约为 418 亿元，2015 年种子市场规模达到了约 780 亿元，是全球第二大种子市场（图 4-14，图 4-15）。

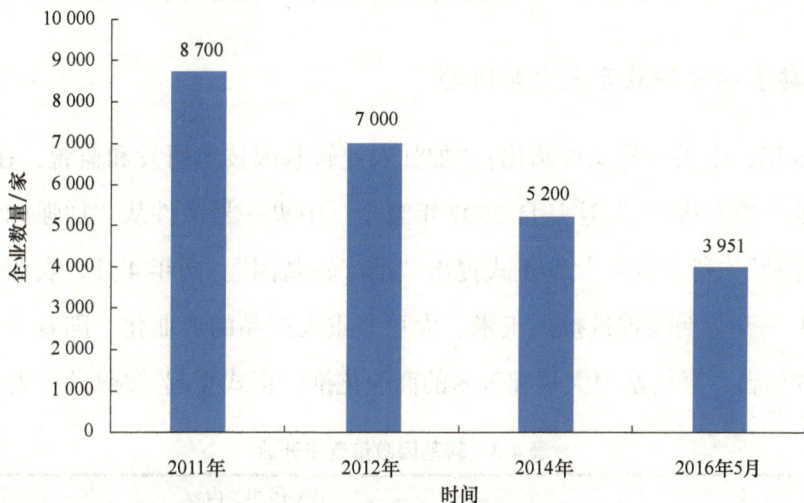

图 4-14　2007～2016 年我国种业企业数量变化

数据来源：智研咨询公开资料整理

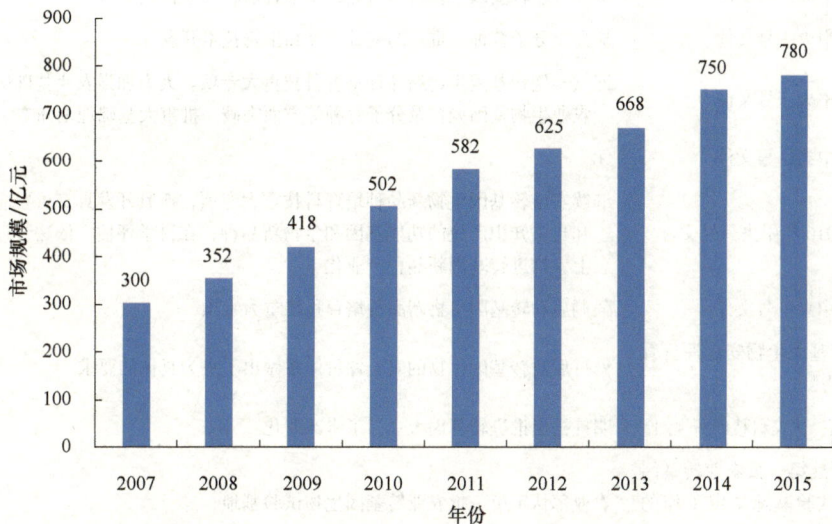

图 4-15　2007～2015 年我国农作物种业市场规模变化

数据来源：智研咨询公开资料整理

2. 借力资本市场提升行业竞争力

随着我国种子市场规模的扩大、行业集中度的不断上升，种子行业竞争也更加激烈。为了应对市场竞争，众多种子企业纷纷借力资本市场来谋求更大发展。截至 2016 年 11 月底，国内种业相关上市公司有 8 家，登录新三板的种业企业共 27 家，目前也有不少企业已经向证监会或者全国股转系统递交了相应的申请材料。

3. 转基因育种放开是大势所趋

2016 年，中央一号文件指出："加强农业转基因技术研发和监管，在确保安全的基础上慎重推广。"这是自 2007 年至今，中央一号文件从"加强标识""加强分子育种""科学普及"到正式提出"推广转基因"。同年 4 月，农业部表态，要在"十三五"期间推进抗虫玉米、大豆等重大产品的产业化。随着"十三五"科技规划出台，对转基因大豆和玉米的商业化推广正式亮起"绿灯"（表 4-3）。

表 4-3　转基因政策逐步开放

文件	转基因相关内容
2017 年中央一号文件	首次提出严格执行转基因食品标识制度
2016 年中央一号文件	加强农业转基因技术研发和监管，在确保安全的基础上慎重推广
2015 年中央一号文件	加强农业转基因生物技术研究、安全管理、科学普及
2014 年中央一号文件	加强以分子育种为重点的基础研究和生物技术开发
2012 年中央一号文件	继续实施转基因生物新品种培育科技重大专项。大力加强农业基础研究，在农业生物基因调控及分子育种等方面突破一批重大基础理论和方法
2011 年中央一号文件	无
2009&2010 年中央一号文件	继续实施转基因生物新品种培育科技重大专项，抓紧开发具有重要应用价值和自主知识产权的功能基因和生物新品种，在科学评估、依法管理的基础上，推进转基因新品种产业化
2008 年中央一号文件	强调启动转基因生物新品种培育科技重大专项
《农业转基因生物安全评价管理办法》	修订后对转基因作物的安全评价体系做出了更为具体的要求
《"十三五"国家科技创新规划》	明确提出推进转基因大豆、玉米产业化
《关于开展第一批农业转基因生物试验基地认定工作的通知》	农业部认定第一批农业转基因生物试验基地

数据来源：农业部，广发证券发展研究中心

（二）兽用生物制品

近年来，随着兽用生物制品研发力度的不断加大，研发技术逐渐成熟，市场需求增长率也不断提高。国际动保联盟（IFAH）数据显示，2015 年，除中国企业销售额外，全球兽药销售额为 300 亿美元。2004～2008 年，全球兽药产业销售额逐年增加，复合年均增长率为 5.93%。2009 年，受全球金融危机影响，销售额略有下降，2010～2015 年呈上升趋势。

2015 年，我国兽药产业销售额为 451.89 亿元，2007～2015 年，我国兽药产业销售额复合年均增长率为 11.35%。同期，全球兽药产业在不包括中国的情况下，销售额复合年均增长率仅为 7.39%。国际兽药市场的增长速度明显慢于我国兽药市场的增长速度（图 4-16）。

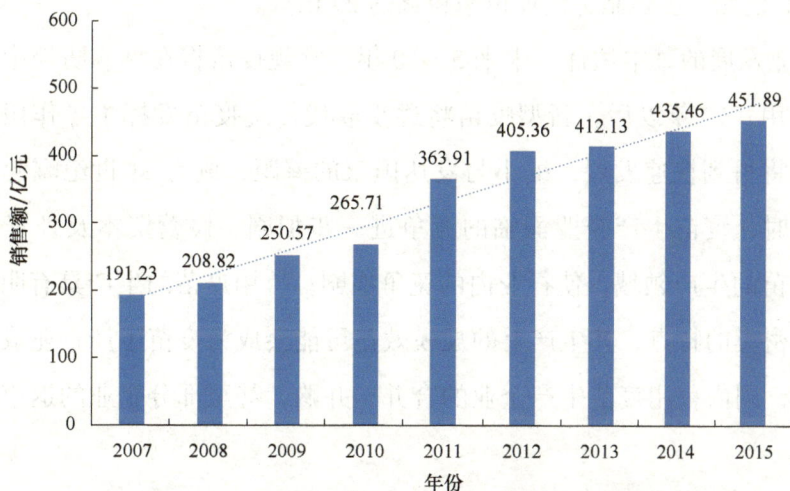

图 4-16　2007～2015 年我国兽药产业销售额变化

数据来源：智研咨询，《2017—2022 年中国生物制品市场供需预测及行业前景预测报告》

2015 年，我国兽用生物制品市场规模（销售额）达 107.08 亿元。按使用动物分，猪用生物制品和禽用生物制品是我国兽用生物制品的主要组成部分。猪用生物制品市场规模达 50.13 亿元，占生物制品总市场规模的 46.82%；禽用生物制品市场规模达 35.21 亿元，占生物制品总市场规模的 32.88%；牛、羊用生物制品销售额达 19.65 亿元，占生物制品总市场规模的 18.35%（图 4-17）。

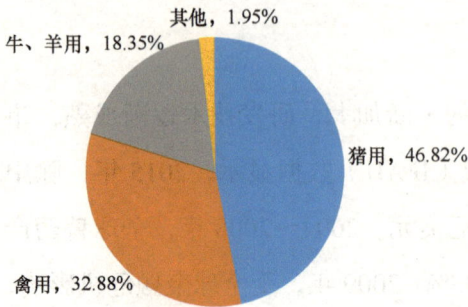

图 4-17　2015 年我国兽用生物制品行业
销售情况

数据来源：智研咨询，《2017—2022 年中国生物
制品市场供需预测及行业前景预测报告》

兽用生物制品中，2015 年强制免疫疫苗销售额达 64.64 亿元，占总销售额的 60.37%，常规苗、诊断试剂、血清、卵黄抗体等产品销售额达 42.44 亿元，占总销售额的 39.63%。

强制免疫疫苗中，猪用强制免疫疫苗 2015 年的销售额达 34.54 亿元，占强制免疫疫苗销售额的 53.43%，占猪用生物制品销售额的 68.90%；禽用强制免疫疫苗 2015 年的销售额达 12.64 亿

元，占强制免疫疫苗销售额的 19.55%；牛、羊用强制免疫疫苗 2015 年的销售额达 17.46 亿元，占强制免疫疫苗销售额的 27.01%。

对产业发展的基本估计：未来 5～10 年，常规疫苗将在疫病防控中继续发挥重要作用；10 年以后，新型疫苗将逐步取代传统疫苗发挥主导作用。动物疫苗产业将得到快速发展，缩小与发达国家的差距，成为 21 世纪崛起的朝阳产业。同时，疫苗生产企业面临的竞争进一步加剧。民营资本及外资大量进入兽用疫苗的生产领域，使行业内的竞争加剧；兽用疫苗的生产具有明显的技术与资金密集的特点，其生产上的规模效益可能会成为疫苗生产企业成败的关键，因此，国内兽用疫苗生产企业的合并、并购，甚至部分企业的退市将在所难免。

（三）生物刺激剂

生物刺激剂是内含某些成分和（或）微生物的物质，当施用于作物或其根际周围时，能够促进作物的自然生理代谢，增强营养物质的吸收及利用，提升非生物胁迫抗性，提高品质和产量［欧洲生物刺激剂行业委员会（EBIC）］。生物刺激剂是目前全球农资领域的热门品类。据了解，目前全球生物刺激剂市场估值在 13 亿美元左右。其中，中国生物刺激剂市场约为 2 亿美元。预计到 2020 年，生物刺激剂产品全球市值将达到 20 亿～30 亿美元，复合年均增长率

在 10% 以上。未来 3～5 年，中国生物刺激剂市值也将达到 4 亿～5 亿美元。中国极有可能成为未来生物刺激剂应用的最大市场。此类产品已引起农资生产企业、销售渠道的普遍关注和国际农化巨头的重视。

针对生物刺激剂，2015 年国家工业和信息化部发布的《关于推进化肥行业转型发展的指导意见》指出，一方面要以提高化肥利用率和产品质量为目标，大力发展新型肥料，力争到 2020 年，我国新型肥料的使用量占总体化肥使用量的比例从目前的不到 10% 提升到 30%；另一方面，要大力调整产品结构，鼓励开发高效、环保新型肥料，重点是掺混肥、硝基复合肥、增效肥料、尿素硝酸铵溶液、缓（控）释肥、水溶肥、液体肥、土壤调理剂、腐殖酸、海藻酸、氨基酸等。因此，2016 年生物刺激剂在我国得到了极大的推广和关注，正逐渐成为农资市场的新宠儿。

截至 2016 年 4 月，农业部种植业管理司公布的有效肥料登记数据显示，我国已发放生物刺激剂肥料登记证 927 个。其中微生物菌剂登记证数量最多，占生物刺激剂登记证总量的 92%。发放含生物刺激剂肥料的登记证 4 918 个，其中，含氨基酸水溶肥料和含腐殖酸水溶肥料登记证数量最多，分别占总登记数的 37% 和 35%，其次为生物有机肥和复合微生物肥料，分别占总登记数的 15% 和 12%。

从肥料剂型来看，2015 年生物刺激剂和含生物刺激剂肥料登记证均以粉剂和液体为主，生物刺激剂中粉剂占 47%，液体占 41%，颗粒占 12%；含生物刺激剂肥料中液体占 51%，粉剂占 39%，颗粒占 10%。

（四）生物农药

2016 年，农业部办公厅印发《2016 年种植业工作要点》指出，农业系统要扩大低毒生物农药示范补贴试点范围，推进创新绿色防控。2017 年，中央一号文件也强调要大力推广低毒低残留农药。利好政策出台让生物农药企业为之一震，期望借此扭转生物农药长期以来"叫好不叫座"的局面。

据中国产业调研网发布的《2016—2020 年中国生物农药市场深度调查研究与发展前景分析报告》显示，我国现有 260 多家生物农药生产企业，约占全国农药生产企业的 10%，生物农药制剂年产量近 13 万 t，年产值约 30 亿元，分别占整个农药总产量和总产值的 10% 左右。

目前我国生物农药类型包括微生物农药、农用抗生素、植物源农药、生物化学农药、天敌昆虫农药、植物生长调节剂类农药等六大类型，已有多个生物农药产品获得广泛应用，其中包括井冈霉素、苏云金杆菌、赤霉素、阿维菌素、春雷霉素、白僵菌、绿僵菌等。截至 2016 年底，我国生物农药登记数量为 3 578 个，比 2015 年增加了 276 个，增长率约为 8.3%。生物农药的有效成分包括金龟子绿僵菌、苦豆子生物碱、大蒜素等七大类（表 4-4，图 4-18）。

表 4-4　2016 年生物农药有效成分登记情况

序号	有效成分名称	生产企业	防治对象
1	金龟子绿僵菌 CQMa421	重庆聚立信生物工程有限公司	水稻飞虱、稻纵卷叶螟
2	小盾壳霉 CGMCC8325	无锡楗农生物科技有限公司	油菜菌核病
3	甲基营养型芽孢杆菌 LW-6	陕西恒田化工有限公司	柑橘溃疡病、水稻细菌性条斑、黄瓜细菌性条斑
4	苦豆子生物碱	鄂尔多斯市金驼药业有限责任公司	甘蓝蚜虫
5	大蒜素	成都新朝阳作物科学有限公司	甘蓝软腐病、黄瓜细菌性条斑
6	d- 柠檬烯	奥罗阿格瑞国际有限公司	番茄烟粉虱
7	萜烯醇	斯托克顿（以色列）有限公司	草莓白粉、番茄早疫病

数据来源：农业部农药检定所 www.chinapesticide.gov.cn

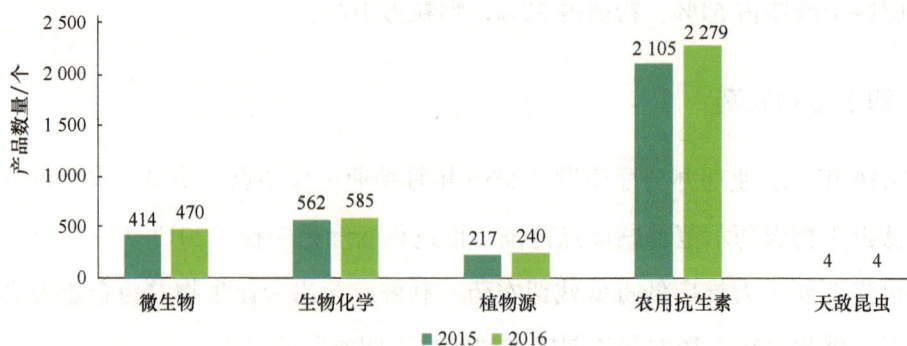

图 4-18　我国生物农药等级产品数量（截至 2016 年底）

数据来源：农业部农药检定所 www.chinapesticide.gov.cn

在技术水平方面，我国已经掌握了许多生物农药生产的关键技术与产品研制技术，在研发技术上与世界水平相当，人造赤眼蜂技术、虫生真菌的工业化生产技术和应用技术、捕食螨商品化应用技术、植物线虫的生防制剂等某些领域达到国际领先水平。

随着生物农药行业竞争的不断加剧，大型生物农药企业间并购整合与资本运作日趋频繁，国内优秀的生物农药生产企业愈来愈重视对行业市场的研究，特别是对企业发展环境和客户需求趋势变化的深入研究。正因为如此，一批国内优秀的生物农药企业逐渐成为生物农药行业中的翘楚。

三、生物制造

（一）生物基化学品

相对于传统化学品，生物基化学品的优势在于以可再生的生物质资源替代化石原料等不可再生资源，摆脱了对化石原料的依赖，同时由于其具有加工技术绿色低碳、加工流程短、投资少、成本低且不污染环境等优势，生物基化学品成为未来化学品市场发展的主要趋势。2016 年，美国农业部（USDA）发布的报告指出，2014 年生物基产品行业为美国经济贡献了 3 930 亿美元和 422 万个就业岗位。2013～2014 年，该行业新增就业岗位 22 万个，新增产值 240 亿美元。

据美国农业部（USDA）的研究报告，到 2025 年，生物基化学品将占据 22% 的全球化学品市场，生物基化学品的产值将超过 5 000 亿美元 / 年，由其创造的工作机会将达到 237 000 个。目前全球生物经济处于快速发展阶段，由生物技术驱动的生物制造业发展势头强劲。目前，全球主要的生物基化学品主要包括乳酸、琥珀酸、丙二醇、1,4-丁二醇、1,3-丁二烯、乳酸乙酯、脂肪醇、糠醛、甘油、异戊二烯、1,3-丙二醇和对二甲苯等。除此之外，还包括己二酸、丙烯酸和呋喃-2,5-二羧酸在内的新兴产品。

1. 生物基乳酸

乳酸是自然界中最广泛存在的羟基酸，其广泛存在于许多食物和天然微生物的发酵产品中，如泡菜、酸奶、酵母面包中。乳酸主要通过化学合成法或者微生物发酵法工业化生产，目前绝大多数企业采用生物法制造，即用细菌将糖厌氧发酵生产乳酸。乳酸一般以两种立体异构体存在，即左旋乳酸（L-LA）和右旋乳酸（D-LA）。乳酸已被用于食品、医药和其他领域，目前国内企业生产的乳酸的光学纯度一般在97%以下，尚不能直接用于合成高分子的聚乳酸材料，用于合成聚乳酸的乳酸光学纯度要求在99.5%以上。

表4-5列举了全球主要的乳酸生产厂商及其产能情况。可见，科碧恩-普拉克是全球最大的乳酸及其衍生物供应商，其年产能达到了20万t。美国嘉吉公司仅次于科碧恩-普拉克，目前年产能达到18万t，但其产品专供NatureWorks聚乳酸生产用，不对外销售。此外，美国发酵厂商ADM（Archer Daniels Midland）、法国JBL（Jungbunzlauer）及日本的武藏野等均为全球主要的乳酸生产厂商，其产能均能达到数万吨。

表4-5 国内外主要乳酸生产企业及其产能情况

乳酸生产企业	产能 /（万 t/ 年）	备注
Corbion-Purac（科碧恩 - 普拉克）	20	全球最大乳酸、乳酸衍生物及丙交酯供应商
Cargill（嘉吉）	18	专供 NatureWorks 聚乳酸生产用，不对外销售
Galactic（格拉特）	3	—
ADM（Archer Daniels Midland）	1～2	—
JBL（Jungbunzlauer）	1.5	—
Cellulac	0.1	计划扩增至 2 万～4 万 t/ 年
武藏野	2～2.5	在日本工厂用化学法生产 DL- 乳酸，江西工厂以 L- 乳酸生产为主，计划扩增，并增加 D- 乳酸生产线
金丹	8～10	由 DL- 乳酸转为生产 L- 乳酸产品
中粮生物化学股份有限公司格拉特	4	引进格拉特技术，准备迁厂
海嘉诺（原名森达，转移华德公司技术）	1	由 DL- 乳酸转为生产 L- 乳酸产品
安化	0.5	—
凯风	0.5	以钙盐为主
乐达	0.5	以钙盐为主

续表

乳酸生产企业	产能/（万t/年）	备注
五粮液	0.5	以自产自用为主
三江固德（原广水）	1	试生产
富欣（扳倒井）	1	试生产
金玉米	0.2	建厂中，以D-乳酸产品为主
百盛	4	建厂中，以D-乳酸产品为主
新宁	0.1	建厂中，以D-乳酸产品为主

数据来源：甄光明.乳酸及聚乳酸的工业发展及市场前景.生物产业技术，2015，（1）：42-52

国内乳酸厂商中，河南金丹是目前产能最大的乳酸生产企业，其年产能达到 8 万～10 万 t。被中粮生物化学股份有限公司收购的原格拉特年产能达到 4 万 t。江苏海嘉诺沿用原华德公司技术，并逐渐从 DL-乳酸转向生产 L-乳酸产品，年产能达到 1 万 t 左右。除此之外，湖南安化、湖北凯风、河南乐达及五粮液等年产能均能达到 5 000t 左右。值得一提的是，目前国内生产的乳酸多以 L-乳酸为主，L-乳酸合成得到的左旋聚乳酸（PLLA）一般不耐热，需改性，而由 D-乳酸合成得到的右旋聚乳酸（PDLA）则可以耐热。因此，目前国内新建的金玉米、百盛、新宁等厂商均以 D-乳酸产品为主。

2. 生物基琥珀酸

琥珀酸又称丁二酸，是优秀的"C4 平台化合物"，同时也是许多高附加值化合物的前体化合物，如聚丁二酸丁二酯（PBS）、聚环己烷琥珀酸（PHS）等，可用于食品、化学、医药工业及其他领域。

法国生物琥珀公司（BioAmber）2013 年在萨尼亚（Sarnia）建成了世界上第一套商业化规模生物基琥珀酸装置，并实现商业化生产。其初始产能为 1.7 万 t/年，并在 2014 年扩建，实现产能翻番。除此之外，帝斯曼（DSM）、巴斯夫（BASF）、麦里安科技公司（Myriant）均已兴建了多个世界级规模的生物基琥珀酸生产工厂（表 4-6）。

国内生物基琥珀酸的规模化生产目前尚处于起步阶段，生产企业、产能等均较少。目前我国已有的琥珀酸生产企业十余家，但大部分以石油为原料，且

表 4-6   国外生物基琥珀酸主要生产企业及其产能情况

生物基琥珀酸生产企业	年产能 /（万 t/ 年）	工厂所在地	运行年份
BASF/Purac 合资公司	5	—	—
	2.5	巴塞罗那（西班牙）	2013
BioAmber-ARD	0.3	Pomacle（法国）	2012
	6.5	待定（美国或巴西）	—
BioAmber/Mitsui 合资公司	1.7(初始)3.4(全部产能)	萨尼亚（加拿大）	2013
	6.5	泰国	2014
Myrlant	1.36	普罗维登斯湖（美国）	2013
	7.7	普罗维登斯湖（美国）	2014
Myrlant- 中国蓝星	11	南京（中国）	—
Myrlant-Uhde	0.05（初始）	Infraleuna site（德国）	2012
Reverdia（DSM-Roquette）	1	萨诺斯皮诺拉（意大利）	2012

数据来源：安迅思（ICIS），公司报告

生产规模较小，单线产能仅为 1 000t 左右。2013 年扬子石化公司 1 000t/ 年生物发酵法制丁二酸中试装置建成中交，其依托扬子石化现有装置及公用工程配套设施，采用中国石化与高校科研单位共同开发的生物发酵法，以玉米和经过前处理的植物秸秆为原料，通过生物发酵法合成琥珀酸产品，装置设计生产能力为 1 000t/ 年，年工作日 300 天，年生产时数 7 200h。

（二）生物基材料

1. 生物基塑料

生物基塑料（biobased plastics，BBP）是一类商品的总称，是指利用可再生的生物质资源加工生产的高分子聚合物及其制品，包括生物基合成材料、生物基再生纤维等。其作为一类重要的生物基新型产品，目前正在迅速成长，按照其降解性能可以分为两类，即生物降解生物基塑料和非生物降解生物基塑料。其中，生物降解生物基塑料包括聚羟基烷酸酯（PHA）、聚乳酸（PLA）、二氧化碳共聚物、二元酸二元醇共聚酯、聚乙烯醇等，非生物降解生物基塑料包括生物聚乙烯（BPE）、聚酰胺等多个品种。

目前，BBP 在全球均处于由初级发展向商业化规模发展的转型阶段。美国塑料工业协会（The Plastic Industry Trade Association，SPI）2016 年的报告显示，全球 BBP 需求量从 2009 年开始一直保持着高速增长趋势。据欧洲塑料新闻报道，2013 年全球 BBP 产能 158.1 万 t，2014 年产能 169.7 万 t，预计到 2019 年 BBP 产能达到 784.8 万 t（图 4-19）。

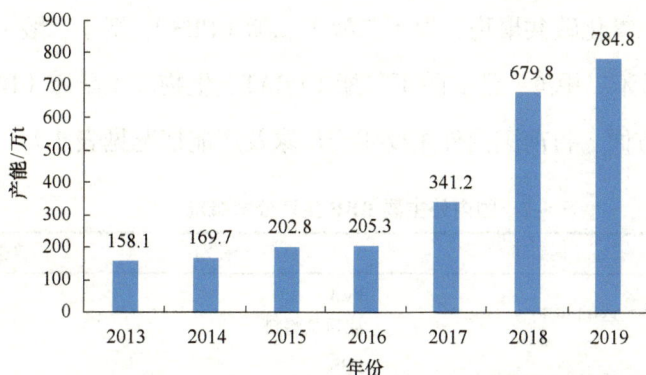

图 4-19　2013～2019 年全球生物基塑料产能情况及预测

数据来源：Aeschelmann F，Carus M. Biobased building blocks and polymers in the world：Capacities，production，and applications-status quo and trends towards 2020. Industrial Biotechnology，2015，11（3）：154-159

从生物基塑料的原料来看，生物基聚对苯二甲酸乙二醇酯（BPET）总体上是生物基塑料的主要原材料，欧洲塑料协会预计其占比将从 2014 年的 35.4% 增长到 2019 年的 76.5%。与之相应的，由于 BPET 剧烈的增长趋势，预计生物基非生物降解材料市场同样将呈现较强的增长趋势（图 4-20）。诸如可口可乐、海因茨、

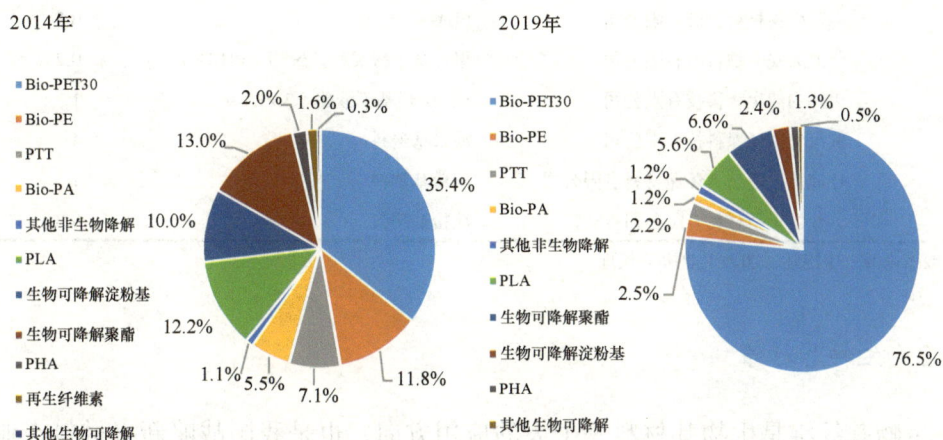

图 4-20　2014 年及预测 2019 年全球生物基塑料原料分布变化

数据来源：Aeschelmann F，Carus M. Biobased building blocks and polymers in the world：Capacities，production，and applications-status quo and trends towards 2020. Industrial Biotechnology，2015，11（3）：154-159

福特汽车、耐克和宝洁等公司均签署了植物 PET 技术合作协议（the Plant PET Technology Collaborative，PTC），旨在开发和使用 100% 的 BPET。因此，可以预见的是，未来生物基 PET 市场将迎来持续的增长。

而目前，从我国技术研究及产业化进度来看，主要还是以生物降解塑料为主，包括 PLA、PHA、二氧化碳共聚物、聚丁二酸丁二酯（PBS）、聚丁二酸 - 己二酸丁二酯（PBSA）、聚对苯二甲酸 - 己二酸丁二酯（PBAT）生物基聚酰胺（BPA）等聚合物及淀粉基塑料方面。目前国内外主要生产厂家及产能情况见表 4-7。

表 4-7　国内外主要 BBP 生产公司概况

国家	公司	类别	产能 /（万 t/ 年）
美国	Nature Worke Cereplast	PLA 淀粉基塑料	14
德国	BASF	PBS PBS/PLA	1
	Biotec	淀粉基塑料	—
意大利	Novamont	淀粉 /PVA（乙烯醇共聚物 EVOH） 淀粉 / 聚己内酯（PCL） 淀粉 / 纤维素	7.5
日本	昭和电工株式会社	PBS（生物基含量 60%）	0.2
	三井株式会社	PLA	0.2
	玉米淀粉株式会社	淀粉基塑料	—
荷兰	SoLANyl	PLA	4
巴西	Brasken	生物 PE	20
中国	海正生物材料股份有限公司	PLA	0.5
	宁波天安生物材料有限公司	聚羟基丁酸戊酸共聚酯（PHBV）	0.2
	天津国韵生物科技有限公司	聚 -3- 羟基丁酸酯（3-PHB）	1
	武汉华丽环保科技有限公司	淀粉基塑料	4
	比澳格（南京）环保材料有限公司	淀粉基塑料	1
	苏州汉丰新材料有限公司	淀粉基塑料	0.8

数据来源：中国塑料加工工业协会整理

2. 生物基纤维

生物基纤维是生物基材料一个大的应用方向，也是我国战略新兴材料产业的重要组成部分，具有绿色、环保、可持续发展及生物降解等优良特性，有助于解决当前经济社会发展所面临的资源和能源短缺及环境污染等问题，同时也

能满足消费者日益提高的物质生活需要，增加供给侧供应，促进消费回流。

目前，生物基纤维按照原料来源及纤维加工工艺的不同，可以分为生物基合成纤维、海洋生物基纤维、生物蛋白质纤维及新型纤维素纤维（表4-8）。我国PLA纤维年产能约1.5万t/年，主要的生产企业分布在江苏、上海、河南等地。主要生产企业有上海同杰良生物材料有限公司、河南省龙都生物科技有限公司、恒天长江生物材料有限公司、海宁新能纺织有限公司和嘉兴昌新差别化纤维科技有限公司等。海洋生物基纤维包括壳聚糖纤维和海藻纤维，前者主要以虾蟹壳等为原料，后者则以海藻提纯的海藻酸盐为原料，两者均为我国完全自主知识产权，主要产地为山东、天津等，年产能达到约4 500t。目前在我国已建成拥有自主知识产权和自行设计的产业化生产线，主要生产企业分别包括海斯摩尔生物科技有限公司、天津中盛生物工程有限公司、青岛康通海洋纤维有限公司和厦门百美特生物材料科技有限公司等。生物基新型纤维素纤维根据溶剂和原料的不同，可以分成新溶剂法纤维和新资源纤维素纤维，前者以Lyocell纤维为主，还包括离子液体纤维素纤维等，后者以竹浆纤维为主，还有麻浆纤维等。目前，Lyocell纤维国内年产能达到了3.2万t/年，生产单位主要有上海里奥纤维企业发展有限公司、中纺绿色纤维科技股份公司、保定天鹅化纤集团有限公司和山东英利实业有限公司。以竹浆纤维和麻浆纤维为代表的新资源纤维素纤维是近年来我国自主研发的创新成果，其中竹浆纤维主要以竹浆粕为原料，其年产能已达到12万t/年，主要产地分布在河北、河南、四川、上海等地。

表4-8　2015年我国生物基纤维品种分类及主要品种产能

生物基纤维品种		产能/（t/年）
生物基合成纤维	PLA 纤维	15 000
	PHBV/PLA 共混纤维	1 500
	PTT 纤维	43 000
	PDT 纤维	20 000
	PBT 纤维	25 000
	PBS 纤维	—
	PA56 纤维	1 000t 级中试
海洋生物基纤维	壳聚糖纤维	2 500
	海藻纤维	2 000

续表

生物基纤维品种		产能 /（t/ 年）
生物蛋白质纤维	大豆蛋白纤维	
	牛奶蛋白与丙烯腈接枝纤维	5 000
	蚕蛹蛋白纤维	
新型纤维素纤维	Lyocell 纤维	32 000
新溶剂法纤维	离子液体纤维素纤维	中试
	低温碱 / 尿素溶液纤维素纤维	1 300
新资源纤维素纤维	竹浆纤维	120 000
	麻浆纤维	5 000

数据来源：中国化学纤维工业协会整理

（三）生物基燃料

生物基燃料是指通过农作物秸秆、畜禽粪便、地沟油、城市垃圾等生物资源生产的燃料，可替代化石燃料制取的汽油、柴油等，包括生物乙醇、生物柴油等。除此之外，许多新兴的生物基燃料也正在开发中，如纤维素乙醇、藻类燃料、生物质氢、生物甲醇、生物柴油和混合醇等。

生物基燃料越来越受欢迎是因为油价的提高和对能源安全的需要。根据美国农业部（USDA）2016 年的报告，目前欧盟使用的生物基燃料为 3 200 万 t。到 2020 年，预计常规生物基燃料的产能将达到 4 800 万 t/ 年。国际能源机构（IEA）的目标是到 2050 年，生物燃料要满足超过 1/4 的世界运输燃料需求，以减少对石油和煤的依赖。预计 2016~2020 年全球生物燃料市场的复合年均增长率将达到 12.5%。而 PikeResearch 预测，全球生物燃料市场在 2021 年将达到 1 853 亿美元。

1. 生物乙醇

目前，全球生物乙醇年产量接近 8 000 万 t，几乎所有国家和地区都在推行燃料乙醇。其中，美国和巴西生物乙醇 2015 年的产量分别达到 4 500 万 t 和 2 150 万 t，分别占全球产量的 57.7% 和 27.6%，位列世界前两位，两国的产量累计占世界总量的八成以上。美国可再生燃料协会的最新统计显示，2014 年，美国生产的生物乙醇替代了 5.12 亿桶原油提炼出的汽油，这个数字略高于美国每年从沙特进口的原油量；而如果没有生物乙醇，美国石油净进口依存度将由28% 提高到 35%。

我国虽然现在已经成为世界上生物乙醇的第三大生产和消费国家，但 2015 年的产量占比仅有 3.17%，距离发展完善的市场还有极大的提升空间。2015 年，国内生物乙醇的实际年利用量仅为 230 万 t 左右，仅占全球总量的 3.17%，约为美国产量的 5.5%。我国汽油年产超过 1.2 亿 t，绝大部分为车用汽油，生物乙醇产量仅占汽油产量的 2% 左右，若未来在全国范围内推广使用 E10 乙醇汽油，则所需燃料乙醇还有近千万吨空间。

目前，我国共有 7 家生物乙醇定点生产企业，其中河南天冠以年产能 70 万 t 位居国内第一；吉林燃料乙醇有限公司、中粮生物化学（安徽）股份有限公司分别以 60 万 t 和 51 万 t 排名第二、三位（表 4-9）。

表 4-9　2015 年生物乙醇定点生产企业及其产能

生物乙醇生产企业	产能 /（万 t/ 年）	产品	供应区域
河南天冠企业集团有限公司	70	同时生产 1 代粮食乙醇和 2 代纤维素乙醇	河南、湖北、河北
吉林燃料乙醇有限公司	60	主要以玉米、小麦为原料（1 代粮食乙醇）	吉林、辽宁
中粮生物化学（安徽）股份有限公司	51	主要以玉米、小麦为原料（1 代粮食乙醇）	安徽、山东、江苏、河北
中粮生物化学能源（肇东）有限公司	25	主要以玉米、小麦为原料（1 代粮食乙醇）	黑龙江
广西中粮生物质能源有限公司	20	主要以木薯和甜高粱茎秆为原料（1.5 代非粮乙醇）	广西
山东龙力生物科技股份有限公司	5	以玉米芯废渣为原料（2 代纤维素乙醇）	山东
内蒙古中兴能源有限公司	3	主要以木薯和甜高粱茎秆为原料（1.5 代非粮乙醇）	内蒙古

数据来源：智研咨询，《2017—2022 年中国燃料乙醇市场运行态势及投资战略研究报告》

2. 生物柴油

生物柴油是指以油料作物如大豆、油菜、棉、棕榈等，野生油料作物和工

程微藻等水生植物油脂及动物油脂，餐饮垃圾油等为原料油，通过酯交换或热化学工艺支撑的可替代化石柴油的再生性柴油燃料。目前，生物柴油的生产原料主要是菜籽油，其所占比例高达 84%，其次是葵花籽油，其他原料所占比例很小。

根据智研咨询发布的最新数据，目前全球生物柴油产量达到了 2 000 万～3 000 万 t/年。发展生物柴油是大势所趋，2004～2014 年，全球生物柴油产量年均增幅约为 250 万 t。但全球 2015 年生物柴油产量由 2014 年的 2 980 万 t 降至 2 910 万 t，生物柴油产量降幅为 2.3%（图 4-21）。

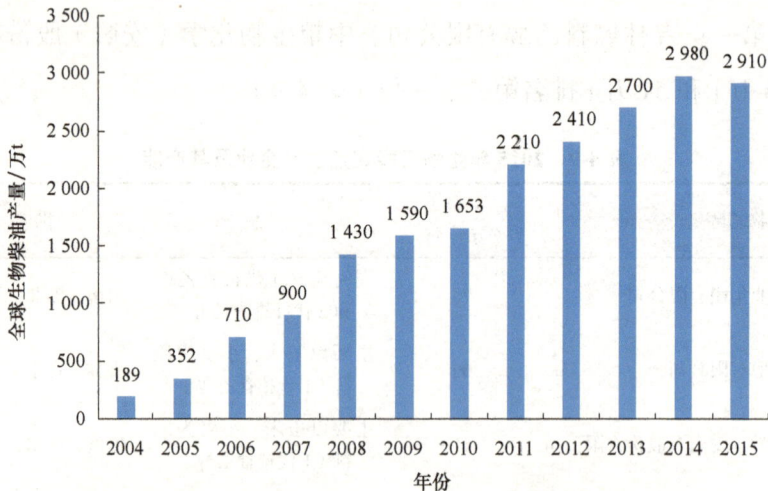

图 4-21　2004～2015 年全球生物柴油产量变化

数据来源：智研咨询，《2017—2022 年中国生物柴油市场运行态势及投资战略咨询报告》

美国、欧洲和巴西是生物柴油主要的生产和使用地区，美国阿彻丹尼尔斯米德兰公司（Archer Daniels Midland，ADM）是世界上第二大生物燃料生产商，也是欧洲领先的生物柴油生产商，其在德国汉堡拥有世界上最大的生物柴油生产设施。

中国生物柴油产量约为 100 万 t/年。国内目前获得正规路条的生物柴油企业不足 10 家，主要包括海南正和生物能源公司、福建龙岩卓越新能源开发有限公司、无锡华宏生物燃料有限公司、福建源华能源科技有限公司、湖南天源生物清洁能源有限公司、湖南海纳百川生物工程有限公司等。生物柴油产业在

国内市场发展一直不理想，推广难度大、终端用户抵制、利润分配不均衡等因素制约着我国生物柴油产业的发展。

四、生物服务产业

（一）合同研发外包

合同研究组织（Contract Research Organization，CRO）主要是指通过合同形式为制药企业在药物研发过程中提供专业化外包服务的组织或机构。CRO覆盖了新药开发流程的各个阶段，主要分为临床前CRO与临床CRO两种。临床前CRO主要从事化合物研究服务和临床前研究服务，其中化合物研究服务包括先导化合物发现、合成，药物的改制、筛选，生物咨询服务等；临床前研究服务包括安全性评价研究、药代动力学、药理毒理学、动物模型等。临床CRO主要以临床研究服务为主，包括 I ～Ⅳ期临床试验技术服务、临床试验数据管理和统计分析、注册申报及上市后药物安全监测及营销服务等。

新药研发外包可以发挥CRO企业的经济成本优势，降低研发成本；研发活动全部或部分外包给CRO企业，可以使更多专业人员投入到研发过程中，有效缩短药物研发的周期。Frost & Sullivan数据显示，选择CRO外包一般可以将临床试验时间缩短20%～30%；同时可以将风险分散在研发产业链的各个环节，研发投入相对降低，制药企业的风险得到部分转移。尤其是近年来国外兴起的CRO企业与药企之间"风险共担、收益共享"的新药研发模式，则进一步降低了药企的研发风险（图4-22）。

根据Frost & Sullivan数据，全球生物制剂研发服务市场由2012年的48亿美元增长至2016年的84亿美元，复合年均增长率约为14.9%，预计2021年有望加速增长至200亿美元（图4-23）。由于不同地区CRO产业发展时长不同，因此产业的地域分布差异明显，主要以欧美国家为主，仅美国就占了60%，欧美合计占比高达90%。目前全球前50位的CRO企业大部分位于欧美等发达国家。

| 临床前CRO | | | | | 临床CRO | | |

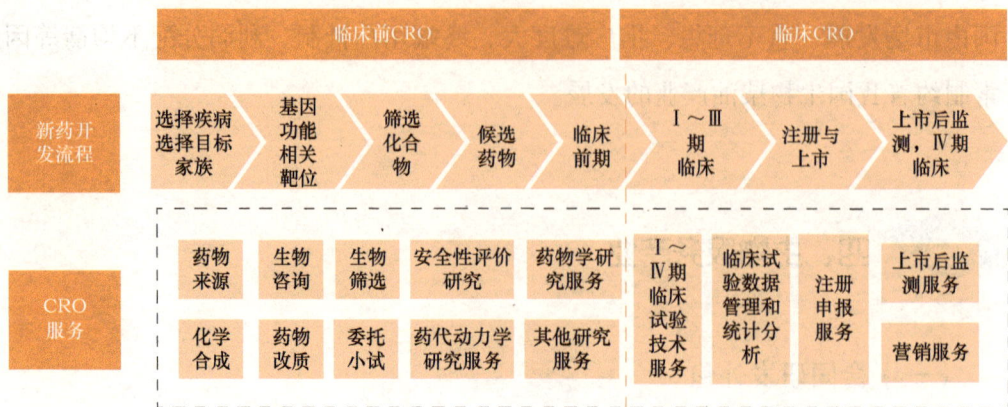

图 4-22 CRO 各环节

数据来源：平安证券研究所

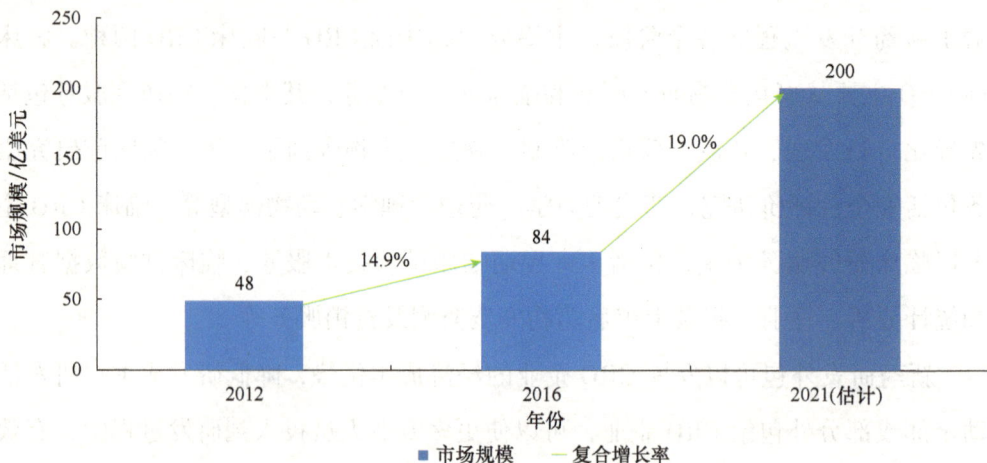

图 4-23 全球生物制剂研发服务市场规模

数据来源：招股说明书，兴业证券研究所

1. 国内市场起步晚，发展快

MDS Pharma Service 于 1996 年在我国建立了第一个 CRO 企业。同年，凯维斯医药（原名汇思特）的建立标志着我国 CRO 行业正式起步。在短短 20 年间，我国 CRO 行业蓬勃发展，形成了大大小小几百家 CRO 企业。我国 CRO 市场规模 2014 年已达到 296 亿元，估计 2015 年市场规模约为 379 亿元，2007～2015 年 CAGR 为 28.8%，远远高于全球 CRO 行业增速。根据 Frost & Sullivan 数据，我国生物制剂研发服务市场也由 2012 年的 7 亿元增长到 2016 年的 21 亿元，复合年均增长率约为 30.5%。在国内生物制剂市场快速发展和政府政策支持力度加大等有利因素下，预计我国生物制剂研发服务市场于 2021 年将增长至 92 亿元（图 4-24）。

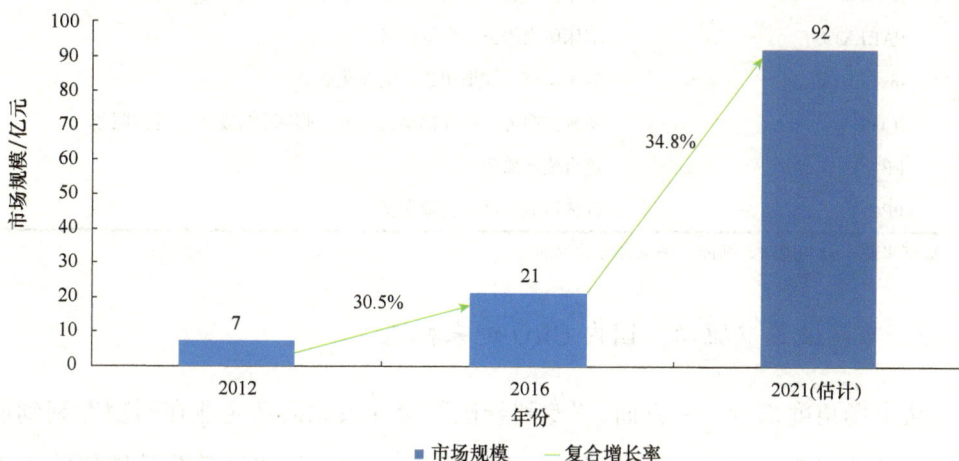

图 4-24 中国生物制剂研发服务市场规模

数据来源：招股说明书，兴业证券研究所

2. 国际大型 CRO 公司布局中国市场

CRO 是专业和技术密集型行业，产业的发展对该地区教育发展水平也有一定要求。因此可以看到，近年来中国与印度的 CRO 产业凭借人口与教育的双重优势，增长速度名列前茅。在这些优势的吸引下，国际制药巨头如阿斯利康、罗氏、辉瑞等纷纷在华建立研发中心，我国成为药物研发中心转移的优先选择之一。再加上国际多中心临床研究的需要，自 20 世纪末开始，国外大型 CRO 企业陆续进入中国市场。它们通过兼并收购或建立合资公司等形式在中国成立研发中心，凭借资金、技术和管理上的优势，抢占国内高端市场，主要服务内容一度集中在外资企业新药进口相关领域。

随着国际大型 CRO 企业纷纷进入中国，我国新药研发活动增多，也带动了我国本土 CRO 企业的发展，药明康德、尚华医药、泰格医药、博济医药等国内 CRO 企业相继成立。随着药明康德、尚华医药在美国上市（现均已私有化）、泰格医药、博济医药在国内上市，我国 CRO 行业在资本市场的支持下得到进一步发展（表 4-10）。

表 4-10　部分大型 CRO 公司在我国开展的业务

公司	在我国开展的业务
Quintiles	临床烟酒、医疗器械和体外诊断试剂相关服务
Covance	临床研究服务、中心实验室服务和非临床安全评价
PAREXEL	临床研究服务、咨询服务
inventHealth	临床研究、注册申报、商业化服务
ICON	实验室服务、临床前研究服务、临床研究服务、咨询服务
PRA	综合临床服务
PPD	临床研究、药品注册服务

数据来源：公司网站，新闻，平安证券研究所

3. 市场政策双驱动，国内 CRO 迎来机遇

从市场角度来看，一方面，"专利悬崖"会导致原研药企业在药物专利到期后面临来自仿制药的巨大竞争压力，压缩价格空间，最终导致药品销售收入下降。另一方面，全球研发投入稳步增长，近几年的增长率保持在 2%～3%，预计 2020 年全球药物研发支出将达到 1 598 亿美元。而随着跨国药企将研发转移到我国的趋势越来越明显，将促进我国 CRO 行业的整体发展，尤其是大中型企业。

从政策角度来看，近几年我国深化医药行业改革步伐加快，药品审评审批政策密集出台。从 2015 年开始，临床数据自查核查、加快药品注册申请积压审评审批、一致性评价和药品上市许可持有人制度等政策的不断推出，旨在提高医药行业整体质量水平，进一步严格监管成为常态。监管趋严短期会对 CRO 行业造成一定的冲击，但长期来看，医药新政将会扩大 CRO 行业的市场容量，优化竞争格局，促进我国 CRO 行业的健康持续发展（图 4-25）。

（二）合同生产外包

医药合同生产外包（contract manufacture organization，CMO）是 20 世纪诞生的一种新兴外包服务模式，与合同研究组织（CRO）一样，在创新药与重磅药的研发生产中发挥着日益重要的作用。CMO 企业主要接受制药公司的委托，为其提供生产工艺的开发和改进服务及临床试验药物和商业化销售药物所用中间体、原料药、制剂的生产供应服务。

开展药物临床试验数据自查核查的公告 | 2015.7
国务院关于改革药品药品医疗器械审评审批制度的意见 | 2015.8
CFDA关于解决药品注册申请积压实行优先审评审批的意见 | 2016.2
CFDA发布化学药品注册分类改革工作方案 | 2016.3
CDE发布药品审评项目管理办法（征求意见稿） | 2016.12

2015.7 征求加快解决药品注册申请积压问题的若干政策意见公告
2015.11 药品上市许可持有人制度试点方案（征求意见）
2016.3 关于开展仿制药质量和疗效的一致性评价的意见
2016.7 CFDA发布药品注册管理办法（修订稿）

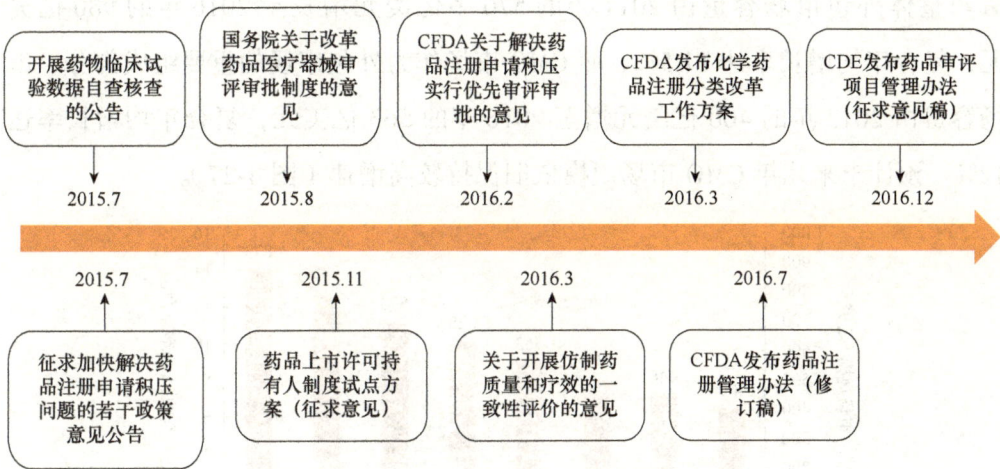

图 4-25　我国药审政策密集出台

数据来源：国务院，国家卫生和计划生育委员会，国家食品药品监督管理总局药品审评中心，平安证券研究所

从药品生命周期看，CMO 服务主要涉及临床前研究、临床试验、上市后的专利药销售及专利到期后的原研药销售 4 个阶段，特别是产品提交新药申请（new drug application，NDA）后，药企备货需求巨大，通常会为 CMO 带来大额订单。而从企业提供的产品性质划分，又可以划归为原料药起始物料（非GMP）、GMP 中间体、原料药和制剂产品（图 4-26）。

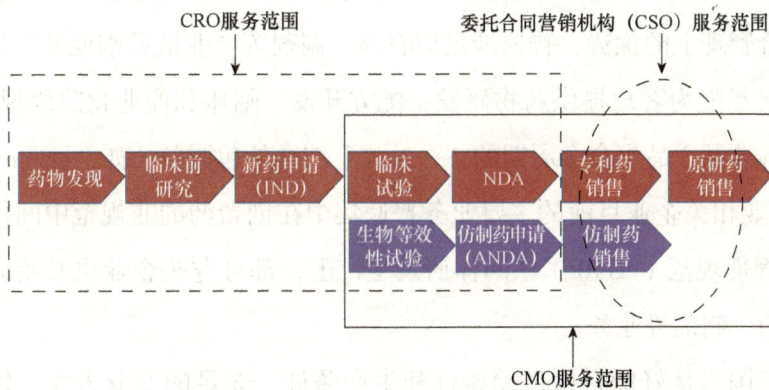

图 4-26　CMO 处于药物生命周期中的位置

数据来源：万联证券研究所

在全球医药消费市场稳定增长、医药产业链专业化分工等趋势影响下，全球医药外包行业近几年取得了较快增长。Business Insight 研究统计显示，全球

医药整体外包市场容量由 2011 年的 570 多亿美元增长至 2016 年的 980 亿美元，复合年均增长率达 11.5%。而 CMO 市场作为外包市场的重要组成部分，市场容量由 2013 年的 400 亿美元增至 2016 年的 563 亿美元，复合年均增长率达 12%。预计未来几年 CMO 市场规模依旧保持较高增速（图 4-27）。

图 4-27　全球 CMO 市场规模及增速

数据来源：Business Insight，万联证券研究所

1. 我国 CMO 起步晚，成长快

CMO 行业在我国属于新兴行业，由于整体起步时间较晚，在服务领域范围内与海外 CMO 公司尚存在一定差距。海外成熟 CMO 企业凭借在合作经验、产品质量、综合管理上的优势，普遍涉足原料药、制剂等产业链后端业务领域，个别龙头企业已经能为客户提供药物研发、配方开发、临床和商业化阶段规模制造、产品包装等涉及产品生命全周期的"一站式"综合外包服务（如 Patheon 等）。我国 CMO 行业相关企业目前的主要业务普遍集中在创新药的非规范中间体和现行药品生产管理规范（cGMP）中间体研发生产上，部分龙头企业也开始向下游延伸至原料药、制剂等业务。

受益于国内良好的科研试验条件和生产条件、充足的专业人才、外包服务的高性价比等原因，尤其是国内重视加强对知识产权的保护力度，我国医药外包服务市场正受到越来越多海外客户的青睐。国内 CMO 市场由 2011 年的 18 亿美元增长至 2017 年的 50 亿美元，复合年均增长率达 18.6%。预计到 2020 年，国内市场 CMO 规模将达到 85 亿美元，约占全球市场份额的 9.7%（图 4-28）。

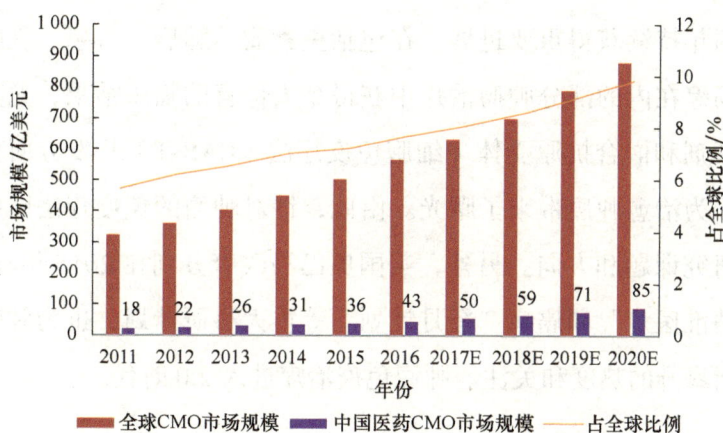

图 4-28 我国 CMO 市场规模及份额占比

数据来源：Business Insight，万联证券研究所

2. 国内 CMO 行业龙头企业尚未出现

目前，国内 CMO 整体市场集中度较低，部分发展迅速、具备综合竞争力的 CMO 企业如凯莱英、合全药业、博腾股份等拥有较高的市场份额，但目前尚未出现龙头企业。受益于 CMO 业务的国际化转移趋势和自身业务水平的提升，国内大型 CMO 企业近几年均保持较快的增速，平均增速达两位数以上。

从服务范围来看，目前在小分子药物领域，国内 CMO 企业的业务范围主要集中在创新药的起始原料、规范中间体、仿制药的中间体和原料药生产等领域，部分拥有较强技术创新和工艺优化的 CMO 企业一开始将产业链拓展至下游的创新药原料药和制剂领域。同时考虑到生物创新药及生物类似药在整个国际药物市场的发展现状，国内部分企业及海外公司已开始或计划在国内布局生物药 CMO 业务，如药明生物（生物药 CRO+CMO）、勃林格英格翰上海生物药 CMO 基地等。

五、产业前瞻

（一）肿瘤免疫治疗

继 2013 年被《科学》（*Science*）杂志列为"年度突破"之首后，肿瘤免疫

治疗在近两年持续获得重要进展，在包括黑素瘤、肺癌、胃癌、乳腺癌、卵巢癌及结直肠癌在内的部分肿瘤治疗中获得令人惊喜的临床结果，尤其是在免疫检查点阻断剂和嵌合抗原受体 T 细胞免疫疗法（CAR-T）开发方面获得重要的临床进展，为治愈肿瘤带来了曙光。由此，针对肿瘤的免疫疗法已成为肿瘤领域的重要研究课题和方向。另外，美国奥巴马政府分别在 2015 年和 2016 年相继推出"精准医疗"和癌症"登月计划"等重大科研计划，也为肿瘤免疫治疗带来了不断攀升的热度和关注。肿瘤免疫治疗进入 2.0 时代。

1. 肿瘤免疫治疗市场前景看好

据全球疾病负担癌症协作中心（Global Burden of Disease Cancer Collaboration）的统计数据，2015 年全世界共有约 1 750 万例肿瘤发生，造成约 870 万人死亡。在中国，根据《临床医师癌症杂志》（*CA: A Cancer Journal for Clinicians*）的统计数据[297]，2015 年我国预计有 429.2 万新发肿瘤病例和 281.4 万死亡病例，相当于平均每天新发 12 000 例肿瘤和每天有 7 500 人死于肿瘤。其中，肺癌是发病率最高的肿瘤，也是肿瘤死因之首；胃癌、食管癌和肝癌是紧随其后的发病率和死亡率较高的常见肿瘤。

人口老龄化不断加剧，是恶性肿瘤发病率上升的重要因素。全球疾病负担癌症协作中心的报告显示，2005～2015 年，肿瘤的发病率提高了约 33%，其中 16.4% 的提高是由人口老龄化的因素引起的，12.6% 是因为人口增长的因素，4.1% 是因为年龄特异性的发病率上升。此外，环境恶化，尤其是空气与水源的重度污染等因素，也会促使肿瘤发病率进一步提高。

抗肿瘤药物是全球第一大药物市场。艾美仕（IMS）数据显示，2014 年全球用于治疗肿瘤的药物开销为 1 000 亿美元，远远高于其他疾病的用药开销，预计 2020 年将增长至 1 500 亿美元。2010～2014 年，全球抗肿瘤药物市场复合年均增长率为 6.5%，以中国为首的新兴市场复合年均增长率高达 15.5%；2010～2014 年，中国抗肿瘤药物市场高速增长，由 430 亿元增长至 850 亿元，

297 Chen W, Zheng R, Baade PD, et al. Cancer statistics in China, 2015. CA: A Cancer Journal for Clinicians, 2016, 66(2):115.

复合年均增长率为 14.6%。肿瘤免疫治疗作为第四大肿瘤治疗方法，市场空间如按三甲医院计算，近几年保守估计可达到 300 多亿元；如按肿瘤患者计算，未来 10 年将达到 1 600 多亿元；如按药品计算，可类比抗肿瘤药规模，也将是千亿元级的市场。以目前的热门靶点 PD-1、PD-L1、CTLA-4 为例，预计到 2025 年，PD-1 单抗市场规模达到 358 亿美元。PD-L1 目前未有产品上市，预计上市后市场规模约为 PD-1 市场规模的 30%，约有 107 亿美元。预计 CTLA-4 的销量为 PD-1 的 37%，到 2025 年其市场规模将达到 133 亿美元。三种靶向药物全部市场规模有望在 2025 年达到近 600 亿美元（图 4-29）。

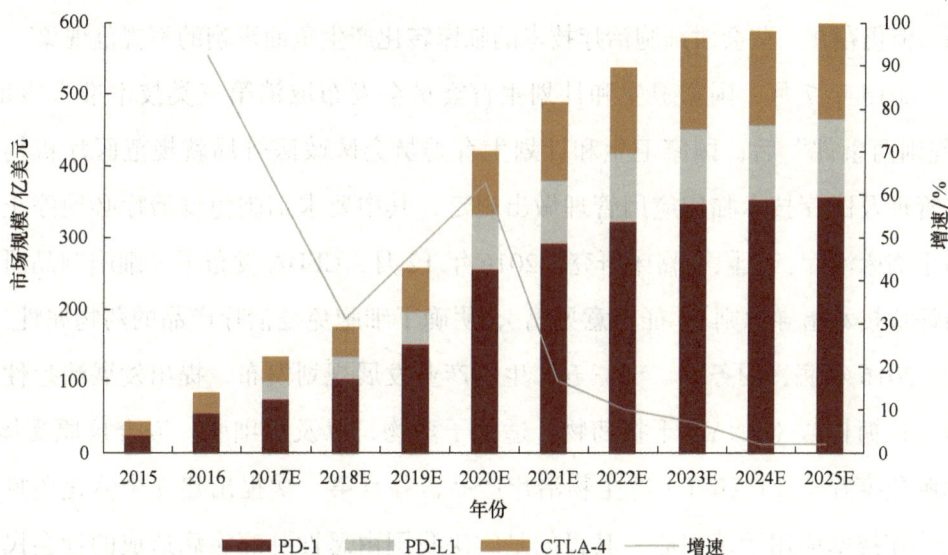

图 4-29　2015～2025 年免疫治疗单抗（PD-1+PD-L1+CTLA-4）市场规模及预测

数据来源：中金公司研究部

2. 基础研究突飞猛进，推动治疗技术不断发展

免疫学与肿瘤免疫学研究的深入，肿瘤微环境和宿主微生物在肿瘤／癌症发展及免疫调节中的作用被进一步揭示，利用基因组、外显子组测序等新技术以发现更多新的抗原、开发新的生物标志物，以及监管与审批方面的进一步完善，将极大地推动肿瘤免疫治疗和组合疗法的研发。基础研究方面，研究人员通过基因组与外显子组测序技术、定量蛋白质组学技术、单细胞技术、计算免

疫技术等新技术将发现更多的新抗原和生物标记物，将为肿瘤免疫治疗提供更好的治疗靶点和技术。一项新的研究指出，肿瘤新抗原（tumour neoantigen），即肿瘤中的突变多肽，能够帮助医师了解癌症患者对癌症免疫疗法的应答情况，这将为实现个体化肿瘤治疗提供新的思路[251]。另外，有研究人员利用全外显子测序技术比较肿瘤抗原在正常小鼠和免疫缺陷小鼠中的表达，进一步证实了免疫编辑在抗肿瘤中的作用[298]。

3. 我国肿瘤免疫治疗产业刚刚起步，未来发展将增速

当前，我国肿瘤免疫治疗产业仍处于初级阶段，虽然不断取得重要的研究成果，但仍存在一些会对细胞治疗技术的临床转化产生负面影响的不规范现象。

2015年7月，国家卫生和计划生育委员会发布取消第三类技术准入审批。"魏则西事件"后，国家卫生和计划生育委员会医政医管局就规范医疗机构科室管理及医疗技术临床应用管理做出规定，其中要求细胞免疫治疗必须停止应用于临床治疗，仅限于临床研究。2016年12月，CFDA 发布了《细胞制品研究与评价技术指导原则》（征求意见稿），明确了细胞免疫治疗产品的药物属性。

2016年底，国务院"十三五"生物产业发展规划发布，提出发展治疗性疫苗、核糖核酸（RNA）干扰药物、适配子药物，以及干细胞、嵌合抗原受体T细胞免疫疗法（CAR-T）等生物治疗产品，并且第一次提出建立个体化免疫细胞治疗技术应用示范中心，其目的是解决我国由恶性肿瘤疾病造成的社会民生及医疗投入持续增加等问题。技术的进步、政策的重视及市场的利好等因素将促使肿瘤免疫治疗在我国迎来大发展。

4. 我国肿瘤免疫治疗产业各细分领域发展势头良好

产业细分领域方面，在肿瘤免疫治疗的三种技术疗法中，治疗性肿瘤疫苗获批最早，早在1999年，全球首个治疗性肿瘤疫苗 Melacine 由 Corixa 公司原

---

298 DuPage M, Mazumdar C, Schmidt LM, et al. Expression of tumour-specific antigens underlies cancer immunoediting. Nature, 2012, 482(7385):405-409.

研，并于同年在加拿大上市，用于晚期黑色素瘤的治疗。2010年，FDA批准了一个治疗性肿瘤疫苗Provenge。2017年1月，国内的三胞集团以8.19亿美元的价格将Dendreon公司从Valeant公司手中收购，成为全球首个治疗前列腺癌肿瘤疫苗的拥有者。

目前，过继细胞免疫疗法首个产品已经上市。2017年7月，FDA肿瘤药物专家咨询委员会（ODAC）以全票通过的结果，一致推荐诺华制药的CAR-T疗法Tisagenlecleucel（CTL019）上市。当前，国内大部分企业主要布局在CIK细胞和没有抗原负载的DC-CIK领域。随着CAR-T临床研究的热度上升，以及国家政策的支持，国内越来越多的企业开始布局CAR-T、TCR-T技术。2012年，中国人民解放军总医院开始注册CAR-T临床试验，据Clinical Trial数据显示，截至2017年8月，中国登记开展的CAR-T临床研究项目达110项，在数量上超过了欧洲，仅次于美国，超过全球注册总数的40%，并呈逐年递增趋势。

此外，免疫检查点抑制剂是目前应用最成熟的领域，已经有6个产品上市，分别是CTLA-4单抗Yervoy、PD-1单抗Opdivo和Keytruda，以及PD-L1单抗Tecentriq、Bavencio和Imfinzi。目前国内超过20家企业正在申报免疫检查点单抗候选产品的临床试验，研究的靶点基本集中在PD-1/PD-L1，且申报临床的数量逐年增加。

（二）人工智能

经过超过半个世纪的发展，人工智能已经渡过了简单模拟人类智能的阶段，发展为研究人类智能活动的规律，构建具有一定智能的人工系统或硬件，以使其能够进行需要人的智力才能进行的工作，并对人类智能进行拓展的边缘学科，涉及信息论、控制论、计算机科学、自动化、仿生学、生物学、心理学、数理逻辑和哲学等自然和社会科学。

1. 全球人工智能融资额持续增长

根据风投机构CB insights的统计数据，截至2016年12月20日，全球人工智能领域融资事件数已达635宗，总融资额近50亿美元（图4-30）。

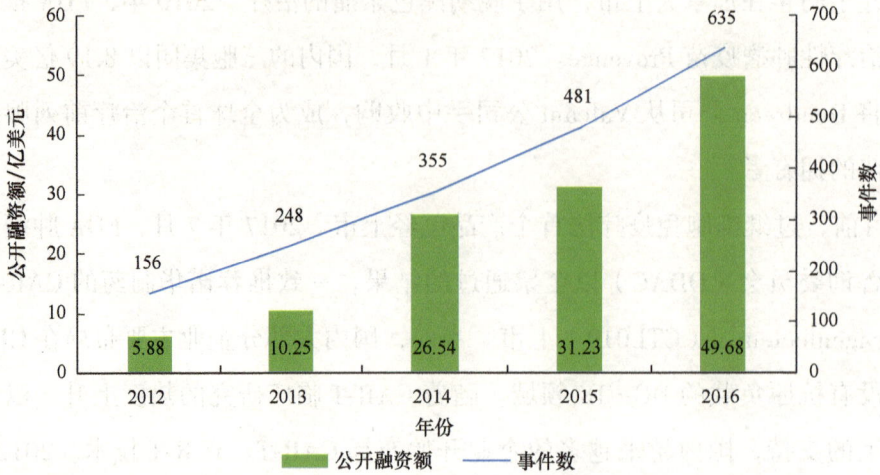

图 4-30　全球人工智能融资额及事件统计

数据来源：CB insights，艾媒咨询（截至 2016 年 12 月 20 日）

艾媒咨询（iiMedia Research）的分析师认为，互联网的发展给全球互联网科技企业带来了丰厚的营收，而基础研究的进步给人工智能的商业化提供了良好支撑，众多创业公司涌现，人工智能的广阔应用前景是对资本的最大吸引力。另外，随着资本参与度的提高，人工智能产业的发展势能也得到了很好的积累。

2. 中国人工智能产业处于上升阶段

艾媒咨询数据显示，2016 年，中国人工智能产业规模突破 100 亿元，增速达 43.3%，预计 2017 年的增长率将提高至 51.2%，产业规模达到 152.10 亿元，2019 年将增长至 344.30 亿元（图 4-31）。

中国人工智能产业起步相对较晚，但产业布局、技术研究等基础设施正处于进步期，随着科技、制造等业界巨头公司布局的深入，人工智能产业的规模将进一步扩大。而随着众多垂直领域创业公司的诞生和成长，人工智能将出现更多的产业级和消费级应用产品。

3. 中国人工智能研究正处于爆发期

2016 年，中国在人工智能产业领域获得多项成果。

3 月，中国科学院发布全球首款神经网络处理器"寒武纪"。

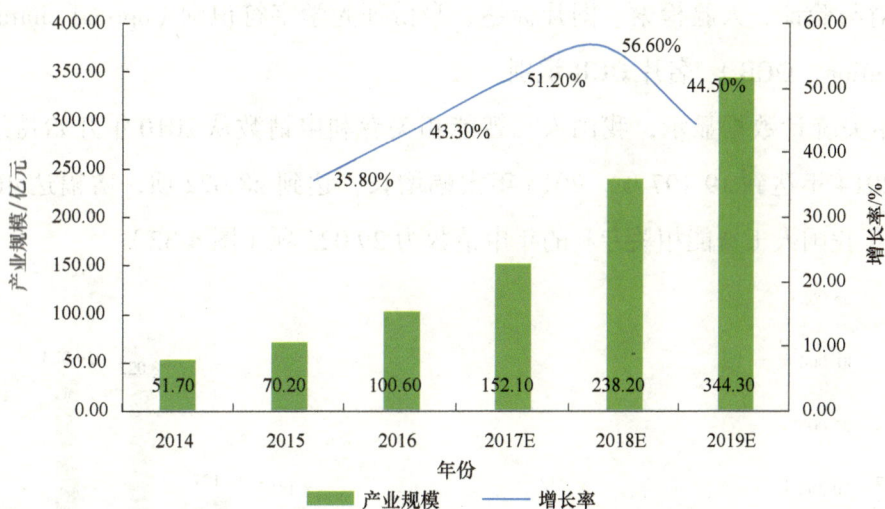

图 4-31　2014～2019 年中国人工智能产业规模及预测

数据来源：艾媒咨询

5 月，国家发展改革委员会、科学技术部、工业和信息化部、中央网络安全和信息化办公室联合印发《"互联网＋"人工智能三年行动实施方案》；同月，中国的人工智能（AI）初创公司深鉴科技（Deephi Tech）的语音识别引擎（efficient speech recognition engine，ESE）的论文被评为世界顶级现场可编程门阵列领域（Field-Programmable Gate Array，FPGA）会议——FPGA2017 会议唯一的最佳论文（best paper award）。

7 月，人工智能金融服务商第四范式发布开发平台"先知"。

8 月，阿里巴巴发布人工智能 ET（人工智能系统）；同月，聚焦于学术和技术研讨的中国人工智能大会顺利召开。

9 月，百度对外展示"百度大脑"；ImageNet2016 竞赛落幕，中国团队几乎包揽所有冠军；另外，碳云智能收购了以色列人工智能公司 Imagu 视觉技术有限公司。

10 月，蚂蚁金融服务联合清华大学成立了 AI 实验室，共同开发人工智能。

11 月，百度无人车与乌镇首次实现城市开放道路运营。

12 月，Minieye 公司发布高级辅助驾驶产品，与国际巨头 Mobileye 公司对标；同月，腾讯云向全球发布 7 项 AI 服务，包括人脸检测、五官定位、人脸比对与验证、人脸检索、图片标签、身份证光学字符识别（optical character recognition，OCR）、名片 OCR 识别。

相关统计数据显示，我国人工智能相关专利申请数从 2010 年开始持续增长，2014 年达到 19 197 项，2015 年大幅增长，达到 28 022 项，增幅达 46%。2016 年我国人工智能相关专利的年申请数为 29 023 项（图 4-32）。

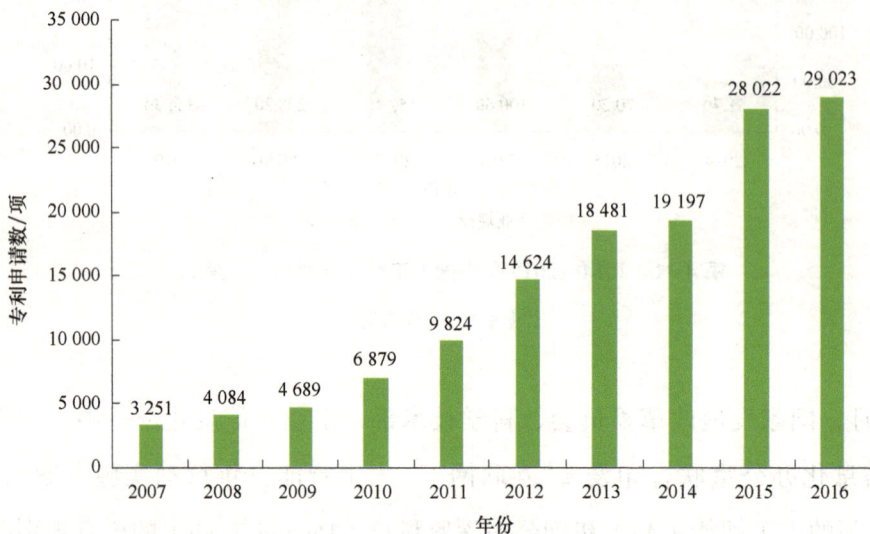

图 4-32 2007～2016 年中国人工智能相关专利申请数统计
数据来源：中国知识基础设施工程（CNKI）中国专利数据库，艾媒咨询

2010 年移动互联网开始发展，技术和数据积累给人工智能研究带来了较大的增长动能。进入 2015 年后，在国内外人工智能研究和应用场景不断进步的基础上，中国人工智能相关研究开始进入高速发展阶段。这说明，中国人工智能研究水平正在处于不断提高的阶段，目前已取得一定阶段性成果，有望持续发展，预计 2017 年专利申请数将持续增长。

4. 我国人工智能产业特征

产业链特征方面，国内人工智能基础技术链条已经构建成熟，大公司参与布局较广。从产业链角度分析，人工智能可分为技术支撑层、基础应用层和方案集成层。技术支撑层主要是关键硬件和算法模型，这是人工智能发展的基础。基础应用层是在硬件和基础算法之上形成的感知技术、深度学习等基础应用技术，是现阶段人工智能应用发展的重点领域。方案集成层是在基础应用层的基础上与下游行业深度结合，发展行业化智能应用，实现 AI+ 战略，应用前景广阔，市场规模巨大。当前，国内人工智能产业链的基础技术链条已经构建成熟。国内优秀的人工智能公司大部分专业性较强，专注于某一细分领域的技术和应用研究，其中人工智能技术和应用主要集中在人脸和图像识别、语音助手、智能生活等专用领域的场景化解决方案上。但是，各应用场景之间的人工智能技术相关度仍存在一定的差异。

商业模式方面，商业界面端（B 端）解决方案和服务成为大部分公司的主流业务。一方面，B 端业务注重与行业客户的互动合作，更有利于人工智能技术和产品的落地；另一方面，行业客户对于生产效率的提高有强烈的需求，而用户界面端（C 端）产品需求仍需挖掘。不过，大公司的 C 端产品布局依然是相对活跃的。

技术方面，关键技术不断取得突破，但高端人才缺口较大。当前，人工智能受到的关注度持续提升，大量的社会资本和智力、数据资源的汇集驱动人工智能技术研究不断向前推进。随着智力资源的不断汇集，人工智能核心技术的研究重点可能将从深度学习转为认知计算，即推动弱人工智能向强人工智能不断迈进。一方面，在人工智能核心技术方面，在百度等大型科技公司和北京大学、清华大学等重点院校的共同推动下，以实现强人工智能为目标的类脑智能有望率先被突破。另一方面，在人工智能支撑技术方面，量子计算、类脑芯片等核心技术正处在从科学实验向产业化应用的转变期，以数据资源汇集为主要方向的物联网技术将更加成熟，这些技术的突破都将有力推动人工智能核心技术的不断演进。但目前国内在此领域的人才供应相对紧缺，流通性较弱，因此也导致了高端研究人才的超高成本，同时有部分公司选择在美国建立研究院或实验室。这说明，作为知识密集型产业的典型代表，人工智能产业存在较大的需求缺口。

产品方面，目前仍缺乏一定的革命性产品，更多的是利用人工智能技术对传统行业产品进行改良。在这个过程中，医疗健康、装备制造、汽车、金融等行业给予了人工智能产业充分的支持，通过合作开发等方式，助力人工智能技术的应用落地和商业化。

第五章 投 融 资

一、全球投融资发展态势

（一）生命科学领域投融资有所放缓

总体来看，2016 年全球生命科学领域的投融资有所放缓。2016 年，只有少数企业在美国顺利上市，而上市不久的企业因整个生物科技市场板块走低而受到挤压，这两方面的因素不但使风投组合中的生物科技企业价值缩水，而且使得风投公司通过让投资的公司上市来获得回报这一途径受到限制。每次公开市场中有资本撤离，相应的变化也会体现在风投市场上。风投公司需要为其投资组合中的企业留下资金；同时，他们也为投资组合中已上市企业的价值波动而担忧。这也会进一步减少可用于进行早期投资的资金。总的来说，总投资额缩水，但风险投资对生命科学初创企业的兴趣依然不减。

汤森路透集团发布的《2016 年生物医药投融资调研报告》指出：2016 年生命科学领域的投融资仍相当活跃，全年投融资交易额约为 370 亿美元，共完成了 38 项 IPO，139 家企业通过后续发行募集资金 151 亿美元，高级债券配售融资达 16 亿美元，我国信达生物和基石药业两家企业分别以 2.6 亿美元和 1.5 亿美元的融资额上榜私募 Top5（图 5-1）。

从 2016 年全球生命科学领域 A 轮融资额排名前 10 位的交易可以看出，融资主要集中在新药开发和新治疗手段研发方面。排在第一位的是 Blue Rock Therapeutics，获得拜耳和 Versant Ventures 2.25 亿美元融资，Blue Rock

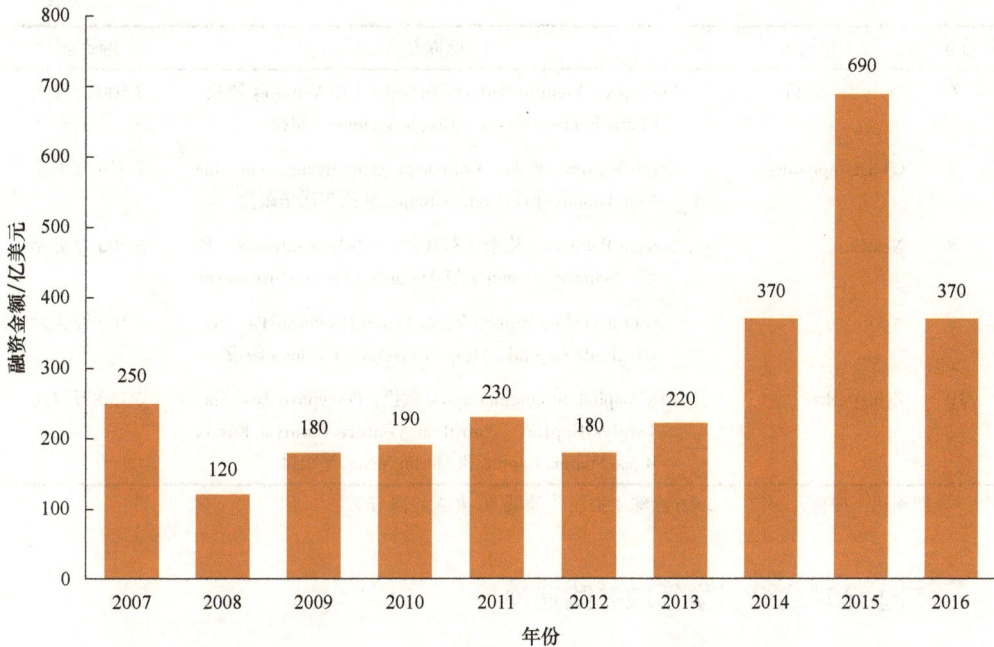

图 5-1　2007～2016 年生命科学领域投融资交易金额年度趋势

数据来源：汤森路透，2017，《2016 年生物医药投融资调研报告》

Therapeutics 拟利用新型干细胞技术平台开发主要针对心血管疾病和神经性病变的诱导多能干细胞（iPSC）疗法。居第二位的是基石药业，融资 1.5 亿美元，基石药业的研发力量集中在肿瘤、自身免疫、心血管疾病、类风湿关节炎和血液病 5 个疾病领域。居第三位的是 Hengrui Therapeutics，融资 1 亿美元。Hengrui Therapeutics 致力于研发三个肿瘤候选药物，从事项目引进及药物发现活动。该公司的在研药物包括实体瘤化合物 pyrotinib、抗 PD-L1 单抗 HTI1316 和抗体 - 药物偶联剂 HTI1403（表 5-1）。

表 5-1　2016 年全球生命科学领域公司 A 轮融资 Top10（按融资额排名）

排名	融资方	投资方	融资额
1	Blue Rock Therapeutics	拜耳和 Versant Ventures	2.25 亿美元
2	基石药业	元禾原点、博裕资本及毓承资本	1.5 亿美元
3	Hengrui Therapeutics	HR Bio Holdings	1 亿美元
4	Carrick Therapeutics	Arch Venture Partners 和 Woodford Investment Management 领投	9 600 万美元
5	Tioma Therapeutics	River Vest Venture Partners、Novo Ventures、Roch Venture Fund 和 SR One	8 600 万美元

排名	融资方	投资方	融资额
6	Forty Seven Inc	Lightspeed Venture Partners 和 Sutter Hill Ventures 领投，Clarus Venures 和 GV（Google Ventures）跟投	7 500 万美元
7	C4 Therapeutics	Cobro Ventures 领投，Cormorant Asset Management、the Kraft Group、EG Capital Group、罗氏与诺华跟投	7 350 万美元
8	NextCure	Canaan Partners、礼来亚洲基金、OrbiMed Advisors、辉瑞、Sofinnova Ventures 与 Alexandria Venture Investment	6 700 万美元
9	Aptinyx	New Leaf Venture Partners 领投，Frazier Healthcare Partners、Longitude Capital、Osage University Partners 跟投	6 500 万美元
10	Zymeworks	BDC Capital 和 Lumira Capital 领投，Perceptive Advisors、Teralys Capital、Northleaf Venture Catalyst Fund、Brace Pharma Capital 和 Merlin Nexus 等跟投	6 150 万美元

数据来源：搜狐，2017，《2016 全球生物制药领域 10 大 A 轮融资》

（二）全球生命科学领域并购遇冷

企业并购方面，与 2015 年相比，2016 年生命科学领域的收购交易额和交易量都有明显下降：全年全球生命科学领域并购 Top10 交易额约为 1 956 亿美元，较 2015 年的约 3 039 亿美元下降了 36%（表 5-2）。

表 5-2　2012～2016 年全球生命科学领域前十大并购交易额对比

年份	并购交易额排名 / 亿美元									
	第1名	第2名	第3名	第4名	第5名	第6名	第7名	第8名	第9名	第10名
2012	112	56	53	36	26	25	13	12	10	9
2013	136	104	87	86	85	43	42	29	26	26
2014	660	280	170	160	142	95	88	83	58	54
2015	1 600	405	208	160	160	136	124	89	81	76
2016	660	388	320	140	104	99	98	55	52	40

数据来源：前瞻产业研究院，2017，《2016 年全球医药数据出炉：规模和研发稳步增长，并购遇冷》

2016 年医药行业最大的一笔并购是德国拜耳以 660 亿美元收购孟山都，其次是梯瓦制药以 388 亿美元收购阿特维斯（Actavis）仿制药业务，借以进一步扩大自身的仿制药市场。这两笔并购交易相比 2015 年辉瑞以 1 600 亿美元收购艾尔健、阿特维斯以 405 亿美元收购艾尔建全球仿制药业务都有所下滑，预计 2017 年制药公司之间的大交易将会增加（表 5-3）。

表 5-3   2016 年全球生命科学领域前十大并购事件

排名	并购双方	交易额
1	拜耳收购孟山都	660 亿美元
2	梯瓦制药收购阿特维斯	388 亿美元
3	Shire 收购 Baxalta	320 亿美元
4	辉瑞收购 Medivation	140 亿美元
5	昆泰收购 IMS Health	约 104 亿美元
6	AbbVie 收购 Stemcentrx	99 亿美元
7	Mylan 收购 Meda	98 亿美元
8	Lonza 收购 Capsugel	55 亿美元
9	辉瑞收购 Anacor Pharmaceuticals	约 52 亿美元
10	阿斯利康收购 Acerta	40 亿美元

（三）三星生物 IPO 募集资金额居于首位

2016 年，全球共有 38 家生命科学领域的公司完成 IPO，累计募集资金为 59.4 亿美元。每个季度的 IPO 数量也不相上下：第一季度 8 家，第二季度 12 家，第三季度 10 家，第四季度 8 家。其中有 7 家 IPO 募集金额在 1 亿美元以上。全球最大的两个 IPO 都发生在美国以外的市场。三星生物制品有限公司（Samsung Biologics Co. Ltd.）在韩国证券交易所主板上市，完成了 20 亿美元的 IPO；中国华润医药集团（China Resources Pharmaceutical Group）在香港证券交易所上市，筹集了 18 亿美元的资金。在美国证券交易市场 IPO 的公司包括两家总部设在美国之外的企业和一家总部设在美国的公司，它们都是在美国纳斯达克上市。其分别是：总部位于汉密尔顿百慕大群岛的 Myovant Sciences，通过 IPO 融资了 2.2 亿美元；位于中国北京的 BeiGene（百济神州），通过 IPO 融资了 1.8 亿美元；位于美国马塞诸州剑桥地区的 Intellia Therapeutics 公司，募集了 1.2 亿美元（表 5-4）。

表 5-4   2016 年生命科学领域企业 IPO 资金募集 Top5

公司名称	上市日期	募集金额 / 亿美元
Samsung Biologics Co.Ltd	2016 年 11 月 11 日	20
China Resources Pharmaceutical Group	2016 年 11 月 1 日	18
Myovant Sciences Ltd.	2016 年 10 月 28 日	2.175
BeiGene Co. Ltd.	2016 年 2 月 3 日	1.822
Intellia Therapeutics Inc.	2016 年 5 月 6 日	1.242

数据来源：汤森路透，2017，《2016 年生物医药投融资调研报告》

生命科学领域后续发行的融资交易数据显示，2016 年共计 139 起（第一季度 26 起，第二季度 30 起，第三季度 42 起，第四季度 41 起），下半年后续发行融资的交易量明显增加。其中有 37 个通过后续发行募资超过 1 亿美元，累计总募集金额约 151 亿美元。值得一提的是，Gilead Sciences 公司发行了高达 50 亿美元的票据（notes offerings）融资，Intercept Pharmaceuticals 增发了 4.6 亿美元票据。Biomarin Pharmaceutical 公司、Tesaro 公司及 Sarepta Therapeutics 依次增发了 7.2 亿美元、4.33 亿美元、3 亿美元的股份（shares offerings）融资（表 5-5）。

表 5-5　2016 年生命科学领域企业后续发行资金募集情况

公司名称	上市日期	募集金额 / 亿美元
Gilead Sciences Inc.	2016 年 9 月 19 日	50
Biomarin Pharmaceutical Inc.	2016 年 8 月 9 日	7.2
Intercept Pharmaceuticals Inc.	2016 年 7 月 1 日	4.6
Tesaro Inc.	2016 年 7 月 5 日	4.33
Sarepta Therapeutics Inc.	2016 年 9 月 26 日	3

数据来源：汤森路透，2017，《2016 年生物医药投融资调研报告》

（四）公开募集是资金募集的主要途径

对 2016 年生命科学领域企业的融资类型进行分析，包括公开募集、公共企业融资及私有企业融资三种类型，其中通过公开募集的金额约为 209 亿美元，通过公共企业融资的金额约为 81 亿美元，通过私有企业融资的金额约为 84 亿美元。公开募集仍然是生命科学领域企业融资的主要类型（表 5-6）。

表 5-6　2016 年生命科学领域企业各融资类型月份分布情况

融资类型	1 月	2 月	3 月	4 月	5 月	6 月	7 月	8 月	9 月	10 月	11 月	12 月	合计
公开募集 / 亿美元	15.46	4.47	3.80	4.21	6.20	10.10	15.28	14.32	65.82	15.81	44.49	8.93	208.90
公共企业融资 / 亿美元	5.81	4.77	3.45	5.72	7.61	8.65	2.44	2.62	5.22	9.45	8.27	16.58	80.60
私有企业融资 / 亿美元	11.13	8.12	5.35	5.23	6.17	6.72	7.14	4.54	10.87	6.78	6.90	5.03	83.97
合计 / 亿美元	32.41	17.37	12.60	15.16	19.99	25.47	24.86	21.48	81.90	32.05	59.65	30.54	373.48

数据来源：汤森路透，2017，《2016 年生物医药投融资调研报告》
　注：公开募集＝IPO，后续发行；私有企业＝私有企业融资；公共 / 其他＝其他公共企业融资。包括贷款、过桥融资、权证行权、债权发行、配股、增发融资标准、定向增发等

2016 年，全球公共企业融资 78.7 亿美元，由 283 个私募、贷款和其他类型的方式完成融资。第一季度 58 例，第二季度 82 例，第三季度 74 例，第四季度 69 例。此外，排在前 5 名的分别是：Catalent Pharma Solutions 公司 4.05 亿美元、Concordia International 公司 3.5 亿美元、Novavax 公司 3 亿美元、Horizon Pharma 公司 3 亿美元及 Sucampo Pharmaceuticals 公司 2.6 亿美元（表 5-7）。

表 5-7　2016 年生命科学领域资金募集 Top 5 公共企业（按募集金额排名）

公司名称	募集日期	募集金额 / 亿美元
Catalent Pharma Solutions 公司	2016 年 5 月 16 日	4.05
Concordia International 公司	2016 年 10 月 14 日	3.50
Novavax 公司	2016 年 1 月 27 日	3.00
Horizon Pharma 公司	2016 年 10 月 14 日	3.00
Sucampo Pharmaceuticals 公司	2016 年 12 月 22 日	2.60

数据来源：汤森路透，2017，《2016 年生物医药投融资调研报告》

在私有企业里，2016 年共发生了 288 项交易（第一季度 93 起，第二季度 69 起，第三季度 59 起，第四季度 67 起），累计融资额高达 83.4 亿美元。其中属于 specified、A 轮和早期的项目占据了 48%，高达约 64 亿美元。A 轮和早期（种子轮、天使轮）的募集金额有 125 起，共 31 亿美元；B 轮有 50 起，共 19 亿美元；C 轮有 20 起，共 7.17 亿美元；D～G 轮有 12 起，共 6.68 亿美元。位于马塞诸州剑桥地区的 Moderna 在 2016 年 9 月筹集高达 4.74 亿美元的资金。此外，两家中国企业苏州信达生物（Innovent Biologics Inc.）和上海基石药业（Cstone Pharmaceuticals Co. Ltd.）上榜私募 Top 5。苏州信达生物在 2016 年 11 月完成了 2.6 亿美元的 D 轮融资；上海基石药业在 2016 年 7 月完成了 1.5 亿美元的融资（表 5-8）。

表 5-8　2016 年生命科学领域资金募集 Top 5 私有企业

公司名称	上市日期	募集金额 / 亿美元
Moderna Therapeutics Inc.	2016 年 9 月 8 日	4.74
Innovent Biologics Inc.	2016 年 11 月 29 日	2.60
Bluerock Therapeutics	2016 年 12 月 13 日	2.25
Cstone Pharmaceuticals Co. Ltd.	2016 年 7 月 6 日	1.50
Denali Therapeutics Inc.	2016 年 8 月 26 日	1.30

数据来源：汤森路透，2017，《2016 年生物医药投融资调研报告》

二、中国投融资发展态势

（一）投融资保持持续稳定增长

1. 生命科学领域投融资仍处于快速增长期

2016 年我国生命科学领域投资数量有增无减。2016 年生命科学领域的投资事件已经达到 2013 年的近 20 倍，是 2014 年的 3 倍以上。虽然全球因经济危机投融资市场遇冷，但国内资本市场在生命科学领域的投资欲望并未减弱，仍然保持持续增长（图 5-2）。

2016 年，无论是早期投资、成长期投资还是扩张期投资，在数量上全面超越 2015 年。种子轮 / 天使轮融资次数基本与 2015 年持平，A 轮、B 轮和战略投资的投融资次数有所增加。2016 年，A 轮融资事件比天使轮 / 种子轮多出30% 以上，A 轮以上数量也有所增加，说明 2016 年资本更加看重商业模式和盈利能力（图 5-3）。

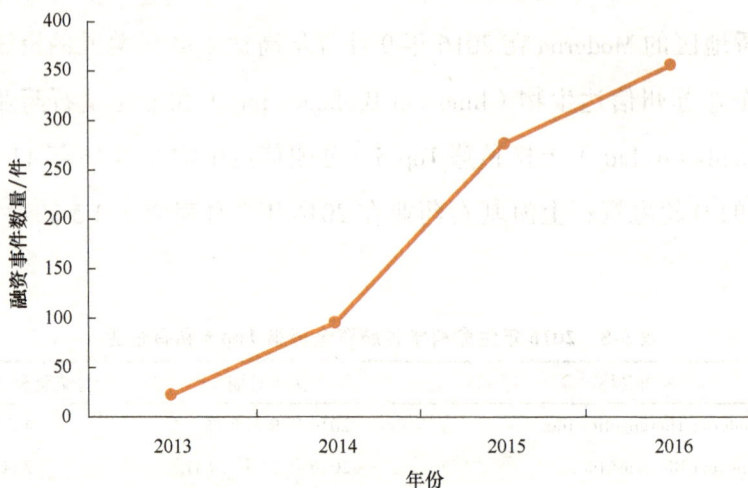

图 5-2　2013～2016 年我国生命科学领域融资事件数量

数据来源：动脉网，蛋壳研究院数据库，2017，《"资本寒冬"不太冷！2016 年医疗健康领域重大投融资盘点》

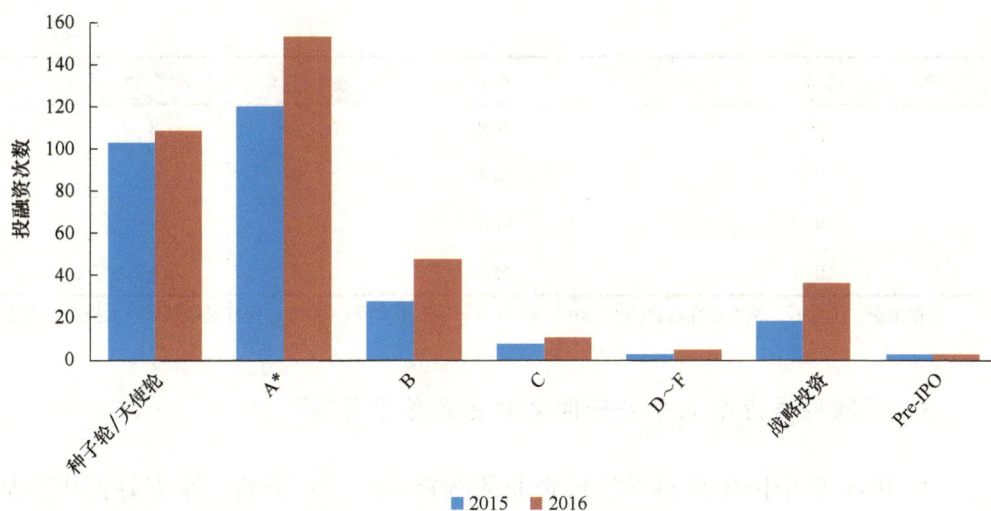

图 5-3　2016 年中国生命科学领域投资轮次活跃度

数据来源：动脉网，蛋壳研究院数据库，2017，《"资本寒冬"不太冷！2016 年医疗健康领域重大投融资盘点》

2. 北京是生命科学领域融资最活跃的地区

因为各地区生命科学领域发展程度与投融资环境不同，我国生命科学领域的投融资现状存在较大的地区差异，投资活跃的地区有北京、上海、广东、江苏和浙江。这些地区拥有大量涉及生命科学各个领域且科研实力较强的高校和研究机构，还有实力雄厚的创新型企业、良好的成果转化和技术转移平台及宽松与多样化的融资渠道，推动这些地区的投融资交易排在全国前列。四川、湖北、山东等地由于新兴孵化器的兴起及政府的大力支持，活跃度进入前十名（表 5-9）。

表 5-9　2016 年我国生命科学领域投融资最活跃的地区

排名	地区	数量/件
1	北京	114
2	上海	74
3	广东	51
4	江苏	30
5	浙江	24
6	四川	11

续表

排名	地区	数量/件
7	湖北	8
7	山东	8
9	福建	5
10	海南	4

数据来源：动脉网，蛋壳研究院数据库，2017，《"资本寒冬"不太冷！2016年医疗健康领域重大投融资盘点》

3. 互联网医疗企业平安好医生融资额居于首位

对2016年中国生命科学领域企业的融资额度进行分析，平安好医生高居榜首，这家成立不到两年的互联网＋医疗企业估值高达30亿美元，刷新全球范围内互联网医疗初创企业单笔最大融资及A轮最高估值两项记录。从融资领域来看，传统制药、医药连锁等重资产公司融资额度较大；互联网医疗领域，除寻医问诊外，在线医美、口腔、个人护理等消费医疗备受资本关注（表5-10）。

表5-10　2016年我国生命科学领域企业融资情况

排名	企业名称	融资金额	市场	主要投资方
1	平安好医生	5亿美元	寻医问药	IDG资本领投、中建投、中国平安跟投
2	信达生物	2.6亿美元	制药	国投创新管理的先进制造产业投资基金领投，国寿大健康基金、理成资产、中国平安、泰康保险集团等新投资人及君联资本、淡马锡、高瓴资本等原有投资人参投
3	春雨医生	12亿元	寻医问药	未披露
4	基石药业	1.5亿美元	制药	元禾原点、博裕资本及毓承资本
5	碳云智能	近10亿元	医疗大数据	腾讯、中源协和及天府集团等
6	美柚	9.98亿元	妇幼健康	Cathay Capital Private Equity、险峰长青、Matrix Partners China
7	再鼎	1亿美元	制药	尚城资本领投，奥博资本、启明创投，红杉资本和泰福资本参投
8	山东立健	5.8亿元	医药零售	天士力大健康产业基金、华泰证券股份有限公司、北京国枫律师事务所、中天运会计师事务所
9	众友健康	5亿元	医药零售	天士力大健康产业基金
10	诺禾致源	5亿元	基因检测	招银国际、国投创新、方和资本
11	熙康	6 400万美元	健康管理	中国人民财产保险股份有限公司、阿尔卑斯电气株式会社等

排名	企业名称	融资金额	市场	主要投资方
12	薇美姿	4亿元	个人护理	兰馨亚洲投资基金、钟鼎创投等
13	盟科医药	5 500万美元	制药	金浦健康基金领投,金浦互联基金、本草资本、德联资本参投
14	欢乐口腔	3.5亿元	口腔	华泰医疗产业基金、中卫安健创业投资基金及珠海世纪股权投资基金领投
15	更美	3.45亿元	在线医美	潮宏基集团、苏宁环球、腾讯、中信建投、复星医药、君联资本
16	新氧	5 000万美元	在线医美	优壹品、腾讯等机构
17	华领医药	5 000万美元	制药	嘉实投资领投,通和资本跟投
18	燃石医学	3亿元	肿瘤	红杉资本、济峰资本、招银国际、联想之星
19	叮当快药	3亿元	医药O2O	同道共赢
20	启明医疗	3 700万美元	医疗器械	高盛投资

数据来源:动脉网,蛋壳研究院数据库,2017,《"资本寒冬"不太冷! 2016年医疗健康领域重大投融资盘点》

4. 联想之星是2016年生命科学领域最活跃的投资机构

从生命科学领域投资数量来看,2016年最为活跃的投资机构分别是联想之星、君联资本、经纬中国和松禾资本。2015年最为活跃的红杉资本中国在2016年的生命科学领域投资数量较少,未进入Top10(表5-11)。

表 5-11 2016 年生命科学领域 Top10 投资机构

排名	2016 年活跃 Top10 投资机构			排名	2015 年活跃 Top10 投资机构	
	机构名称	2016 年投资数量	同比趋势		机构名称	2015 年投资数量
1	联想之星	12	↑	1	红杉资本中国	10
2	君联资本	10	↑	2	启明创投	9
2	经纬中国	10	↑	3	经纬中国	8
4	松禾资本	9	↑	3	君联资本	8
5	普华资本	7	↑	5	深创投	7
5	弘晖资本	7	↑	6	分享投资	6
5	腾讯	7	↑	6	腾讯	6
8	分享投资	6	—	8	松禾资本	5
8	启明创投	6	↓	8	广州越秀	5
8	IDG 资本	6	↑	8	同创伟业	5

数据来源:动脉网,蛋壳研究院数据库,2017,《"资本寒冬"不太冷! 2016年医疗健康领域重大投融资盘点》

5. 生命科学产业获 IPO 政策支持

2016～2017 年，生命科学领域的投融资持续获得政府支持，IPO 活跃度稳步增长，"健康中国 2030"国家战略为生命科学产业的发展带来了持续利好。特别是国务院印发的《"十三五"深化医药卫生体制改革规划》明确提出支持符合条件的企业利用资本市场直接融资、发行债券和开展并购，鼓励引导风险投资。同时，鼓励和引导金融机构增加健康产业投入，探索无形资产质押和收益权质押贷款业务，鼓励发展健康消费信贷。发挥商业健康保险资金长期投资优势，引导商业保险机构以出资新建等方式兴办医疗、养老、健康体检等健康服务机构。促进医疗与养老融合，发展健康养老产业。这将推动更多企业上市融资，对生命科学领域企业 IPO 及已上市医药企业的定增、并购等构成了一级市场利好，此外还包括更多企业选择在新三板挂牌。

2016 年，国内共有 36 家生命科学领域的企业完成 IPO，而医药领域是完成 IPO 最多的领域（表 5-12）。

表 5-12　2016 年中国医药企业上市 IPO 一览表

上市企业	上市时间	细分领域	上市地
百济神州	2016 年 2 月 4 日	医药研发	纳斯达克证券交易所
和黄医药	2016 年 7 月 17 日	医药研发	纳斯达克证券交易所
尚高	2016 年 9 月 28 日	中药	纳斯达克全国市场
鹭燕医药	2016 年 2 月 18 日	医药流通	深圳证券交易所中小企业板
新光药业	2016 年 6 月 24 日	中药	深圳证券交易所创业板
陇神戎发	2016 年 9 月 13 日	中药	深圳证券交易所创业板
黄山胶囊	2016 年 10 月 25 日	化学药品制剂制药	深圳证券交易所中小企业板
贝达药业	2016 年 11 月 7 日	化学药品原药制造	深圳证券交易所创业板
凯莱英	2016 年 11 月 18 日	医药研发外包	深圳证券交易所中小企业板
兴齐眼药	2016 年 12 月 8 日	眼科药物	深圳证券交易所创业板
易明医药	2016 年 12 月 9 日	化学药、中成药	深圳证券交易所中小企业板
司太立	2016 年 3 月 9 日	化学药	

续表

上市企业	上市时间	细分领域	上市地
步长制药	2016 年 11 月 18 日	中药	上海证券交易所主板
兴科蓉医药	2016 年 3 月 10 日	制药	
雅各臣科研制药	2016 年 9 月 21 日	中药	香港证券交易所
华润医药	2016 年 10 月 28 日	医药流通	

数据来源：投资界，2017，《医药投资这是要爆发了！平均每月 2 家 IPO，超 60% 背后 VC/PE 潜伏，最高回报 60＋倍》

（二）并购交易持续升温

1. 我国并购交易量再创新高

2016 年，生命科学领域的并购重组在多重因素刺激下持续升温。一方面，全球化竞争加剧催生了并购浪潮，在我国经济转型升级的背景下，国家鼓励产业整合，并出台相关政策推动行业集中度提升。另一方面，医药研发"三高一长"的本质特性、我国医药研发实力有限、政策对新药审批态度谨慎及医改政策红利逐渐消失等因素都不利于国内医药企业通过研发来扩充产品线，行业进入低速增长期，大批医药企业在内生增长放缓的情况下出现外延式并购的主动需求。

2016 年，生命科学领域的并购交易超过 400 起，涉及金额达 1 572 亿元，比 2015 年略低。2005～2016 年，中国医药产业投资并购范围从国内走向了国外，复合年均增长率高达 53.6%（图 5-4）。

从各个季度的并购交易金额来看，第一季度是 2016 年生命科学领域并购交易金额最高的季度，达到 491 亿元（图 5-5）。

2. 新华都入股云南白药控股是规模最大的交易事件

2016 年，生命科学领域并购交易额超过 15 亿元的并购案有 21 起，最高的一起是新华都向云南白药控股增资约 254 亿元。云南白药近年来不断通过在大健

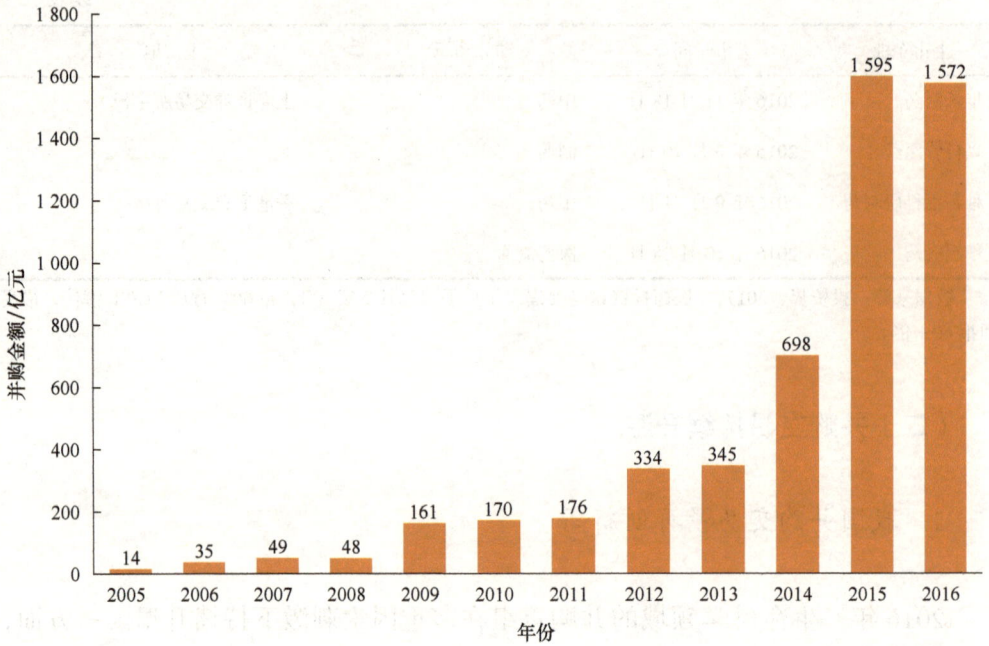

图 5-4　2005～2016 年我国生命科学领域并购交易趋势

数据来源：医药经济报，2017，《医药资本并购盛宴继续》

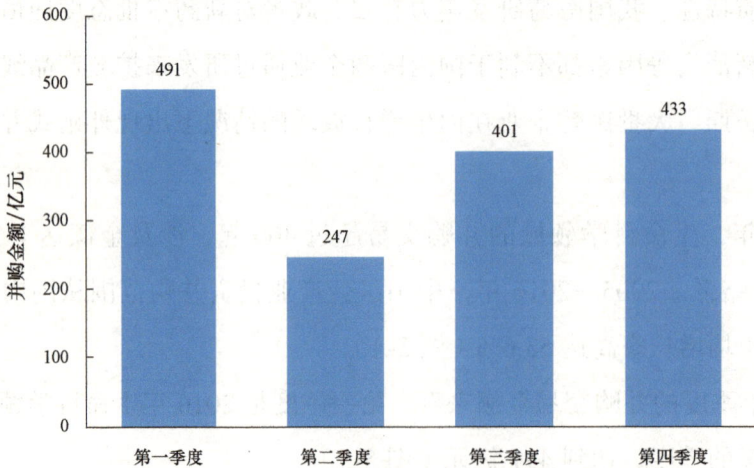

图 5-5　2016 年生命科学领域各季度并购金额情况

数据来源：医药经济报，2017，《医药资本并购盛宴继续》

康领域拓展细分市场，打造其药品、健康日化产品、中药资源产品、医药商业四大业务板块。排名第二的是复星医药拟以 12.62 亿美元收购印度制药公司 Gland Pharma 86.08% 的股权，是中国医药企业积极拓宽海外市场的表现（表 5-13）。

表 5-13　2016 年 Top10 并购交易（按并购交易金额排名）

排名	并购事件	并购金额	买方企业	标的企业
1	新华都集团战略入股云南白药控股	254 亿元	新华都集团	白药控股
2	复星医药拟收购 Gland Pharma 86.08% 股权	87 亿元	复星医药	Gland Pharma
3	建峰化工拟收购重庆医药集团 96.59% 股权	67 亿元	建峰化工	重庆医药集团
4	威高骨科拟壳上市	61 亿元	恒基达鑫	威高骨科
5	贝瑞和康拟借壳上市	43 亿元	天兴仪表	贝瑞和康
6	广西投资集团拟收购中恒集团 20.52% 股权	39 亿元	广西投资集团、中恒实业	中恒集团
7	人福医药收购 Epic 公司 100% 股权	36 亿元	人福医药	Epic Pharma 公司
8	南京新百拟收购齐鲁干细胞 76% 股权	34 亿元	银丰生物、创立恒远、南京新百	齐鲁干细胞
9	仟源医药拟全资收购普德药业	30 亿元	仟源医药、誉衡药业	普德药业
10	国药控股拟全资收购国药控股北京	28 亿元	国药控股、国药股份、畅新易达	国药控股北京

数据来源：医药经济报，2017，《医药资本并购盛宴继续》

3. "跨境收购"成为国内企业迈向国际市场的重要途径

2016 年，"境外医疗资产配置"成为国内生命科学领域企业投资的热门方向，中国企业进入国际化医疗市场进程加快，投资并购数量与投资并购交易额屡创新高。2016～2017 年 2 月，我国在海外生命科学领域投资并购最集中的国家是美国，共 26 次；其次是英国、以色列、日本、德国等国家（图 5-6）。

从 2016～2017 年 2 月我国生命科学领域企业跨境投资并购具体项目来看，金额最高的是复星医药全资子公司复星实业拟收购印度注射药品制造商 Gland Pharma 86.08% 股权，涉及交易金额 12.62 亿美元（截至 2017 年 9 月 18 日，经友好协商，复星医药拟出资不超过 10.9 亿美元收购 Gland Pharma 约 74% 的股权）。排名第二位的是三胞集团收购威灵旗下美国生物医药公司丹德里昂 100% 股权，涉及交易额约 8 亿美元，可见海外并购交易已成为我国生命科学领域企业的重要战略投资（表 5-14）。

4. 医药与医疗科技领域的海外并购交易遍地开花

从海外医疗健康投资并购交易的领域来看，2016～2017 年 2 月，医药领

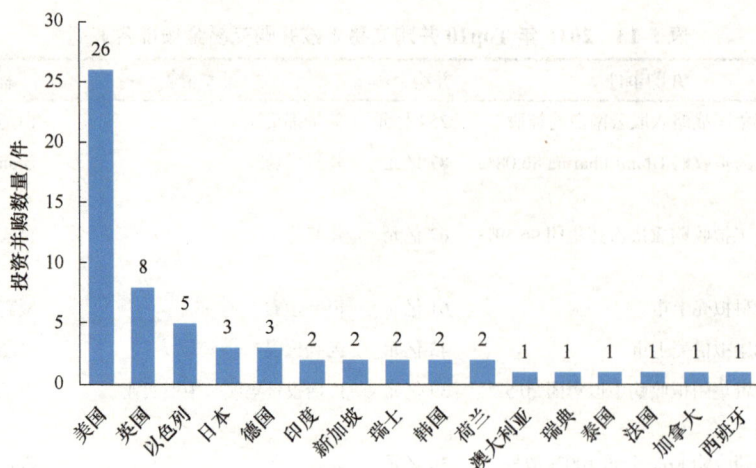

图 5-6　2016～2017 年 2 月我国生命科学领域企业跨境投资并购情况

数据来源：动脉网，蛋壳研究院数据库，2017，《2016 年中国医疗企业海外投资数据报告》

表 5-14　2016～2017 年 2 月我国生命科学领域企业 Top10 跨境投资并购

时间	事件	金额
2016 年 7 月	复星医药全资子公司复星实业拟收购印度注射药品制造商 Gland Pharma 86.08% 股权	12.62 亿美元
2017 年 1 月	三胞集团拟收购威灵旗下美国生物医药公司丹德里昂（Dendreon）100% 股权	8.199 亿美元
2016 年 5 月	人福医药全资子公司人福美国收购美国药企 Epic Pharma100% 股权	5.5 亿美元
2016 年 1 月	三诺生物收购美国血糖仪厂商 Trividia Health	2.7 亿美元
2017 年 2 月	中源协和拟收购上海傲源 100% 股权，获得其美国全资子公司 OriGene 的基因及医学诊断试剂等业务	约 3.48 亿美元
2016 年 11 月	绿叶集团完成对瑞士知名企业 Acino 公司旗下透皮释药系统业务的收购	约 2.6 亿美元
2016 年 8 月	上海医药拟联合春华资本收购澳大利亚保健品企业 Vitaco 60% 股权	约 1.36 亿美元
2016 年 3 月	中节能万润股份境外全资子公司万润美国完成对美国生命科学和体外诊断公司 MP Biomedicals 的 100% 股权收购	约 1.23 亿美元
2016 年 3 月	东诚药业收购 Global Medical Solution Ltd（英属维尔京群岛公司）100% 股权	约 4.5 亿元
2016 年 2 月	东方海洋完成对美国诊断测试产品公司 Avioq 的 100% 股权收购	4.3 亿元

数据来源：动脉网，蛋壳研究院数据库，2017，《2016 年中国医疗企业海外投资数据报告》

域有 13 起海外投资并购，交易额超 45 亿美元，数量和金额都位列榜首。在收录的案例中，交易金额排名前三的均出自医药领域，医疗科技领域投资数量次之。医药和基因行业因研发风险等因素而估值较高，投资并购总金额偏高；此外，保健品、医疗科技、器械设备、实验和诊断制剂几个领域也是海外投资并购的主要领域（图 5-7）。

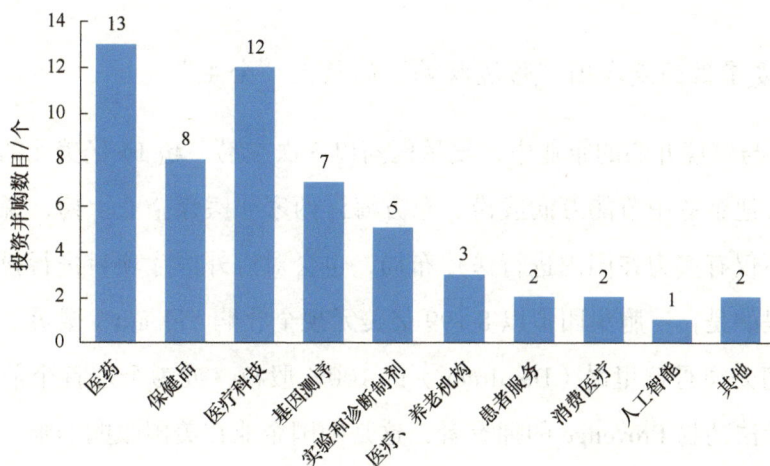

图 5-7 2016～2017 年 2 月我国生命科学领域企业跨境投资并购的主要领域

数据来源：动脉网，蛋壳研究院数据库，2017，《2016 年中国医疗企业海外投资数据报告》

　　从我国生命科学领域企业在各国的投资并购情况来看，投资的主要标的国为美国，我国企业主要专注于医药与基因测序领域企业的并购。在医药领域，美国不断涌现新技术和新发现，新药研发一直处于世界领先地位；基因行业也很火热。在医疗科技领域，除美国之外，还有德国及以色列、瑞士都是我国生命科学领域企业实施并购的主要国家。营养保健产品领域，大洋洲、荷兰、日本等地的产品受到国内消费者的认可，因此针对这些国家保健品领域的并购交易也受到关注（表 5-15）。

表 5-15 2016～2017 年 2 月我国生命科学领域企业在各国投资并购情况

	美国	英国	德国	印度	瑞士	荷兰	以色列	瑞典	加拿大	澳大利亚	泰国	日本	韩国	新加坡
其他		1												1
消费医疗	1											1		
保健品	2	2				1				1	1	1		
患者服务	1			1										
人工智能							1							
基因测序	5	1												
医疗机构、养老机构			1				1		1					
实验和诊断制剂	2	2							1					
医疗科技	5		1		1		2	1				1		
医药	10	2	1	1	1	1	1							

数据来源：动脉网，蛋壳研究院数据库，2017，《2016 年中国医疗企业海外投资数据报告》

5. 复星医药是我国"跨境收购"的最大"金主"

在参与跨境并购的企业中,复星医药以 3 次交易、超 14 亿美元的成绩位列榜首。其他企业中节能万润股份、东方海洋两家非医疗企业上榜,说明部分跨界企业不仅有实力在国内进行医疗布局,也会对海外医疗项目进行投资。另外值得一提的是,三胞集团拟以 8.199 亿美元现金收购 Valeant(威灵)旗下美国生物医药公司丹德里昂(Dendreon)的 100% 股权,成为全球首个前列腺癌细胞免疫疗法药物 Provenge 的拥有者,这是中国企业在美国收购的唯一原创药物(表 5-16)。

表 5-16 跨境收购投资方交易金额排名

排名	投资方	交易金额 /亿美元	交易次数	标的方	国家
1	复星医药	14.90	3	Spirometrix、Gland Pharma、Goldcup	美国、印度、瑞典
2	三胞集团	8.82	3	A. S. Nursing、康盛人生、丹德里昂(Dendreon)	以色列、新加坡、美国
3	人福医药	5.50	2	Epic Pharma、Epic RE	美国
4	三诺生物	4.70	2	Trividia Health、PTS 诊断	美国
5	中源协和	3.48	1	OriGene	美国
6	绿叶制药	2.60	1	Acino	瑞士
7	上海医药	1.36	1	Vitaco	澳大利亚
8	中节能万润股份	1.23	1	MP Biomedicals	美国
9	东诚药业	1.16	2	GMS(BVI)、中泰生物	美国、泰国
10	东方海洋	0.62	1	Avioq	美国

数据来源:动脉网,蛋壳研究院数据库,2017,《2016 年中国医疗企业海外投资数据报告》

(三)基因检测成投融资"新宠"

1. 政策推动基因检测产业快速发展

2014 年 2 月,国家食品药品监督管理总局与国家卫生和计划生育委员会叫停了基因检测的临床应用。同年 12 月,国家卫生和计划生育委员会先后发布

了《关于开展高通量基因测序技术临床应用试点工作的通知》和《关于产前诊断机构开展高通量基因测序产前筛查与诊断临床应用试点工作的通知》，意味着高通量基因测序技术在基因检测的临床应用获得国家的认可。

随着个性化医疗在全球的快速发展，基因检测行业受国家政策的推动而快速发展。2015年6月，国家发展改革委员会发布了《国家发展改革委关于实施新兴产业重大工程包的通知》，强调"充分发挥基因检测等新型医疗技术以及现代中药在疾病防治方面的作用，提升群众健康保障能力，支持拥有核心技术、创新能力和相关资质的机构，采取网络化布局，率先建设30个基因检测技术应用示范中心，以开展遗传病和出生缺陷基因筛查为重点，推动基因检测等先进健康技术普及惠民，引领重大创新成果的产业化"。《"十三五"生物产业发展规划》也指出："以个人基因组信息为基础，结合蛋白质组、代谢组等相关内环境信息，整合不同数据层面的生物学信息库，利用基因测序、影像、大数据分析等手段，在产前胎儿罕见病筛查、肿瘤、遗传性疾病等方面实现精准的预防、诊断和治疗。对特定患者量身设计最佳诊疗方案，在正确的时间、给予正确的药物、使用正确的剂量和给药途径，达到个体化治疗的目的"，明确了基因检测能力覆盖50%以上出生人口的目标。

2. 资本市场对基因检测产业投以极大关注

基因检测作为精准医疗的基础，推动肿瘤治疗、免疫治疗的同时，大大加快了药物研发速度，为临床用药提供科学依据。自2008年基因检测被《时代》周刊评选为年度全球50项最重要的发明以来，基因检测企业如雨后春笋般出现，据统计，目前国内从事基因检测相关业务的企业和机构已超过150家，其中70%左右的企业主要提供第三方基因检测服务。

投融资情况是资本市场对基因检测重视程度的直接体现。2016年，我国共计40家基因检测领域的公司宣布完成融资，其中不乏新成立的初创型企业。在所有的投融资交易中，已上市的贝瑞和康融资金额最高达43亿元，主要投资人为天兴仪表（表5-17）。

表 5-17　2016 年基因检测领域企业 Top6 融资交易

公司	融资阶段	融资金额	成立时间	地区	主要投资人
贝瑞和康	A 股上市	43 亿元	2010 年 5 月	北京市	天兴仪表
碳云智能	A 轮	10 亿元	2015 年 10 月	广东省	腾讯、中源协和
诺禾致源	B 轮	5 亿元	2011 年 3 月	北京市	招商银行、国投创新投资、方和资本
燃石医学	B 轮	3 亿元	2014 年 3 月	广东省	红杉资本、济峰资本、招银国际、联想之星
吉因加	A 轮	2 亿元	2015 年 4 月	北京市	华大基因、火山石资本、松禾资本
奕真生物	B 轮	2 亿元	2015 年 10 月	浙江省	礼来亚洲基金、挚信资本、先声药业

数据来源：火石创造，2017，《国内基因检测公司 2016 融资大盘点》

3. 北上广地区是基因检测投资项目的主要区域

2016 年完成融资的基因检测公司主要集中在北京、上海、广州地区，其次是江浙闽等沿海开放城市。基因检测行业作为前沿新兴行业，技术门槛较高，资本需求也相对较高，企业选择落户地时优先考虑城市经济发展水平及科研人才资源。因此，经济发达和科研水平较高的北京、上海、广州地区成为首选。

近年来，浙江、江苏、湖北等地也吸引了不少基因检测企业落户发展。尤其是具有国家级开发区和国家级产业基地发展迅速的城市，如杭州经济技术开发区和武汉光谷生物城等。

投资地区分布上，基因检测投资主要覆盖全国 8 个省（直辖市）。其中北京是项目投资的热点区域，2016 年北京市场共发生投资交易 12 件，占总量的 30%；上海 11 件。其余投资分别来自广东（6 件），江苏（3 件），湖北（2 件），香港、澳门、台湾（2 件），浙江（2 件），福建（1 件）（图 5-8）。

4. 中小型基因检测企业是投资的主要对象

从 2016 年完成融资的基因检测公司的规模来看，企业规模相对比较集中，大多集中在 15～150 人。这些企业大多以提供测序服务为主，处于产业链中游，涉及的业务面较单一。这种单一消费级应用的公司面临的主要问题是疾病基因的数据累积不够，以及市场需求不明确，往往难以盈利。

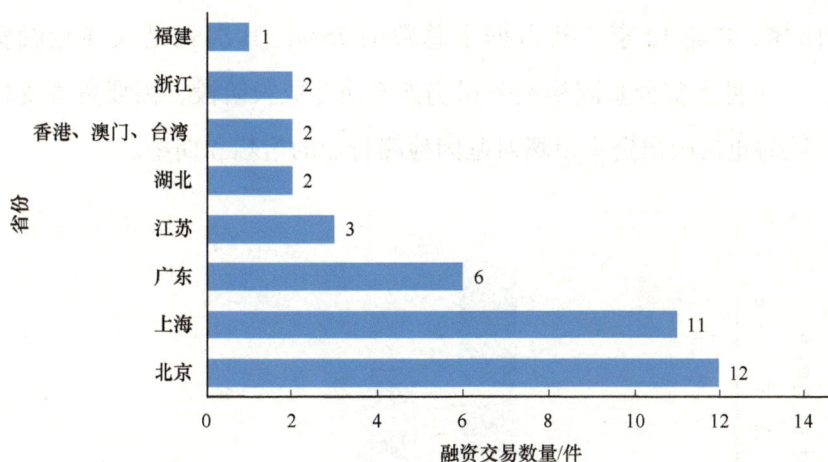

图5-8　2016年完成融资的基因检测公司省份分布

数据来源：火石创造，2017，《国内基因检测公司2016融资大盘点》

展望未来，肿瘤诊断及用药指导，遗传性、心血管、感染性等疾病检测，以及药物基因组学应用于新药研发等都是这些公司的发展方向。对于一家相对完善的医疗级基因检测公司，完整的分子实验团队、生物信息团队和医学解读团队是必不可少的（图5-9）。

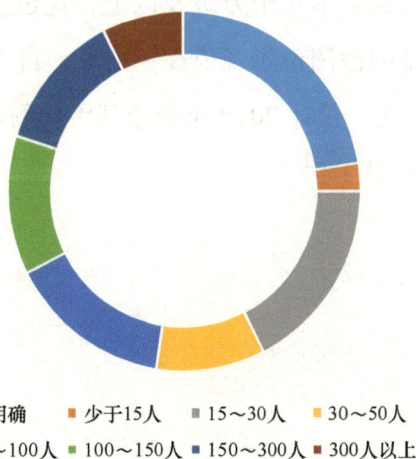

不明确　少于15人　15~30人　30~50人
50~100人　100~150人　150~300人　300人以上

图5-9　2016年完成融资的基因检测公司规模分布

数据来源：火石创造，2017，《国内基因检测公司2016融资大盘点》

5. 领域投资主要集中在A轮与B轮融资阶段

2016年宣布获得融资的40家企业主要集中在融资A轮和B轮阶段，其中 A 轮 18 家，B 轮 12 家，共占据了总数的 75%，其次就是天使轮融资 6 家（图 5-10）。可见大部分基因检测公司仍处于萌芽成长阶段，需要资本支持其迅速发展，同时也反映出资本市场对基因检测行业的信赖和期望。

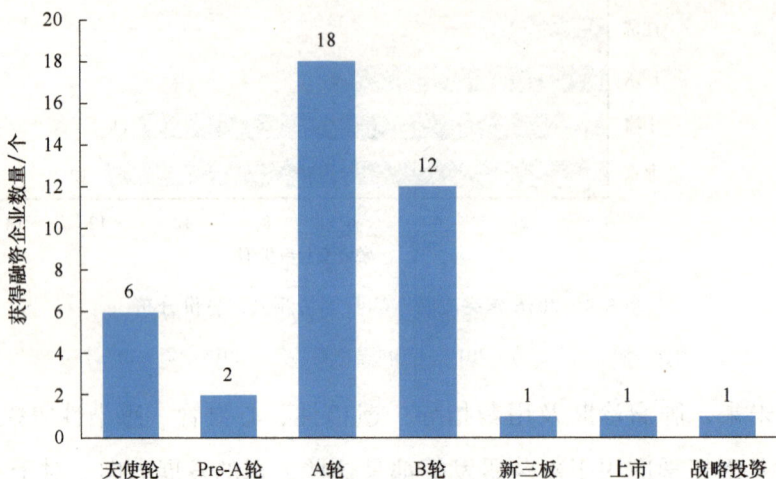

图 5-10　2016 年完成融资的基因检测公司融资阶段分布

数据来源：火石创造，2017，《国内基因检测公司 2016 融资大盘点》

　　此外，所获融资金额基本在千万级及以上，这也进一步说明基因检测的高成本、高回报。全球基因检测市场规模逐年增长，自 2007 年的 7.9 亿美元增长到 2014 年的 54.4 亿美元，预计 2018 年全球基因检测市场规模将达到 117 亿美元，复合年均增长率为 21.1%。

第六章 文献专利

一、论文情况

（一）年度趋势

2007～2016 年，全球和中国生命科学论文数量均呈现显著增长的态势。2016 年，全球共发表生命科学论文 619 268 篇，相比 2015 年增长了 0.51%，10 年的复合年均增长率达到 3.37%[299]。

中国生命科学论文数量在 2007～2016 年的增速高于全球增速。2016 年中国发表论文 95 002 篇，比 2015 年增长了 7.95%，10 年复合年均增长率达 17.5%，显著高于国际水平。同时，中国生命科学论文数量占全球的比例也从 2007 年的 4.84% 提高到 2016 年的 15.34%（图 6-1）。

（二）国际比较

1. 国家排名

2016 年，美国、中国、德国、英国、日本、意大利、加拿大、法国、澳大利亚和西班牙发表的生命科学论文数量位居全球前 10 位，同时，这 10 个国家在近 10 年（2007～2016 年）及近 5 年（2012～2016 年）发表论文总数的排名中

---

299 数据源为 ISI 科学引文数据库扩展版（ISI Science Citation Expanded），检索论文类型限定为研究型论文（article）和综述（review）。

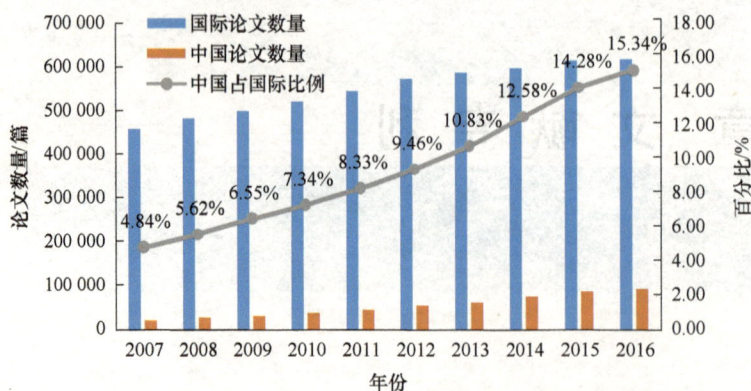

图 6-1 2007～2016 年国际及中国生命科学论文数量

也均位居前 10 位。其中，美国始终以显著优势位居全球首位。中国在 2007 年位居全球第 8 位，2010 年升至第 3 位，2011 年则进一步升至第 2 位，此后一直保持全球第 2 位。中国在 2007～2016 年 10 年共发表生命科学论文 543 022 篇，其中 2012～2016 年和 2016 年分别发表 376 557 篇和 95 002 篇，占 10 年总论文量的 69.34% 和 17.50%，表明近年来我国生命科学研究发展明显加速（表 6-1，图 6-2）。

表 6-1 2007～2016 年、2012～2016 年及 2016 年生命科学论文数量前 10 位国家

排名	2007～2016 年		2012～2016 年		2016 年	
	国家	论文数量 / 篇	国家	论文数量 / 篇	国家	论文数量 / 篇
1	美国	1 768 529	美国	931 130	美国	189 263
2	中国	543 022	中国	376 557	中国	95 002
3	德国	423 288	德国	223 896	德国	46 034
4	英国	395 570	英国	211 487	英国	44 279
5	日本	354 567	日本	177 597	日本	34 781
6	法国	276 897	意大利	151 839	意大利	31 698
7	意大利	275 776	加拿大	146 891	加拿大	30 390
8	加拿大	272 706	法国	144 863	法国	29 908
9	澳大利亚	214 132	澳大利亚	124 136	澳大利亚	27 235
10	西班牙	199 300	西班牙	110 357	西班牙	22 433

2. 国家论文增速

2007～2016 年，我国生命科学论文的复合年均增长率[①]达到 17.50%，显著

①n 年的复合年均增长率$=[(C_n/C_1)^{1/(n-1)}-1]\times100\%$，式中，$C_n$ 是第 n 年的论文数量，C_1 是第 1 年的论文数量

高于其他国家，位居第 2 位的澳大利亚复合年均增长率仅为 6.20%，其他国家的复合年均增长率大多处于 1%～5%。2012～2016 年，各国论文数量的增长速度均略有下降，中国的复合年均增长率为 15.02%，相比其他国家下降幅度较小，显示出中国生命科学领域在近年来保持了较快的发展速度（图 6-3）。

图 6-2 2007～2016 年中国生命科学论文数量的国际排名

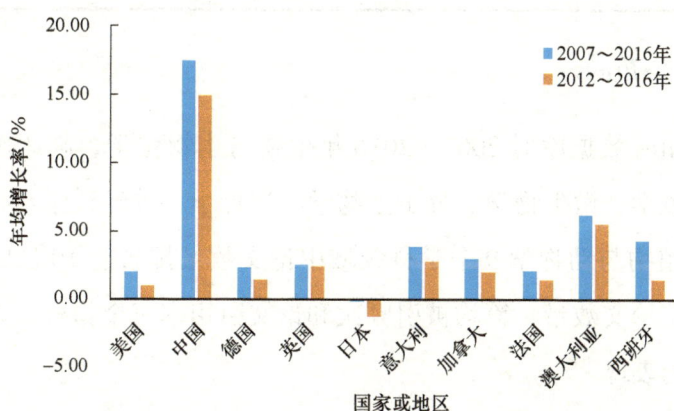

图 6-3 2007～2016 年及 2012～2016 年生命科学论文数量前 10 位国家论文增速

3. 论文引用

对生命科学论文数量前 10 位国家的论文引用率[①]进行排名，可以看到，英国在 2007～2016 年及 2012～2016 年，其论文引用率分别达到 90.34% 和

---

① 论文引用率＝被引论文数量/论文总量×100%

84.58%，均位居首位，我国的论文引用率排第 10 位，两个时间段的引用率分别为 80.74% 和 74.78%（表 6-2）。

表 6-2　2007～2016 年及 2012～2016 年生命科学论文数量前 10 位国家的论文引用率

2007～2016 年			2012～2016 年		
排名	国家	论文引用率 /%	排名	国家	论文引用率 /%
1	英国	90.34	1	英国	84.58
2	加拿大	90.19	2	加拿大	83.93
3	美国	90.08	3	美国	83.60
4	澳大利亚	89.34	4	澳大利亚	83.49
5	意大利	89.10	5	意大利	83.22
6	德国	87.91	6	德国	82.43
7	西班牙	87.83	7	西班牙	81.68
8	日本	87.33	8	法国	80.66
9	法国	86.44	9	日本	78.80
10	中国	80.74	10	中国	74.78

（三）学科布局

利用 Incites 数据库对 2007～2016 年生物与生物化学、临床医学、环境与生态学、免疫学、微生物学、分子生物学与遗传学、神经科学与行为学、病理与毒理学、植物与动物学 9 个学科领域中论文数量排名前 10 位的国家进行了分析，比较了论文数量、篇均被引频次和论文引用率三个指标，以了解各学科领域内各国的表现。

分析显示，在 9 个学科领域中，美国的论文数量均显著高于其他国家，同时在篇均被引频次和论文引用率方面，也均位居领先行列。中国的论文数量方面，在生物与生物化学、临床医学、环境与生态学、微生物学、分子生物学与遗传学、病理与毒理学、植物与动物学 7 个领域均位居第 2 位，在免疫学、神经科学与行为学两个领域也进入前 5 位。然而，在论文影响力方面，中国则相对落后，仅在生物与生物化学、环境与生态学、微生物学和病毒与毒理学领域略优于印度，在植物与动物学领域略优于巴西（图 6-4，表 6-3）。

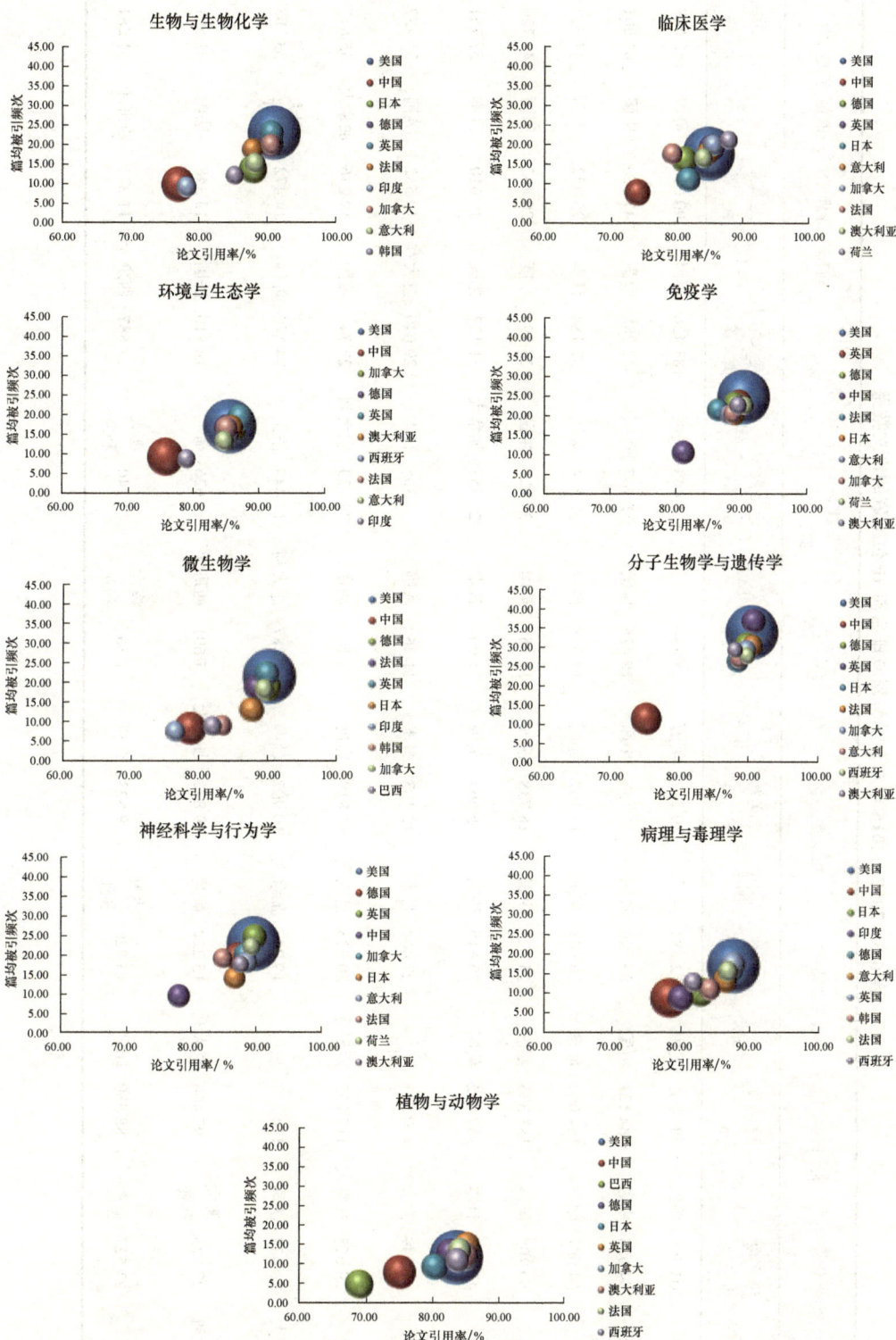

图 6-4　2007～2016 年 9 个学科领域论文量前 10 位国家的综合表现

表6-3 2007~2016年9个学科领域排名前10位国家的论文数量

生物学与生物化学		临床医学		环境与生态学		免疫学		微生物学		分子生物学与遗传学		神经科学与行为学		病理学与毒理学		植物与动物学	
国家	论文数量/篇	国家	论文数量/篇	国家	论文数量/篇	国家	论文数量/篇	国家	论文数量/篇	国家	论文数量/篇	国家	论文数量/篇	国家	论文数量/篇	国家	论文数量/篇
美国	203 509	美国	781 001	美国	112 884	美国	89 777	美国	55 890	美国	168 448	美国	183 426	美国	90 018	美国	162 628
中国	84 654	中国	184 121	中国	53 726	英国	21 152	中国	20 475	中国	55 747	德国	47 988	中国	47 350	中国	61 001
日本	54 097	德国	184 092	加拿大	26 941	德国	17 167	德国	14 918	德国	37 514	英国	37 784	日本	25 992	巴西	44 355
德国	50 705	英国	183 335	德国	25 825	中国	16 738	法国	12 161	英国	34 528	中国	33 194	印度	20 832	德国	43 726
英国	41 308	日本	157 862	英国	25 616	法国	15 663	英国	11 904	日本	28 557	加拿大	31 127	德国	19 610	日本	37 761
法国	31 849	意大利	130 581	澳大利亚	23 467	日本	12 193	日本	11 462	法国	24 365	日本	29 640	意大利	19 542	英国	36 477
印度	29 615	加拿大	117 255	西班牙	20 523	意大利	11 819	印度	8 105	加拿大	22 429	意大利	27 744	英国	19 246	加拿大	35 817
加拿大	29 428	法国	114 339	法国	19 944	加拿大	10 907	韩国	7 887	意大利	19 449	法国	24 572	韩国	14 472	澳大利亚	33 788
意大利	27 823	澳大利亚	97 468	意大利	15 222	荷兰	9 872	加拿大	7 601	西班牙	14 626	荷兰	18 810	法国	13 348	法国	31 561
韩国	23 527	荷兰	88 580	印度	13 820	澳大利亚	9 823	巴西	7 309	澳大利亚	14 240	澳大利亚	18 687	西班牙	11 271	西班牙	31 281

（四）机构分析

1. 机构排名

2016 年，全球发表生命科学论文数量排名前十位的机构中，有 4 个美国机构，3 个法国机构。2007～2016 年、2012～2016 年及 2016 年的国际机构排名中，美国哈佛大学的论文数量均以显著的优势位居首位（表 6-4）。中国科学院是中国唯一进入论文数量前 10 位的机构，三个时间段分别发表论文 56 770 篇、34 968 篇和 7 867 篇，其全球排名在近 10 年来显著提升，2007 年位居第 13 位，2012 年跃升至第 6 位，至 2015 年进一步提升至第 4 位，并在 2016 年维持了这一位置（图 6-5）。

表 6-4　2007～2016 年、2012～2016 年及 2016 年国际生命科学论文数量前 10 位的机构

排名	2007～2016 年		2012～2016 年		2016 年	
	国际机构	论文数量 / 篇	国际机构	论文数量 / 篇	国际机构	论文数量 / 篇
1	美国哈佛大学	128 492	美国哈佛大学	71 964	美国哈佛大学	15 341
2	法国国家科学研究中心	78 768	法国国家科学研究中心	41 688	法国国家科学研究中心	8 785
3	法国国家健康与医学研究院	75 430	法国国家健康与医学研究院	41 498	法国国家健康与医学研究院	8 599
4	美国国立卫生研究院	70 966	美国国立卫生研究院	35 396	中国科学院	7 867
5	加拿大多伦多大学	63 512	加拿大多伦多大学	35 284	加拿大多伦多大学	7 454
6	中国科学院	56 770	中国科学院	34 968	美国国立卫生研究院	7 015
7	美国约翰霍普金斯大学	55 049	美国约翰霍普金斯大学	30 915	美国约翰霍普金斯大学	6 662
8	英国伦敦大学学院	50 188	英国伦敦大学学院	28 130	英国伦敦大学学院	5 954
9	美国宾夕法尼亚大学	45 590	法国巴黎第六大学	25 615	法国巴黎第六大学	5 547
10	法国巴黎第六大学	44 768	美国宾夕法尼亚大学	25 268	美国宾夕法尼亚大学	5 332

图 6-5　2007～2016 年中国科学院生命科学论文数量的国际排名

在中国机构排名中，除中国科学院外，上海交通大学、复旦大学、浙江大学、中山大学和北京大学也发表了较多论文，2007～2016 年始终位居前列（表 6-5）。

表 6-5　2007～2016 年、2012～2016 年及 2016 年中国生命科学论文数量前 10 位的机构

排名	2007～2016 年		2012～2016 年		2016 年	
	中国机构	论文数量/篇	中国机构	论文数量/篇	中国机构	论文数量/篇
1	中国科学院	56 770	中国科学院	34 968	中国科学院	7 867
2	上海交通大学	26 368	上海交通大学	18 231	上海交通大学	4 393
3	浙江大学	21 415	复旦大学	14 306	复旦大学	3 517
4	复旦大学	20 939	浙江大学	13 791	浙江大学	3 280
5	北京大学	19 711	中山大学	13 471	中山大学	3 253
6	中山大学	19 500	北京大学	12 753	北京大学	3 057
7	中国医学科学院 / 北京协和医学院	15 386	四川大学	10 292	首都医科大学	2 667
8	四川大学	15 345	中国医学科学院 / 北京协和医学院	10 234	山东大学	2 589
9	山东大学	13 865	山东大学	9 975	中国医学科学院 / 北京协和医学院	2 517
10	首都医科大学	13 690	首都医科大学	9 899	四川大学	2 459

2. 机构论文增速

从 2016 年国际生命科学论文数量位居前 10 位机构的论文增长速度来看，中国科学院是增长速度最快的机构，2007～2016 年及 2012～2016 年的论文复合年均增长率分别达到 9.49% 和 8.00%（图 6-6）。

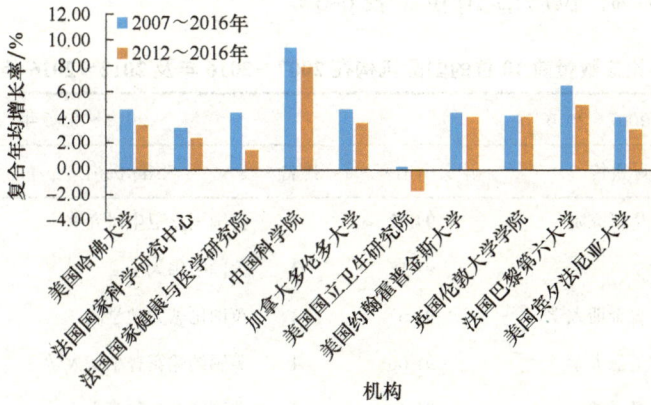

图 6-6　2016 年论文数量前 10 位国际机构在 2007～2016 年及 2012～2016 年的论文复合年均增长率

我国 2016 年论文数量前 10 位的机构中，首都医科大学和山东大学的增长速度最快，前者 2007～2016 年及 2012～2016 年的复合年均增长率分别为 25.68% 和 18.47%，后者分别为 20.56% 和 17.85%。其次为四川大学（17.75% 和 10.32%）、中山大学（17.60% 和 10.87%）、上海交通大学（17.21% 和 12.42%）等（图 6-7）。

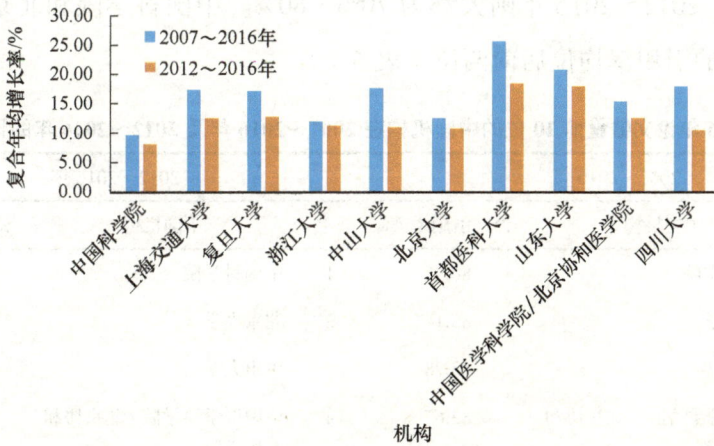

图 6-7　2016 年论文数量前 10 位中国机构在 2007～2016 年及 2012～2016 年的论文复合年均增长率

3. 机构论文引用

对 2016 年论文数量前 10 位的国际机构在 2007～2016 年及 2012～2016 年的论文引用率进行排名，可以看到美国国立卫生研究院的引用率位居首位，两个时间段的引用率分别为 94.42% 和 89.87%。中国科学院的论文引用率分别为

86.95% 和 81.04%，位居第 10 位（表 6-6）。

表 6-6　2016 年论文数量前 10 位的国际机构在 2007～2016 年及 2012～2016 年的论文引用率

2007～2016 年			2012～2016 年		
排名	国际机构	论文引用率 /%	排名	国际机构	论文引用率 /%
1	美国国立卫生研究院	94.42	1	美国国立卫生研究院	89.87
2	美国哈佛大学	92.15	2	美国哈佛大学	87.36
3	美国约翰霍普金斯大学	91.67	3	英国伦敦大学学院	86.62
4	美国宾夕法尼亚大学	91.66	4	美国约翰霍普金斯大学	86.59
5	英国伦敦大学学院	91.48	5	美国宾夕法尼亚大学	86.45
6	法国国家科学研究中心	91.19	6	加拿大多伦多大学	85.65
7	加拿大多伦多大学	91.14	7	法国国家健康与医学研究院	85.36
8	法国国家健康与医学研究院	90.23	8	法国国家科学研究中心	85.33
9	法国巴黎第六大学	87.40	9	法国巴黎第六大学	82.93
10	中国科学院	86.95	10	中国科学院	81.04

我国前 10 位的机构在 2007～2016 年的论文引用率差异较小，大都为 80%～85%，2012～2016 年则大都为 70%～80%。中国科学院和北京大学在两个时间段内的引用率均位居前两位（表 6-7）。

表 6-7　2016 年论文数量前 10 位的中国机构在 2007～2016 年及 2012～2016 年的论文引用率

2007～2016 年			2012～2016 年		
排名	中国机构	论文引用率 /%	排名	中国机构	论文引用率 /%
1	中国科学院	86.95	1	中国科学院	81.04
2	北京大学	85.14	2	北京大学	79.02
3	中山大学	83.78	3	中山大学	78.15
4	中国医学科学院 / 北京协和医学院	83.67	4	中国医学科学院 / 北京协和医学院	77.47
5	复旦大学	83.64	5	复旦大学	77.45
6	浙江大学	83.31	6	上海交通大学	77.24
7	上海交通大学	83.13	7	浙江大学	76.30
8	四川大学	81.67	8	四川大学	75.11
9	山东大学	80.01	9	山东大学	73.72
10	首都医科大学	77.55	10	首都医科大学	71.34

二、专利情况

（一）年度趋势[300]

2016 年，全球生命科学和生物技术领域专利申请数量和授权数量分别为
90 616 件和 50 994 件，申请量与授权量比上年度分别增长了 3.26% 和 4.52%。
2016 年，中国专利申请数量和授权数量分别为 23 077 件和 11 562 件，申请数
量与授权数量比上年度分别增长了 3.93% 和 11.24%，占全球数量比值分别为
25.47% 和 22.67%。2007 年以来，中国专利申请数量和授权数量呈总体上升趋
势（图 6-8）。

在 PCT 专利申请方面，自 2007 年以来，中国申请数量逐渐攀升，2009～
2012 年迅速增长，2012 年以来增速减缓。2016 年，中国 PCT 专利申请数量达到
669 件，较 2015 年增长了 27.43%（图 6-9）。

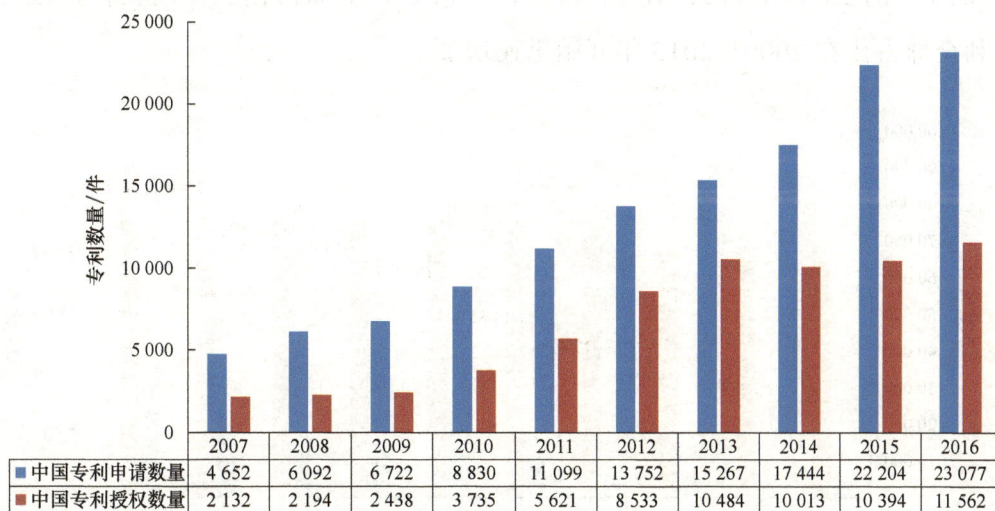

	2007	2008	2009	2010	2011	2012	2013	2014	2015	2016
中国专利申请数量	4 652	6 092	6 722	8 830	11 099	13 752	15 267	17 444	22 204	23 077
中国专利授权数量	2 132	2 194	2 438	3 735	5 621	8 533	10 484	10 013	10 394	11 562

图 6-8　2007～2016 年中国生物技术领域专利申请与授权情况

---

300 专利数据以 Innography 数据库中收录的发明专利（以下简称"专利"）为数据源，以世界经济合作组织
（OECD）定义生物技术所属的国际专利分类号（international patent classification，IPC）为检索依据，基本专利
年（Innography 数据库首次收录专利的公开年）为年度划分依据，检索日期：2017 年 6 月 22 日（由于专利申
请审批周期以及专利数据库录入迟滞等原因，2015～2016 年数据可能尚未完全收录，仅供参考）。

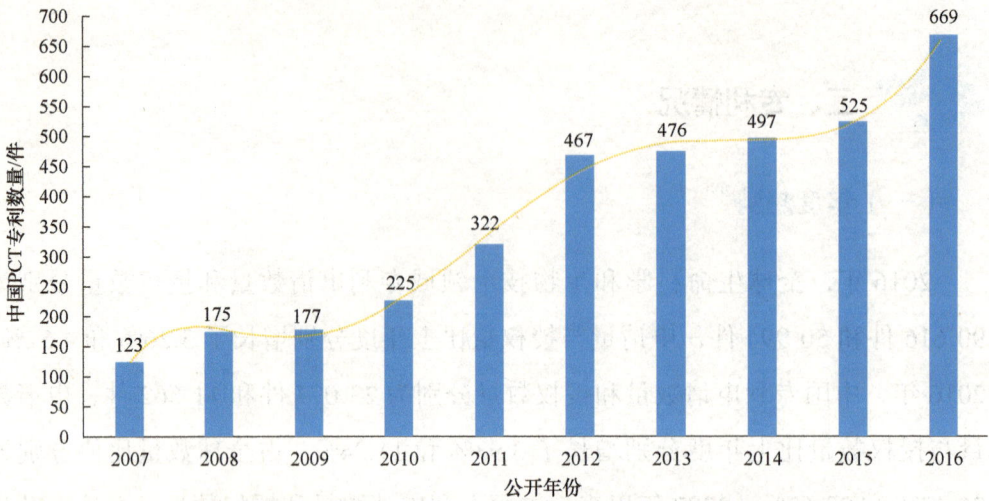

图 6-9　2007～2016 年中国生物技术领域申请 PCT 专利年度趋势

从我国申请和授权专利数量全球占比情况的年度趋势（图 6-10，图 6-11）可以看出，我国在生物技术领域对全球的贡献和影响越来越大。我国的申请和授权专利数量全球占比分别从 2007 年的 7.21% 和 5.87% 逐步攀升至 2016 年的 25.47% 和 22.67%。其中，申请专利全球占比稳步增长，授权专利全球占比在 2009～2013 年开始迅速增加。

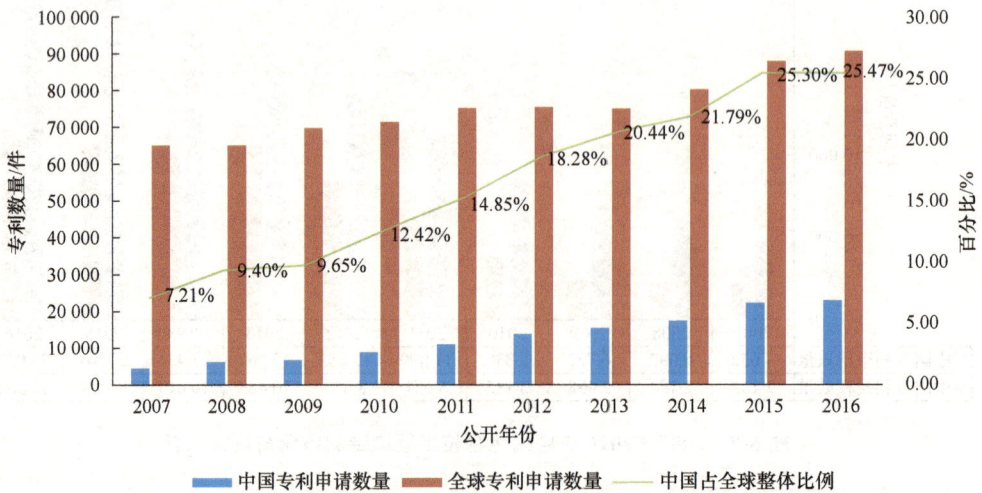

图 6-10　2007～2016 年中国生物技术领域申请专利全球占比情况

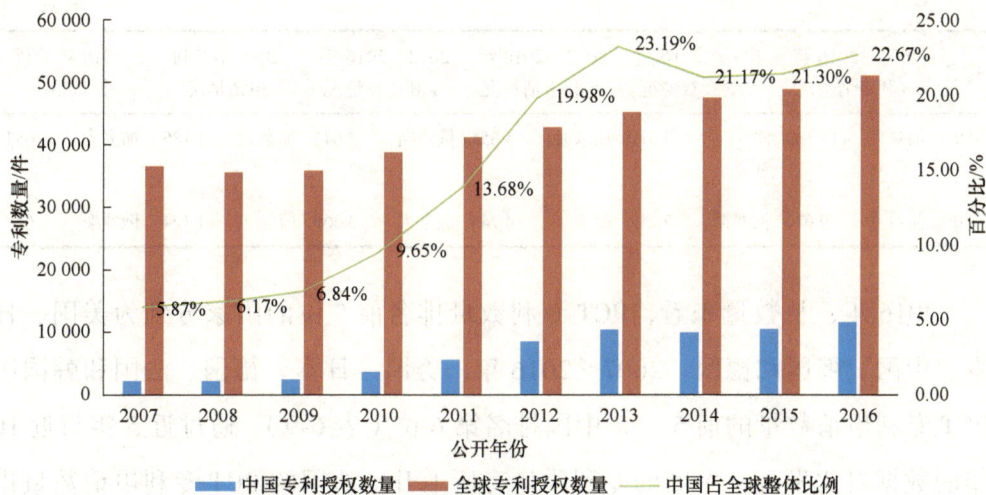

图 6-11　2007～2016 年中国生物技术领域授权专利全球占比情况

（二）国际比较

2016 年，全球生物技术专利申请数量和授权数量位居前 5 名的国家分别是美国、中国、日本、韩国和德国。同时这 5 个国家在 2007～2016 年及 2012～2016 年的排名中也均位居前 5 位（表 6-8）。自 2010 年以来，我国专利申请数量维持在全球第 2 位；自 2011 年以来，我国专利授权数量牢牢占据全球第 2 位。

表 6-8　专利申请和授权数量国家排名 Top 10　　（单位：件）

排名	2007～2016 年专利申请情况		2007～2016 年专利授权情况		2012～2016 年专利申请情况		2012～2016 年专利授权情况		2016 年专利申请情况		2016 年专利授权情况	
1	美国	300 766	美国	158 761	美国	154 669	美国	85 021	美国	34 375	美国	18 959
2	中国	129 226	中国	67 161	中国	91 808	中国	51 019	中国	23 091	中国	11 578
3	日本	70 080	日本	48 234	日本	32 287	日本	23 870	日本	6 759	日本	4 816
4	德国	36 345	德国	24 308	韩国	20 013	韩国	13 593	韩国	4 512	韩国	3 044
5	韩国	31 950	韩国	20 771	德国	16 294	德国	10 171	德国	3 259	德国	2 119
6	英国	24 737	英国	15 563	法国	11 662	法国	7 033	英国	2 714	法国	1 566
7	法国	23 403	法国	15 054	英国	11 646	英国	6 882	法国	2 387	英国	1 411
8	澳大利亚	13 745	加拿大	7 397	澳大利亚	7 321	澳大利亚	4 116	澳大利亚	1 249	澳大利亚	1 059

续表

排名	2007～2016 年专利申请情况		2007～2016 年专利授权情况		2012～2016 年专利申请情况		2012～2016 年专利授权情况		2016 年专利申请情况		2016 年专利授权情况	
9	加拿大	13 189	澳大利亚	7 319	加拿大	5 854	俄罗斯	3 646	加拿大	1 186	加拿大	653
10	荷兰	9 972	俄罗斯	7 212	荷兰	4 748	加拿大	3 269	荷兰	1 124	俄罗斯	626

2016 年，从数量来看，PCT 专利数量排名前 5 位的国家分别为美国、日本、中国、韩国和德国。2007～2016 年，美国、日本、德国、法国和韩国居 PCT 专利申请数量的前 5 位，中国排名第 6 位（表 6-9）。通过近 5 年与近 10 年的数据对比发现，中国的专利质量有所上升，法国的 PCT 专利申请数量排名有所下降。

表 6-9　PCT 专利申请数量全球排名 Top10 国家

排名	2007～2016 年		2012～2016 年		2016 年	
	国家	PCT 专利申请数量 / 件	国家	PCT 专利申请数量 / 件	国家	PCT 专利申请数量 / 件
1	美国	38 671	美国	19 948	美国	4 444
2	日本	10 875	日本	5 470	日本	1 174
3	德国	5 882	德国	2 742	中国	669
4	法国	4 008	中国	2 634	韩国	561
5	韩国	3 808	韩国	2 406	德国	543
6	中国	3 656	法国	2 213	法国	468
7	英国	3 539	英国	1 784	英国	411
8	加拿大	2 480	加拿大	1 153	荷兰	221
9	荷兰	1 948	荷兰	923	加拿大	218
10	丹麦	1 570	丹麦	802	瑞士	171

（三）专利布局

2016 年，全球生物技术申请专利 IPC 分类号主要集中在 C12Q01（包含酶或微生物的测定或检验方法）和 C12N15（突变或遗传工程；遗传工程涉及的 DNA 或 RNA，载体），这是生物技术领域中的两个通用技术（图 6-12）。C07K16（免疫球蛋白，如单克隆或多克隆抗体）和 A61K38（含肽的医药配制品）是全球生物技术专利申请中仅次于 C12N15、C12Q01 的两个占比较多的 IPC 分类，说明抗体技术及相关医药制品的专利申请也是全球生物技术关注的重点。从我国专利申请 IPC 分布情况来看，在 C12N15 和 C12Q01 两个大类占比较大，此外 C12N01（微生物本身，如原生动物；及其组合物）也是中国生物技术专利申请的一个主要领域。

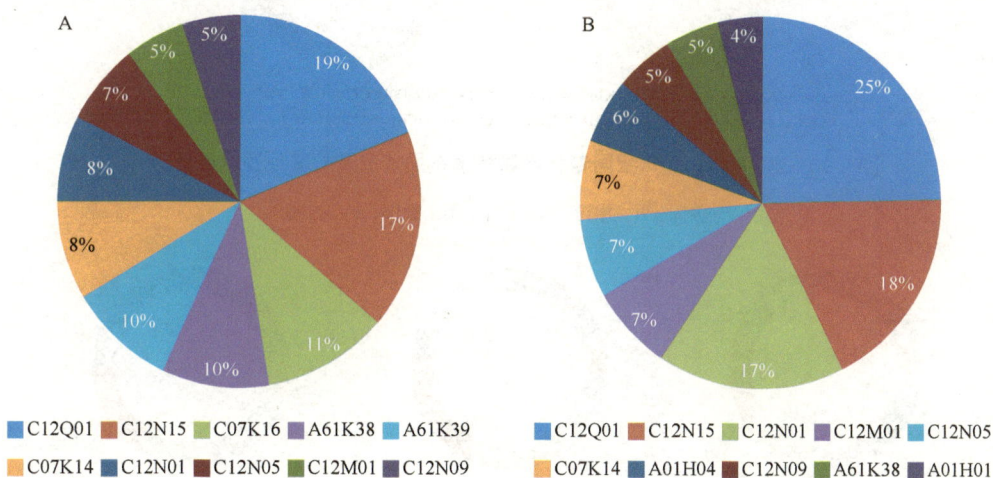

图 6-12　全球（A）与我国（B）生物技术专利申请技术布局情况

对近 10 年（2007～2016 年）的专利 IPC 分类号进行统计分析，我国在包含酶或微生物的测定或检验方法（C12Q01）领域分类下的专利申请数量最多。排名前 5 位中其他的 IPC 分类号分别是 C12N15（突变或遗传工程；遗传工程涉及的 DNA 或 RNA，载体）、C12N01（微生物本身，如原生动物；及其组合物）、C07K14（具有多于 20 个氨基酸的肽；促胃液素；生长激素释放抑制因子；促黑激素；其衍生物）和 C12M01（酶学或微生物学装置）。申请和授权专利数量前 5 位的国家，即美国、中国、日本、德国和韩国，其排名前 10 位的 IPC 分类号大体相同，顺序有所差异，说明各国在生物技术领域的专利布局上主体结构类似，而又各有侧重（图 6-13）。

通过近 10 年数据（图 6-13）与近 5 年数据（图 6-14）的对比发现，我国

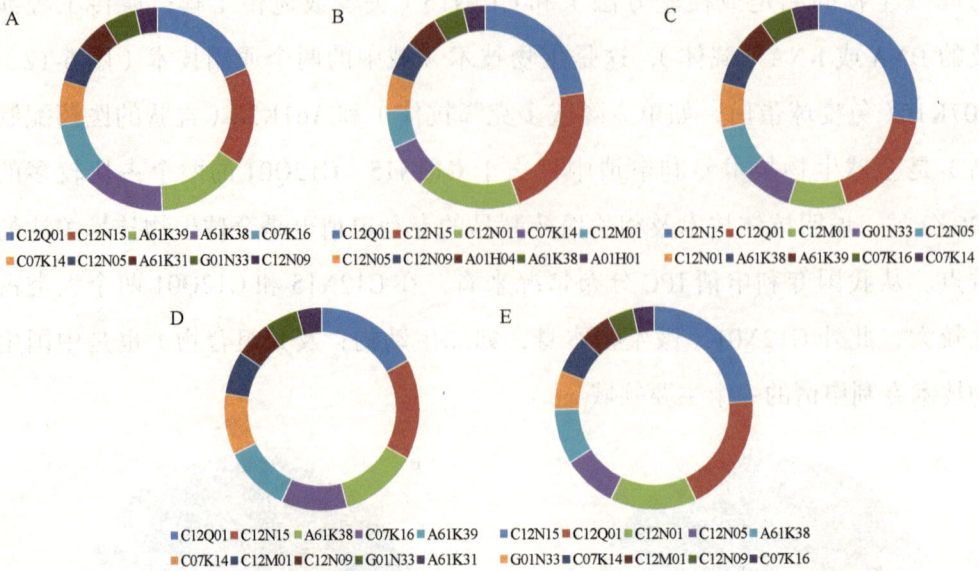

图 6-13　2007～2016 年我国专利申请技术布局情况及与其他国家的比较

A. 美国；B. 中国；C. 日本；D. 德国；E. 韩国

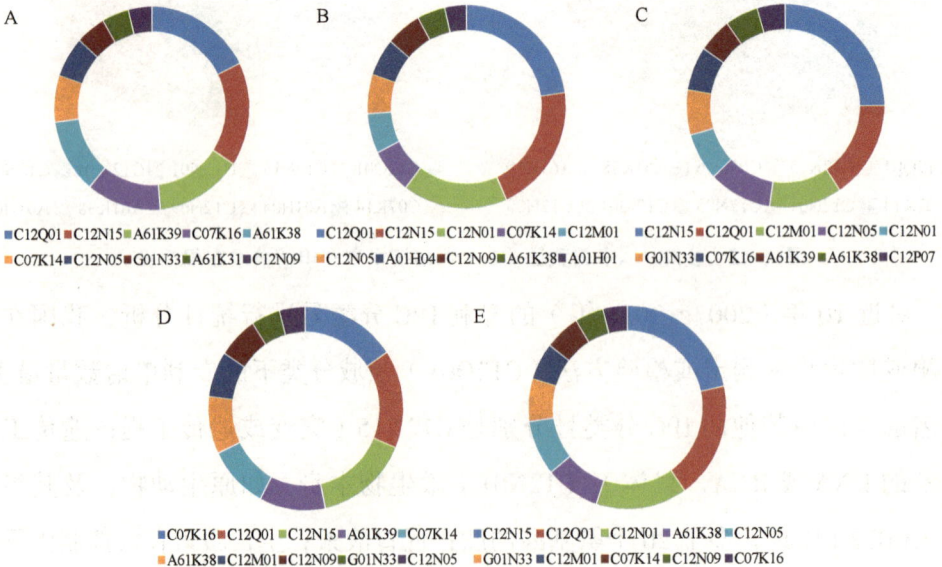

图 6-14　2012～2016 年我国专利申请技术布局情况及与其他国家的比较

A. 美国；B. 中国；C. 日本；D. 德国；E. 韩国

在 A01H04（通过组织培养技术的植物再生）方面的专利申请比例有所增加；美国增加了在 C07K16（免疫球蛋白，如单克隆或多克隆抗体）领域的投入；日本在 C12N05（未分化的人类、动物或植物细胞，如细胞系；组织；它们的

培养或维持；其培养基）方面的研发有所加强；德国对 C07K16（免疫球蛋白，如单克隆或多克隆抗体）方面的投入有所增长；韩国侧重了 A61K38（含肽的医药配制品）方向的研究（表 6-10）。

表 6-10　上文出现的 IPC 分类号及其对应含义

IPC 分类号	含义
A01H01	改良基因型的方法
A01H04	通过组织培养技术的植物再生
A61K31	含有机有效成分的医药配制品
A61K38	含肽的医药配制品
A61K39	含有抗原或抗体的医药配制品
C07K14	具有多于 20 个氨基酸的肽；促胃液素；生长激素释放抑制因子；促黑激素；其衍生物
C07K16	免疫球蛋白，如单克隆或多克隆抗体
C12M01	酶学或微生物学装置
C12N01	微生物本身，如原生动物；及其组合物
C12N05	未分化的人类、动物或植物细胞，如细胞系；组织；它们的培养或维持；其培养基
C12N09	酶，如连接酶
C12N15	突变或遗传工程；遗传工程涉及的 DNA 或 RNA，载体
C12P07	含氧有机化合物的制备
C12Q01	包含酶或微生物的测定或检验方法
G01N33	利用不包括在 G01N 1/00～G01N 31/00 组中的特殊方法来研究或分析材料

（四）竞争格局

1. 中国专利布局情况

由我国生物技术专利申请和授权的国家、地区或组织分布情况（图 6-15，图 6-16）可以看出，我国申请并获得授权的专利主要集中在大陆地区。此外，我国也向世界知识产权组织（WIPO）、美国、欧洲、韩国和日本等国家、地区或组织提交了生物技术专利申请，但获得授权的专利数量较少，这说明我国还需要进一步加强专利国际化布局。

中国 (120 014)　世界知识产权组织 (3 656)　美国 (1 934)　欧洲专利局 (1 006)　日本 (584)
韩国 (559)　加拿大 (369)　澳大利亚 (247)　中国台湾 (200)　墨西哥 (110)
巴西 (109)　俄罗斯 (91)　印度 (74)　新加坡 (41)　阿根廷 (37)
新西兰 (28)　乌拉圭 (22)　欧亚专利组织 (20)　英国 (19)　菲律宾 (19)

图 6-15　2007～2016 年我国生物技术专利申请的国家、地区或组织分布[1]

中国 (64 513)　美国 (931)　欧洲专利局 (370)　日本 (272)　澳大利亚 (147)
德国 (113)　加拿大 (108)　韩国 (103)　奥地利 (102)　中国台湾 (94)
俄罗斯 (88)　西班牙 (83)　丹麦 (63)　中国香港 (35)　葡萄牙 (22)
乌克兰 (19)　马来西亚 (16)　英国 (10)　斯洛文尼亚 (9)　巴西 (8)

图 6-16　2007～2016 年我国生物技术专利授权的国家、地区或组织分布

2. 在华专利竞争格局

从近十年来中国受理和授权的生物技术专利所属国家、地区或组织分布情

---

① 图中所列为排名前 20 的国家、地区或组织，"中国"数据不包括港澳台，中国台湾地区、香港特别行政区在数据统计和图例标示中单独列出，所用世界地图来自国家测绘地理信息局，审图号 GS（2016）2955，以下三图不再赘述

况可以看出（图6-17，图6-18），我国生物技术专利的受理对象仍以本国申请为主，美国、日本、欧洲、英国等国家或地区紧随其后；而我国生物技术专利的授权对象集中于中国大陆，美国、日本、欧洲和英国分别位列第2～5位，上述国家的专利权人在我国获得授权的专利数量分别达到了中国授权专利总量的9.40%、3.75%、2.10%和0.91%。这说明，美国、日本和欧洲等科技强国或地区对我国市场的重视，因此在中国展开技术布局。

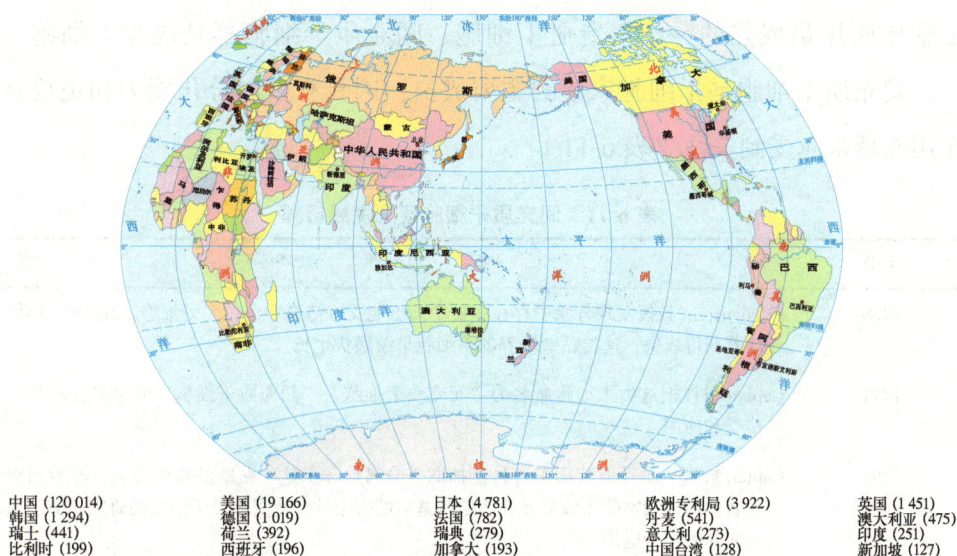

中国 (120 014)　美国 (19 166)　日本 (4 781)　欧洲专利局 (3 922)　英国 (1 451)
韩国 (1 294)　德国 (1 019)　法国 (782)　丹麦 (541)　澳大利亚 (475)
瑞士 (441)　荷兰 (392)　瑞典 (279)　意大利 (273)　印度 (251)
比利时 (199)　西班牙 (196)　加拿大 (193)　中国台湾 (128)　新加坡 (127)

图 6-17　2007～2016 年中国受理的生物技术专利所属国家、地区或组织分布情况

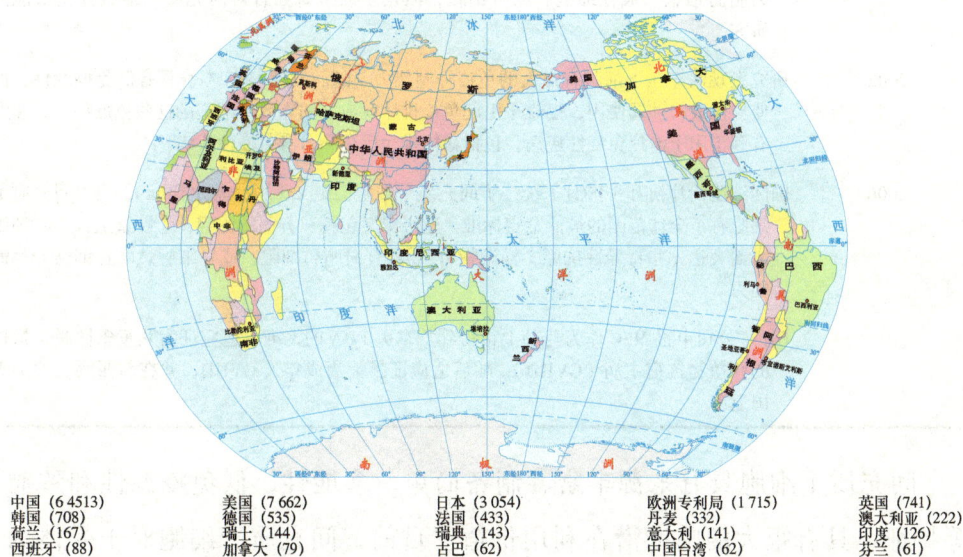

中国 (6 4513)　美国 (7 662)　日本 (3 054)　欧洲专利局 (1 715)　英国 (741)
韩国 (708)　德国 (535)　法国 (433)　丹麦 (332)　澳大利亚 (222)
荷兰 (167)　瑞士 (144)　瑞典 (143)　意大利 (141)　印度 (126)
西班牙 (88)　加拿大 (79)　古巴 (62)　中国台湾 (62)　芬兰 (61)

图 6-18　2007～2016 年中国授权的生物技术专利所属国家、地区或组织分布情况

三、知识产权案例分析——间充质干细胞

（一）间充质干细胞领域的研究处于高速发展期

干细胞技术在临床上的应用代表着未来医学发展的一大方向。成体干细胞是临床应用最成熟的一类。造血干细胞、间充质干细胞都是成体干细胞。其中，间充质干细胞是干细胞家族的主要成员，因具有多向分化能力和免疫调节作用而越来越受到关注（表 6-11）。

表 6-11　间充质干细胞研究发展历程

年份	事件
1968	Friedenstein 教授发现骨髓中存在一群干细胞能支持造血和分化为骨细胞，在 1974 年体外培养获得成果，这类贴壁培养的干细胞呈漩涡状生长
1991	Caplan 教授把这类干细胞命名为"间充质干细胞"，"间充质干细胞"的命名逐渐被广泛接受和使用
1995	Caplan 教授从恶性血液病患者骨髓抽取并分离培养出这些贴壁的基质细胞，然后回输到患者体内，观察临床效果并证明这些基质的安全性，使间充质干细胞的研究从实验室跨入实际的临床应用
1999	Pittenger 等在 *Science* 发表文章，首次证明间充质干细胞具有多向分化能力，能分化为脂肪细胞、成骨细胞、软骨细胞，激发了众多研究者对间充质干细胞分化潜能的研究
2002	研究发现间充质干细胞有强大的免疫抑制能力。随后发现 MSC 本身具有低免疫原性，即使异体或跨种属使用，也难于引起免疫排斥反应。间充质干细胞的这些免疫特性，非常有利于用于治疗免疫性疾病，包括移植排斥反应和自身免疫性疾病
2006	国际细胞治疗协和（ISCT）统一了间充质干细胞的定义（也是鉴定标准），使得间充质干细胞有了全球范围的最低鉴定标准。这个定义包括三方面的内容：①贴壁生长；②细胞表面表达一些特异性抗原（标记物）；③具有向脂肪细胞、成骨细胞、软骨细胞分化的能力
2012	Osiris 公司申报 MSC 作为药品上市得到加拿大 FDA 的批准，适应证为儿童急性激素抵抗的移植物抗宿主病（GVHD），随后适应证扩大为成年人 GVHD，并在新西兰、瑞士等国上市

间充质干细胞具有来源丰富、制备简单、多能性、低免疫源性和致瘤性等特征，具有很大的临床潜在利用价值。目前，间充质干细胞对于受体的治疗作用可能有以下两方面原因：MSC 对于受损部位组织的定向分化和 MSC 细

胞因子的旁分泌作用。在定向分化方面主要体现的是替代作用，可以诱导成很多组织细胞，修复替代损伤的组织；在旁分泌方面主要体现在间充质干细胞可以分泌很多的细胞因子，这些因子可以参与组织的修复。旁分泌效应分泌的细胞因子主要包括这几类：抗凋亡的分子、免疫调节的分子、抗斑痕的分子、支持作用分子、血管生成分子等。间充质干细胞还可以抑制排斥反应，起到免疫调节性作用。目前与间充质干细胞相关的临床试验已涉及 300 多种疾病，单是在美国开展的与间充质干细胞相关的临床试验就达到了 652 件，主要的疾病包括骨损伤、神经退行性疾病、糖尿病、心肌缺血、重症肌无力、肝损伤等。

在间充质干细胞领域，整体上来看，间充质干细胞研究领域正处于高速发展期。间充质干细胞的研究起步相对较晚，其标志事件是 1999 年 Pittenger 教授等在 Science 发表文章，首次证明间充质干细胞具有多向分化能力，能分化为脂肪细胞、成骨细胞、软骨细胞等。这个研究成果激发了众多研究者对间充质干细胞分化潜能的研究，在不同的诱导条件下分化为许多不同的组织，如骨组织、软骨组织、脂肪组织、内皮组织、肌肉组织、神经组织、上皮组织等。更为重要的是间充质干细胞可以从成体多种组织获得，分离方法简便，体外培养方便，其常见的来源包括骨髓、脐带血、骨组织、软骨组织、肌肉组织、脂肪组织、血管组织等。从 2002 年起，认知上对间充质干细胞越来越深入的了解及技术上对间充质干细胞越来越简单的要求，使得对间充质干细胞领域的研究及相关专利的申请出现了指数式的增长（图 6-19）。

对间充质干细胞领域专利族申请的年度分布进行研究，发现近十年（2007～2016 年）专利族申请数量为 7 243 个，达到该领域专利族申请总数量的 81%（图 6-20）。可见，间充质干细胞领域的研究主要集中于近十年。

（二）各子领域发展程度各不相同

间充质干细胞的相关研究主要包括间充质干细胞的分离纯化、诱导分化及临床应用三个部分。因为间充质干细胞首先要从骨髓等来源中分离得到，一般首先分离骨髓低密度的单个核细胞，进行纯化。随后将细胞添加到培养基

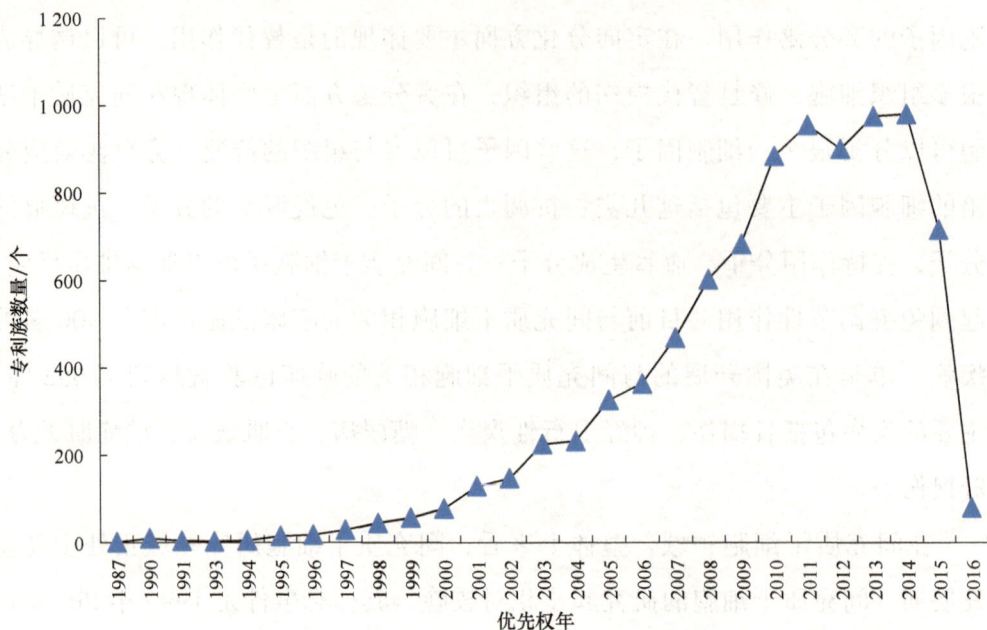

图 6-19　全球间充质干细胞领域专利族数量优先权年分布

数据来源：德温特专利数据库

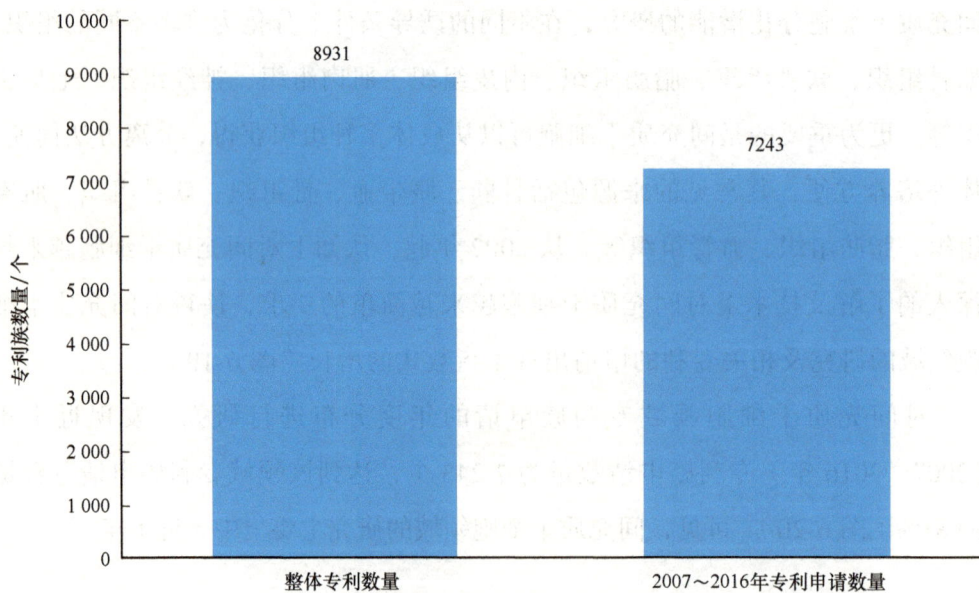

图 6-20　全球间充质干细胞领域专利族数量不同时间段分布情况

数据来源：德温特专利数据库

中进行扩大培养。在得到一定量的间充质干细胞后，为使间充质干细胞向某类组织分化，需对其进行定向的诱导分化，最后将其应用到临床研究中。为了能更好地理解间充质干细胞各个领域的发展情况，对间充质干细胞研究涉及的相关技术进行细化，建立了间充质干细胞的专利技术谱系，借此进行子领域的研究。对各子领域的专利数量进行统计，发现间充质干细胞各子领域的发展程度有较大差异。

对间充质干细胞的主要研究领域进行研究，发现诱导分化是申请专利族数量最多的领域，1987年至今共申请专利族592个。生物方法是诱导分化最常用的方法。在体内和体外各种不同诱导条件下，间充质干细胞具有分化为成骨细胞、成脂细胞、成软骨细胞、内皮细胞、神经细胞、肌细胞等中胚层和神经外胚层组织细胞的能力，诱导分化也是干细胞主要的应用领域（表6-12）。可见，如何诱导干细胞向目标组织迁移定向分化为需要的组织细胞，是该领域研究的热点。

表 6-12　间充质干细胞专利族子领域分布

二级	三级	四级	专利族数量 / 个
分离纯化	分离纯化	—	2 343
	培养（富集）	—	147
诱导分化	生物方法	胰岛素	149
		骨形态发生蛋白	93
		表皮生长因子	76
		转型生长因子	63
		白介素	60
		激活素	56
		成纤维细胞生长因子	48
		血管内皮生长因子	32
		肝细胞生长因子	31
	化学方法	地塞米松	58
		维生素 C	49
		β-巯基乙醇	22
	物理方法	低氧	29
		磁场	3
		电刺激	3
临床应用	免疫疾病	类风湿关节炎	227
		移植物抗宿主病	122
		炎性肠病	89

续表

二级	三级	四级	专利族数量 / 个
临床应用	免疫疾病	哮喘	79
		系统性红斑狼疮	72
	代谢疾病	糖尿病	444
		肥胖	101
		血脂异常	16
	神经退化性疾病	帕金森病	213
		多发性硬化症	211
		阿尔茨海默病	195
		肌萎缩性侧索硬化	118
		亨廷顿病	90
	心血管疾病	心脏衰竭	181
		心肌病	127
		高血压	92
		冠状动脉疾病	68
		心肌炎	41
		先天性心脏病	21
	肿瘤（癌症）	—	658
	组织修复	—	295

注：对于无法穷举的三级技术谱系，选择了主要方法或关键因子种类进行列举，构建四级技术谱系

对各子领域专利族数量的增长情况进行统计，发现各个领域专利族的增长速度各不相同。分离纯化部分的专利整体都增长较快，预处理与诱导分化部分的生物方法如生物因子处理、基因修饰、生物因子诱导等领域也有较快增长，是研究的重点。在疾病应用部分，肿瘤、组织修复、免疫疾病、心血管疾病等多种疾病的间充质干细胞治疗方法都得到了持续的关注（图6-21）。

（三）间充质干细胞已成为全球专利布局的重点领域

1. 美国是间充质干细胞最主要的布局国家

对间充质干细胞专利族申请的国家分布来看，美国是间充质干细胞领域专利布局最多的国家，且专利族数量遥遥领先其他国家。中国其次，专利族数量为1 271个。韩国、日本、加拿大分别列于第三至五位（图6-22）。美国在间充

分离纯化	分离		鉴定		富集

预处理

生物因子处理					基因修饰	无血清培养	化学处理		物理处理
BMP	IL	TGF	TNF				地塞米松	丙戊酸	
FGF	VEGF	HGF					过氧化氢		
IGF	IFN	SCF							

诱导分化

生物因子诱导				化学诱导		物理处理	
胰岛素	BMP	EGF	TGF	地塞米松	氢化可的松	低氧	磁场
IL	ACT	FGF	VEGF	β-巯基乙醇	维生素C	电刺激	
	HGF	NTF		5 AZA			

疾病应用

免疫疾病			代谢疾病		组织修复	其他	肿瘤
类风湿关节炎	哮喘	鼻炎	糖尿病	肥胖		肝硬化	
移植物抗宿主疾病	炎性肠病		血脂异常			肺纤维化	
多肌炎	系统性红斑狼疮					败血症	

神经退化性疾病			心血管疾病	
帕金森病	多发性硬化症	阿尔茨海默病	心肌症	
肌萎缩性侧索硬化	亨廷顿病		高血压	冠状动脉

近年来专利申请数量高速增长	近年来专利申请数量低速增长	近年来专利申请数量相对平稳

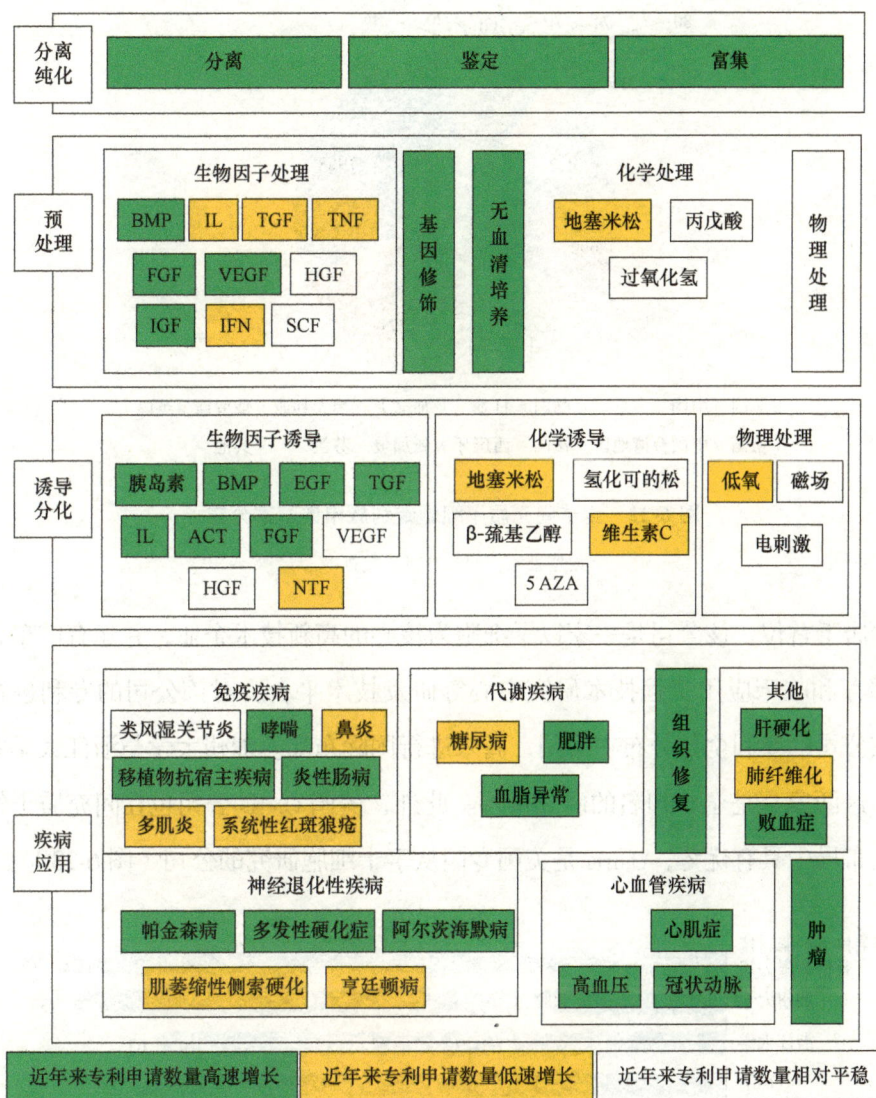

图 6-21　全球间充质干细胞各子领域的专利族数量增长情况

数据来源：德温特专利数据库

质干细胞领域的优势地位与其国家在生物医药领域高额的科技创新投入及科技创新能力紧密相关。

2. 机构专利权人与企业专利权人各占半壁江山

对全球间充质干细胞专利族申请的机构与企业进行分析，发现机构专利权人与企业专利权人各占半壁江山。其中，我国广州赛莱拉干细胞科技股份有限公司的专

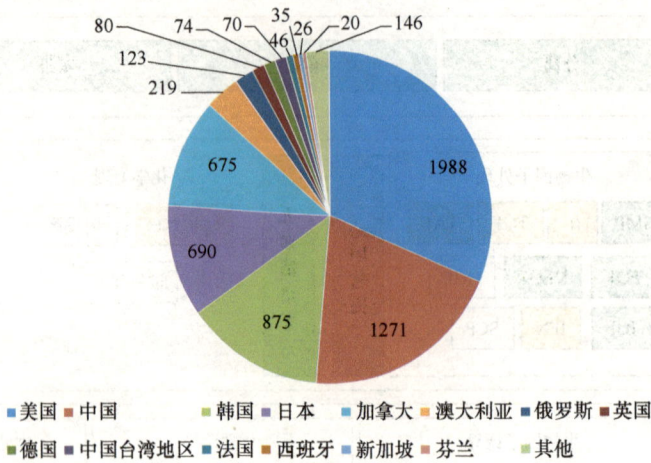

图 6-22　全球间充质干细胞专利族申请国家分布

数据来源：德温特专利数据库

利数量居于首位，该公司是一家以干细胞为核心的高新技术企业，并建有广东省干细胞储存和临床应用工程技术研究中心等研发技术平台，对该公司的专利进行分析，该公司的专利全部分布在中国，尚未进行国际布局。加州大学与浙江大学紧随其后，这两家都是全球知名的研究机构。此外，美国 Osiris 公司也在间充质干细胞的专利布局中具有优势，Osiris 是美国专门从事干细胞研究的公司（图 6-23）。

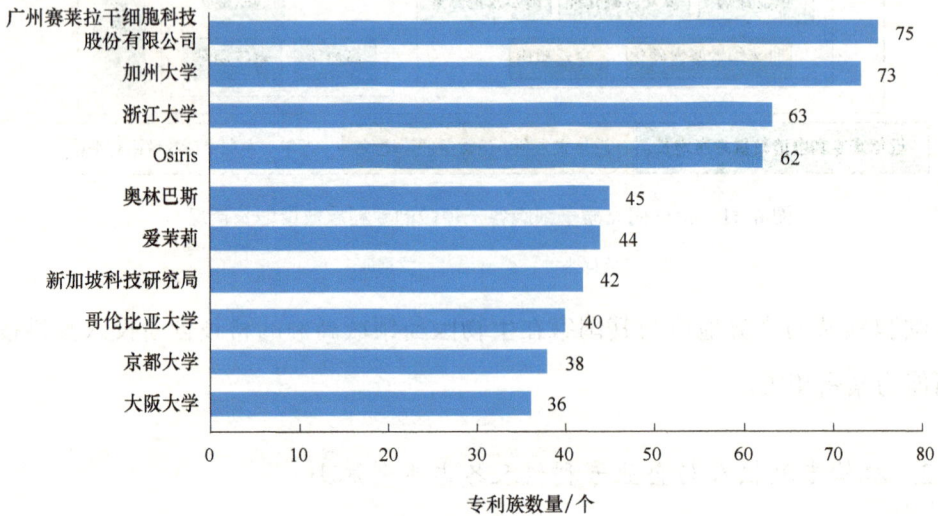

图 6-23　全球间充质干细胞专利族申请机构分布

数据来源：德温特专利数据库

（四）国内机构纷纷抢占间充质干细胞研究高地

1. 政策放开推动我国干细胞研究快速发展

因为干细胞政策上的不完善，我国存在一段时间的"干细胞乱象"，2012年初，国家卫生和计划生育委员会就发布了《关于开展干细胞临床研究和应用自查自纠工作的通知》，叫停正在开展的未经批准的干细胞临床研究和应用项目，"干细胞乱象"严重阻碍了国内干细胞研究的发展。2015年，《干细胞临床研究管理办法（试行）》和《干细胞制剂质量控制及临床前研究指导原则（试行）》两大政策先后出台，为干细胞产业规范化发展奠定了良好的政策基础。2016年初，国家卫生和计划生育委员会发布了《科技教育司2016年工作要点》，将"强化干细胞临床研究管理"作为规范管理重点之一，强调全面落实两大政策，启动干细胞临床研究机构和研究项目备案。开展日常监管，配合国家食品药品监督管理总局组织开展专项整治，促进干细胞临床研究健康开展。10月25日，中共中央、国务院印发的《"健康中国2030"规划纲要》全文公布。该规划纲要提出，到2030年，我国主要健康指标进入高收入国家行列，人均预期寿命较目前再增加约3岁，达到79岁。其中，"干细胞与再生医学"作为重大科技项目被列入该规划纲要，旨在推进医学科技进步，推动健康科技创新。

干细胞政策的放开，促进了我国间充质干细胞领域研究的快速发展。从我国间充质干细胞领域专利的申请数量来看，1996～2014年我国间充质干细胞专利数量增长较为平缓，2015年间充质干细胞的专利数量有了突破性的增长，国家政策的引导对于该领域的发展有着重要的作用（图6-24）。

2. 广州赛莱拉干细胞科技股份有限公司是我国在该领域专利布局最多的企业

对我国间充质干细胞专利族申请的机构与企业进行分析，我国间充质干细胞领域的专利布局还是以研究机构为主。除了排在首位的广州赛莱拉干细胞科技股份有限公司外，浙江大学、军事医学科学院基础医学研究所都在我国

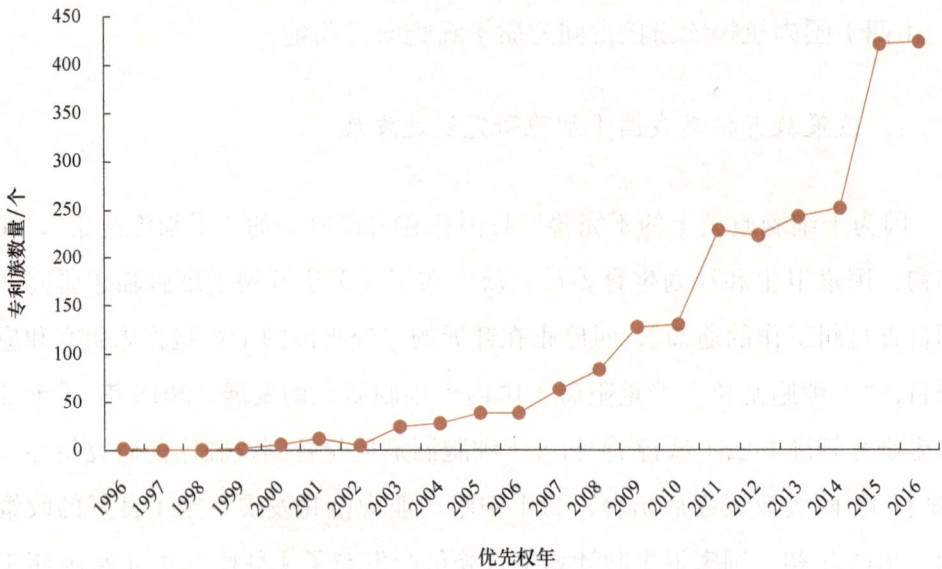

图 6-24　我国间充质干细胞领域专利族数量优先权年分布

数据来源：德温特专利数据库

间充质干细胞专利布局上处于领先地位。此外，澳大利亚生物制药 Mesoblast 在我国也进行了多项专利布局，可见其很看好干细胞产品在中国的市场。Mesoblast 是一家开发以细胞为基础的再生治疗产品的生物技术公司，它利用其专利技术平台所开发的治疗产品包含间质系成人干细胞（MLC），可用于治疗心脏病、脊柱和肌肉骨骼疾病、肿瘤和血液疾病、免疫媒介及发炎性等状况。在我国的企业中，2015 年成立的深圳爱生再生医学科技有限公司也进入了专利申请的前 10 位，公司提供包括干细胞培养基研发、干细胞储存技术优化、干细胞美容保健抗衰老、干细胞化妆品研发、干细胞保健品研发等多类干细胞技术的研究与服务，可见其非常重视对其产品与技术通过专利途径进行保护（图 6-25）。

3. 不同机构与企业在间充质干细胞领域的研究各有侧重

对我国前 5 位间充质干细胞领域的专利权人涉足的专利技术进行分析，发现不同专利权人的研究方向各有不同。其中机构专利权人侧重于对间充质干细胞培养与分离方法的优化及通过生物与化学手段促进其定向诱导分化，如浙江大学和

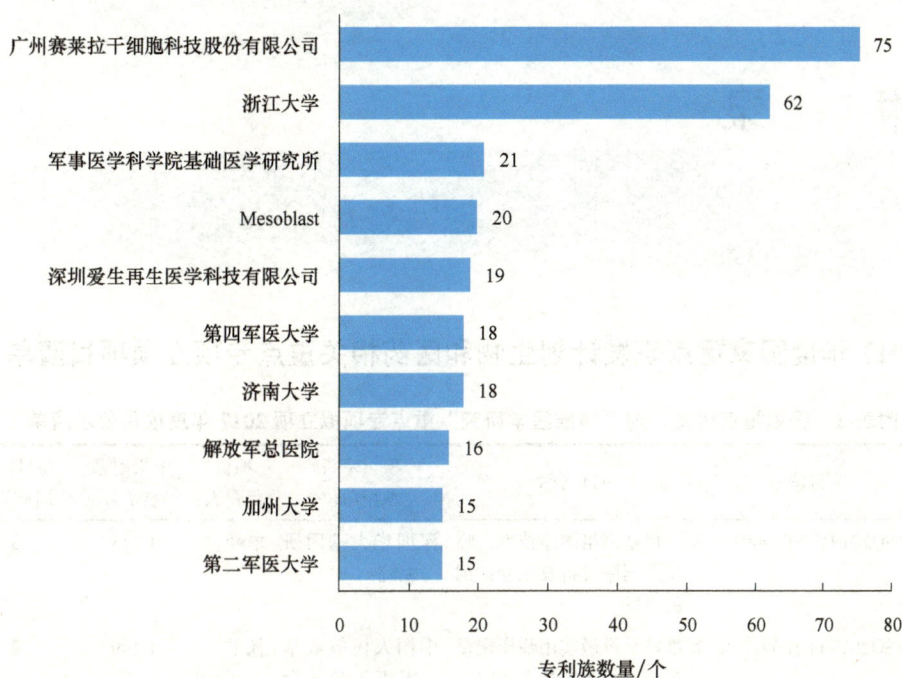

图 6-25　我国间充质干细胞专利族申请机构分布

数据来源：德温特专利数据库

军事医学科学院基础医学研究所，而企业专利权人侧重于应用于代谢性疾病、炎性疾病、组织修复等的间充质干细胞产品的制备工艺研究，如广州赛莱拉干细胞科技股份有限公司、Mesoblast、深圳爱生再生医学科技有限公司等（表6-13）。

表 6-13　我国 Top5 间充质干细胞领域专利权人主要研究领域

专利权人	拥有专利族数量 / 个	主要涉足领域
广州赛莱拉干细胞科技股份有限公司	75	间充质干细胞培养及分离方法的优化；用于美容、组织修复、骨骼再生等间充质干细胞制剂的制备
浙江大学	62	促进间充质干细胞向骨骼、血管、神经细胞等诱导分化的方法；间充质干细胞分离纯化方法的优化
军事医学科学院基础医学研究所	21	间充质干细胞分离纯化方法的优化；重组间充质干细胞的制备
Mesoblast	20	用于治疗炎性疾病、免疫系统疾病、代谢疾病等间充质干细胞制剂的制备与优化
深圳爱生再生医学科技有限公司	19	用于治疗糖尿病、肝硬化、类风湿关节炎、肝衰竭、修复角膜、修复皮肤等干细胞制剂的制备；间充质干细胞的培养与保存

数据来源：德温特专利数据库

附　录

2017 年度国家重点研发计划生物和医药相关重点专项立项项目清单

附表-1　国家重点研发计划"精准医学研究"重点专项拟立项 2017 年度项目公示清单

序号	项目编号	项目名称	项目牵头承担单位	项目负责人	中央财政经费／万元	项目实施周期／年
1	SQ2017YFSF090017	新一代基因组测序技术、临床用测序设备及配套试剂的研发	深圳华大基因研究院	牟峰	1 843	3
2	SQ2017YFSF090210	精准特异灵敏实用临床定量蛋白质组支撑技术研究	中国人民解放军军事医学科学院放射与辐射医学研究所	徐平	1 499	3
3	SQ2017YFSF090025	临床样本代谢组的超灵敏高覆盖定量分析技术研究	复旦大学	唐惠儒	1 600	3
4	SQ2017YFSF090219	应用于临床样本检测的超灵敏、高覆盖代谢组定量分析技术研发	中国科学院大连化学物理研究所	许国旺	800	3
5	SQ2017YFSF090080	华东区域自然人群队列研究	复旦大学	赵根明	1 983	4
6	SQ2017YFSF090036	华南区域自然人群慢性病前瞻性队列研究	中山大学	夏敏	1 951	4
7	SQ2017YFSF090013	西北区域自然人群队列研究	西安交通大学	颜虹	1 734	4
8	SQ2017YFSF090144	西南区域自然人群队列研究	四川大学	李晓松	1 557	4
9	SQ2017YFSF090121	东北区域自然人群队列研究	中国医科大学附属盛京医院	赵玉虹	1 957	4
10	SQ2017YFSF090117	中国人群多组学参比数据库与分析系统建设	哈尔滨工业大学	王亚东	8 985	4
11	SQ2017YFSF090027	中国常见风湿免疫病临床队列及预后研究	中国医学科学院北京协和医院	曾小峰	1 285	4
12	SQ2017YFSF090175	神经系统疾病专病队列研究	首都医科大学宣武医院	笪宇威	1 417	4
13	SQ2017YFSF090214	中国精神障碍队列研究	北京大学第六医院	黄悦勤	1 368	4
14	SQ2017YFSF090133	肺癌专病队列研究	中国医学科学院肿瘤医院	代敏	1 472	4

序号	项目编号	项目名称	项目牵头承担单位	项目负责人	中央财政经费/万元	项目实施周期/年
15	SQ2017YFSF090096	前列腺癌专病队列研究	广西医科大学	莫曾南	1 410	4
16	SQ2017YFSF090159	肝癌/肝病临床和社区人群大型队列研究	上海交通大学	夏强	1 326	4
17	SQ2017YFSF090160	结直肠癌专病队列研究	浙江大学	丁克峰	1 404	4
18	SQ2017YFSF090132	规范化大型胃癌队列的建立及其可用性研究	中国人民解放军第四军医大学	吴开春	1 500	4
19	SQ2017YFSF090061	中国重大疾病与罕见病临床与生命组学数据库	中国人民解放军总医院	任国荃	4 977	4
20	SQ2017YFSF090107	头颈部恶性肿瘤个性化药物评价及临床转化体系建立	上海交通大学	孙树洋	1 432	3
21	SQ2017YFSF090222	肿瘤药物耐药的遗传学与表观遗传学标志物的发现与临床解决方案研究	浙江大学	曾苏	990	3
22	SQ2017YFSF090077	冠心病和心房颤动的诊疗规范和应用方案的精准化研究	首都医科大学附属北京安贞医院	周玉杰	800	3
23	SQ2017YFSF090065	稳定性心绞痛与急性冠脉综合征诊疗规范及应用方案的精准化研究	山东大学	陈玉国	400	3
24	SQ2017YFSF090203	非酒精性脂肪性肝病诊疗的精准化研究	北京大学	张炜真	996	3
25	SQ2017YFSF090114	基于系统生物学的重大自身免疫病防诊治精准化策略研究	上海交通大学	吕良敬	957	3
26	SQ2017YFSF090164	精神分裂症和双相障碍多模态精准诊疗方案优化研究	上海交通大学	崔东红	800	3
27	SQ2017YFSF090146	帕金森相关疾病早期诊断及精准治疗研究	苏州大学	刘春风	400	3
28	SQ2017YFSF090157	基于组学和临床预后的心力衰竭及猝死分子分型及治疗靶标发现	华中科技大学	汪道文	800	3
29	SQ2017YFSF090074	冠心病个体化用药靶标发现与组学新技术研发	中山大学	黄民	400	3
30	SQ2017YFSF090207	基于临床生物信息学研发慢性阻塞性肺病的个体化治疗靶标和新技术	复旦大学	王向东	948	3
31	SQ2017YFSF090176	糖尿病个体化诊疗靶标的发现与应用	首都医科大学附属北京同仁医院	杨金奎	800	3
32	SQ2017YFSF090209	肥胖及Ⅱ型糖尿病个体化治疗靶标发现与新技术研发	中国科学院上海生命科学研究院	林旭	400	3

续表

序号	项目编号	项目名称	项目牵头承担单位	项目负责人	中央财政经费/万元	项目实施周期/年
33	SQ2017YFSF090143	基于修饰型抗体及免疫细胞的精准医学治疗的标准研究	中国人民解放军第二军医大学东方肝胆外科医院	钱其军	1 819	3
34	SQ2017YFSF090284	基于远程/移动医疗网络的精准医疗综合服务示范体系建设与推广	郑州大学第一附属医院	赵杰	3 981	4
35	SQ2017YFSF090285	精准医疗集成应用示范体系建设	中日友好医院	姚树坤	2 000	4
36	SQ2017YFSF090029	精准医疗伦理、政策法规框架研究	复旦大学	王国豫	473	3

数据来源：国家科技管理信息系统平台

附表-2　国家重点研发计划"七大农作物育种"重点专项 2017 年度拟立项项目公示清单

序号	项目编号	项目名称	项目牵头承担单位	项目负责人	中央财政经费/万元	项目实施周期/年
1	2017YFD0100100	华南籼稻优质高产高效新品种培育	福建省农业科学院水稻研究所	杨惠杰	1 946	4
2	2017YFD0100200	西南水稻优质高产高效新品种培育	四川省农业科学院	任光俊	2 054	4
3	2017YFD0100300	长江中下游籼稻优质高产高效新品种培育	中国水稻研究所	胡培松	3 621	4
4	2017YFD0100400	长江中下游粳稻优质高产高效新品种培育	南京农业大学	刘裕强	3 476	4
5	2017YFD0100500	北方粳稻优质高产高效新品种培育	沈阳农业大学	徐正进	3 375	4
6	2017YFD0100600	黄淮冬麦区北片高产优质节水小麦新品种培育	山东省农业科学院作物研究所	刘建军	1 649	4
7	2017YFD0100700	黄淮冬麦区南片高产优质节水小麦新品种培育	河南省农业科学院	许为钢	1 645	4
8	2017YFD0100800	长江中下游冬麦区高产优质抗病小麦新品种培育	江苏里下河地区农业科学研究所	高德荣	2 182	4
9	2017YFD0100900	西南麦区优质多抗高产小麦新品种培育	四川省农业科学院作物研究所	杨武云	1 864	4
10	2017YFD0101000	北部麦区优质抗旱节水高产小麦新品种培育	中国农业科学院作物科学研究所	周阳	2 026	4
11	2017YFD0101100	东华北区早熟抗逆耐密适宜机械化玉米新品种培育	黑龙江省农业科学院玉米研究所	曹靖生	3 956	4

续表

序号	项目编号	项目名称	项目牵头承担单位	项目负责人	中央财政经费/万元	项目实施周期/年
12	2017YFD0101200	黄淮海耐密抗逆适宜机械化夏玉米新品种培育	中国农业科学院作物科学研究所	黄长玲	3 194	4
13	2017YFD0101300	北方大豆优质高产广适新品种培育	东北农业大学	张淑珍	1 868	4
14	2017YFD0101400	黄淮海大豆优质高产广适新品种培育	中国农业科学院作物科学研究所	韩天富	1 869	4
15	2017YFD0101500	南方大豆优质高产广适新品种培育	南京农业大学	邢邯	1 652	4
16	2017YFD0101600	西北内陆优质机采棉花新品种培育	中国农业科学院棉花研究所	李付广	2 969	4
17	2017YFD0101700	长江中游油菜高产优质适宜机械化新品种培育	中国农业科学院油料作物研究所	张学昆	2 969	4
18	2017YFD0101800	十字花科蔬菜优质多抗适应性强新品种培育	中国农业科学院蔬菜花卉研究所	杨丽梅	3 139	4
19	2017YFD0101900	茄科蔬菜优质多抗适应性强新品种培育	中国农业科学院蔬菜花卉研究所	张宝玺	2 951	4
20	2017YFD0102000	主要农作物种子分子指纹检测技术研究与应用	北京市农林科学院	赵久然	4 853	4

数据来源：国家科技管理信息系统平台

附表-3　国家重点研发计划"畜禽重大疫病防控与高效安全养殖综合技术研发"重点专项 2017 年度拟立项项目公示清单

序号	项目编号	项目名称	项目牵头承担单位	项目负责人	中央财政经费/万元	项目实施周期/年
1	2017YFD0500100	畜禽重要疫病病原学与流行病学研究	中国人民解放军军事医学科学院军事兽医研究所	涂长春	1 982	4
2	2017YFD0500200	畜禽重要病原菌的病原组学与网络调控研究	华中农业大学	周锐	2 049	4
3	2017YFD0500300	畜禽重要胞内菌基因调控及其与宿主互作的分子机制研究	华中农业大学	何正国	2 174	4
4	2017YFD0500400	畜禽重要胞内寄生原虫的寄生与免疫机制研究	沈阳农业大学	陈启军	1 856	4
5	2017YFD0500500	畜禽肠道健康与消化道微生物互作机制研究	西北农林科技大学	姚军虎	2 082	4
6	2017YFD0500600	猪重要疫病免疫防控新技术研究	中国农业科学院哈尔滨兽医研究所	仇华吉	1 900	4

续表

序号	项目编号	项目名称	项目牵头承担单位	项目负责人	中央财政经费/万元	项目实施周期/年
7	2017YFD0500700	鸡重要疫病免疫防控新技术研究	扬州大学	彭大新	2 073	4
8	2017YFD0500800	水禽重要疫病免疫防控新技术研究	四川农业大学	汪铭书	1 833	4
9	2017YFD0500900	牛羊重要疫病免疫防控新技术研究	中国兽医药品监察所	毛开荣	1 907	4
10	2017YFD0501000	动物疫病生物防治性制剂研制与产业化	吉林农业大学	钱爱东	2 071	4
11	2017YFD0501100	动物重大疫病新概念防控产品研发	东北农业大学	李一经	2 178	4
12	2017YFD0501200	严重危害畜禽的寄生虫病诊断、检测与防控新技术	中国农业科学院兰州兽医研究所	殷宏	1 765	4
13	2017YFD0501300	畜禽重要人兽共患寄生虫病源头防控与阻断技术研究	吉林大学	刘明远	1 768	4
14	2017YFD0501400	新型畜禽药创制与产业化	华中农业大学	袁宗辉	1 821	4
15	2017YFD0501500	中兽医药现代化与绿色养殖技术研究	湖南农业大学	曾建国	1 844	4
16	2017YFD0501600	畜禽疫病防控专用实验动物开发	中国农业科学院哈尔滨兽医研究所	刘长明	1 728	4
17	2017YFD0501700	珍稀濒危野生动物重要疫病防控与驯养繁殖技术研发	中国人民解放军军事医学科学院军事兽医研究所	刘全	1 767	4
18	2017YFD0501800	边境地区外来动物疫病阻断及防控体系研究	中国动物卫生与流行病学中心	王志亮	1 718	4
19	2017YFD0501900	畜禽繁殖调控新技术研发	中国农业大学	田见晖	1 870	4
20	2017YFD0502000	畜禽现代化饲养关键技术研发	华中农业大学	蒋思文	2 155	4
21	2017YFD0502100	优质饲草供给及草畜种养循环关键技术研发	中国农业大学	杨富裕	1 700	4
22	2017YFD0502200	畜禽群发普通病防控技术研究	中国农业大学	王九峰	1 879	4
23	2017YFD0502300	烈性外来动物疫病防控技术研发	中国农业科学院北京畜牧兽医研究所	李金祥	1 755	4

数据来源：国家科技管理信息系统平台

附表-4　国家重点研发计划"生殖健康及重大出生缺陷防控研究"重点专项拟立项
2017 年度项目公示清单

序号	项目编号	项目名称	项目牵头承担单位	项目负责人	中央财政经费/万元	项目实施周期/年
1	SQ2017YFSF080004	多囊卵巢综合征病因学及临床防治研究	山东大学	陈子江	1 478	4
2	SQ2017YFSF080009	卵巢早衰病因学及临床防治研究	山东大学	秦莹莹	1 783	4
3	SQ2017YFSF080001	子宫内膜异位症病因学及临床防治研究	中国医学科学院北京协和医院	冷金花	1 488	4
4	SQ2017YFSF080041	人类胚胎发育中的细胞编程与配子/胚胎源性疾病的发生机制	上海交通大学	黄荷凤	1 482	4
5	SQ2017YFSF080005	人类胚胎着床调控及相关重大妊娠疾病发生机制	厦门大学	王海滨	1 428	4
6	SQ2017YFSF080003	卵母细胞体外成熟的机制与临床应用研究	浙江大学	范衡宇	1 120	4
7	SQ2017YFSF080006	建立有效的人卵母细胞体外成熟优化体系及其临床应用的安全性研究	中山大学	梁晓燕	560	4
8	SQ2017YFSF080023	新生儿遗传代谢病筛查诊断集成化产品自主研发	中国人民解放军总医院	田亚平	1 995	4
9	SQ2017YFSF080012	出生缺陷一级预防孕前检测技术设备及应用平台的研发	上海交通大学	吴皓	1 918	4
10	SQ2017YFSF080109	儿童重症遗传病的基因编辑、干细胞及药物治疗	天津医科大学	李光	1 590	4
11	SQ2017YFSF080063	人类生育力下降机制和防护保存新策略研究	北京大学	张小为	1 797	4

数据来源：国家科技管理信息系统平台

附表-5　国家重点研发计划"典型脆弱生态修复与保护研究"重点专项
2017 年度拟立项项目公示清单

序号	项目编号	项目名称	申报单位	项目负责人	中央财政经费/万元	项目实施周期/年
1	2017YFC0503800	中国陆地生态系统生态质量综合监测技术与规范研究	中国科学院地理科学与资源研究所	王绍强	1 971	3.5
2	2017YFC0503900	陆地生态系统碳源汇监测技术及指标体系	北京大学	方精云	1 995	3.5
3	2017YFC0504000	东北退化森林生态系统恢复和重建技术研究与示范	北京林业大学	赵秀海	1 484	3.5

序号	项目编号	项目名称	申报单位	项目负责人	中央财政经费/万元	项目实施周期/年
4	2017YFC0504100	东北天然次生林抚育更新技术研究与示范	中国林业科学研究院资源信息研究所	张会儒	1 435	3.5
5	2017YFC0504200	东北黑土区侵蚀沟生态修复关键技术研发与集成示范	中国科学院东北地理与农业生态研究所	张兴义	1 472	3.5
6	2017YFC0504300	西北荒漠-绿洲区稳定性维持与生态系统综合管理技术研发与示范	中国科学院寒区旱区环境与工程研究所	何志斌	1 492	3.5
7	2017YFC0504400	西北干旱荒漠区煤炭基地生态安全保障技术	北京林业大学	赵廷宁	1 384	3.5
8	2017YFC0504500	鄂尔多斯高原砒砂岩区生态综合治理技术	黄河水利委员会黄河水利科学研究院	姚文艺	1 777	3.5
9	2017YFC0504600	黄土高原人工生态系统结构改善和功能提升技术	西北农林科技大学	杜盛	1 974	3
10	2017YFC0504700	黄土丘陵沟壑区沟道及坡面治理工程的生态安全保障技术与示范	中国科学院地理科学与资源研究所	刘彦随	1 974	3.5
11	2017YFC0504800	川西北和甘南退化高寒生态系统综合整治	兰州大学	赵志刚	1 838	3.5
12	2017YFC0504900	西南高山亚高山区工程创面退化生态系统恢复重建技术	四川大学	艾应伟	1 500	3.5
13	2017YFC0505000	西南高山亚高山退化森林生态系统恢复重建技术研究	中国科学院成都生物研究所	刘庆	1 460	3.5
14	2017YFC0505100	西南干旱河谷区生态综合治理及生态产业发展技术研发	中国科学院成都生物研究所	包维楷	1 981	3.5
15	2017YFC0505200	西南高山峡谷地区生物多样性保护与恢复技术	中国科学院昆明植物研究所	孙航	1 955	3.5
16	2017YFC0505300	三峡库区面源污染控制与消落带生态恢复技术与示范	中国林业科学研究院森林生态环境与保护研究所	刘常富	1 549	3.5
17	2017YFC0505400	南方红壤低山丘陵区水土流失综合治理	华中农业大学	史志华	1 960	3.5
18	2017YFC0505500	南方低效人工林改造与特色生态产业技术	中国林业科学研究院亚热带林业研究所	虞木奎	1 473	3.5
19	2017YFC0505600	南方丘陵山地屏障带生态系统服务提升技术研究与示范	中国林业科学研究院林业研究所	姜春前	1 477	3.5

序号	项目编号	项目名称	申报单位	项目负责人	中央财政经费/万元	项目实施周期/年
20	2017YFC0505700	城市化与区域生态耦合及调控机制	中国科学院生态环境研究中心	吕永龙	1 198	3.5
21	2017YFC0505800	人类活动对海岸带生态影响机制及综合调控研究	中国科学院生态环境研究中心	马克明	1 500	3.5
22	2017YFC0505900	北方典型河口湿地生态修复与产业化技术	北京师范大学	白军红	1 471	3.5
23	2017YFC0506000	长三角典型河口湿地生态恢复与产业化技术	华东师范大学	李秀珍	1 398	3.5
24	2017YFC0506100	红树林等典型滨海湿地生态恢复和生态功能提升技术研究与示范	厦门大学	郑海雷	1 453	3.5
25	2017YFC0506200	滨海滩涂湿地生态恢复与功能提升技术	中国林业科学研究院林业新技术研究所	崔丽娟	1 458	3.5
26	2017YFC0506300	南海典型岛礁生态建设与生态物联网监测技术研究与示范	中国科学院南海海洋研究所	张偲	1 982	3.5
27	2017YFC0506400	国家重要生态保护地生态功能协同提升与综合管控技术研究与示范	中国科学院地理科学与资源研究所	闵庆文	1 000	3
28	2017YFC0506500	重大生态工程生态效益监测与评估	中国科学院地理科学与资源研究所	邵全琴	1 144	3.5
29	2017YFC0506600	区域生态安全评估与预警技术	环境保护部南京环境科学研究所	高吉喜	1 149	3.5

数据来源：国家科技管理信息系统平台

附表-6　国家重点研发计划"蛋白质机器与生命过程调控"重点专项拟立项
2017年度项目公示清单

序号	项目编号	项目名称	项目承担单位	项目负责人	中央财政经费/万元	项目实施周期/年
1	2017YFA0503400	细胞自噬中的新蛋白质机器的鉴定和研究	清华大学	俞立	3 152	5
2	2017YFA0503500	细胞运动关键蛋白质机器的结构与功能研究	中国科学院上海生命科学研究院	朱学良	3 206	5
3	2017YFA0503600	着丝粒蛋白质机器调控细胞命运抉择的分子机制	中国科学技术大学	姚雪彪	3 230	5
4	2017YFA0503700	光合作用重要蛋白质机器的结构、功能与调控	中国科学院植物研究所	沈建仁	3 329	5
5	2017YFA0503800	光信号参与高等植物生长发育调控的蛋白质机器鉴定及作用机制研究	北京大学	邓兴旺	1 755	5

序号	项目编号	项目名称	项目承担单位	项目负责人	中央财政经费 / 万元	项目实施周期 / 年
6	2017YFA0503900	参与 DNA 损伤应答的新型蛋白质机器维持基因组稳定性的机制研究	深圳大学	朱卫国	2 879	5
7	2017YFA0504000	蛋白质稳态的氧化还原调控	中国科学院生物物理研究所	陈畅	3 196	5
8	2017YFA0504100	细胞编程与重编程相关蛋白质机器研究	中国科学院广州生物医药与健康研究院	裴端卿	3 341	5
9	2017YFA0504200	染色质可塑性动态调控的蛋白质机器及其作用机理	中国科学院生物物理研究所	李国红	3 348	5
10	2017YFA0504300	胞内及微环境 RNA- 蛋白质复合机器对细胞命运的调控作用及机制	四川大学	宋旭	*	
11	2017YFA0504400	RNA- 蛋白质机器在哺乳动物遗传信息表达中的调控功能与机制	中国科学院上海生命科学研究院	刘默芳	*	
12	2017YFA0504500	控制肝脏组织发育、再生重塑与大小的关键蛋白质机器	厦门大学	周大旺	3 274	5
13	2017YFA0504600	超大蛋白质机器的结构生物学研究	清华大学	杨茂君	2 990	5
14	2017YFA0504700	蛋白质机器的高分辨率冷冻电镜前沿技术及应用	中国科学院生物物理研究所	章新政	3 245	5
15	2017YFA0504800	线粒体内膜膜蛋白结构研究的新方法及应用	南开大学	沈月全	3 082	5
16	2017YFA0504900	依托同步辐射光源的蛋白质晶体学前沿关键技术综合研究	中国科学院高能物理研究所	董宇辉	1 874	5
17	2017YFA0505000	深度覆盖的蛋白质组精准鉴定与定量新技术	中国科学院大连化学物理研究所	张丽华	3 297	5
18	2017YFA0505100	蛋白质修饰组的高维度鉴定及其功能网络	暨南大学	何庆瑜	3 124	5
19	2017YFA0505200	蛋白质机器的外源小分子标记与动态调控	清华大学	刘磊	3 152	5
20	2017YFA0505300	超高时空分辨蛋白质机器动态成像	中国科学院长春应用化学研究所	王宏达	3 247	5
21	2017YFA0505400	细胞内蛋白质结构和互作的原位 NMR 分析新技术与新方法	中国科学院武汉物理与数学研究所	张许	3 028	5

续表

序号	项目编号	项目名称	项目承担单位	项目负责人	中央财政经费/万元	项目实施周期/年
22	2017YFA0505500	蛋白质机器在肺组织生理病理临界转化过程中的系统生物学研究	中国科学院上海生命科学研究院	陈洛南	2 836	5
23	2017YFA0505600	基于基因组不稳定性的新型蛋白质机器在肿瘤发生发展中的作用、机制及干预	中山大学	曾木圣	1 883	5
24	2017YFA0505700	基于蛋白质机器的抑郁障碍脑分子网络图谱构建及应用	重庆医科大学	谢鹏	1 861	5
25	2017YFA0505800	抗病毒天然免疫、炎症与癌变机制	武汉大学	舒红兵	1 812	5
26	2017YFA0505900	重要病原菌感染与致病过程中蛋白质机器的功能机制	同济大学	戈宝学	1 779	5
27	2017YFA0506000	糖尿病及其并发症中蛋白激酶调控网络及靶向创新药物研究	温州医科大学	李校堃	1 755	5
28	2017YFA0506100	紫外光调控植物组织器官协调发育的蛋白质机器研究	厦门大学	黄烯	500	5
29	2017YFA0506200	基因组稳定机器ABP的功能研究	上海交通大学医学院附属瑞金医院	卢敏	464	5
30	2017YFA0506300	自噬通路新关键分子以及蛋白复合体发掘和功能研究	四川大学	卢克锋	490	5
31	2017YFA0506400	跨细胞蛋白质内稳态调控机制	中国科学院遗传与发育生物学研究所	田烨	500	5
32	2017YFA0506500	细胞趋触性和趋硬性运动中的蛋白质机器研究	北京大学	吴聪颖	474	5
33	2017YFA0506600	调控染色质高级结构的蛋白质机器的系统鉴定与机制研究	北京大学	季雄	446	5
34	2017YFA0506700	免疫细胞多样性产生中蛋白质机器调控基因组稳定性的机制	中国科学院上海生命科学研究院	孟飞龙	482	5
35	2017YFA0506800	信使RNA腺嘌呤m6A甲基转移酶复合机器的工作机理	浙江大学	刘建钊	500	5

数据来源：国家科技管理信息系统平台

注：标*的项目实施2年后，需评估择优

附表-7　国家重点研发计划"干细胞及转化研究"重点专项拟立项 2017 年度项目公示清单

序号	项目编号	项目名称	项目牵头承担单位	项目负责人	中央财政经费 / 万元	项目实施周期 / 年
1	2017YFA0102600	人多能干细胞分化过程中谱系命运决定的调控及异质性机制研究	中国科学院广州生物医药与健康研究院	潘光锦	2 957	4.5
2	2017YFA0102700	中内胚层细胞分化过程中干细胞命运决定的转录调控	中国科学院上海生命科学研究院	王纲	2 987	4.5
3	2017YFA0102800	多能干细胞自我更新和分化的表观遗传调控研究	中山大学	松阳洲	2 927	4.5
4	2017YFA0102900	细胞周期和细胞分裂模式对干细胞多能性维持与分化的调控机制	上海交通大学	高维强	2 000	4.5
5	2017YFA0103000	人多能干细胞多能性退出及向肝谱系特化的机制与应用研究	北京大学	邓宏魁	2 982	4.5
6	2017YFA0103100	干细胞多能性退出及向血液谱系分化的机制与应用研究	中国人民解放军军事医学科学院野战输血研究所	裴雪涛	2 960	4.5
7	2017YFA0103200	不同胚层来源器官损伤后再生细胞命运及调控生理性修复的研究	中国人民解放军总医院	王丽强	2 983	4.5
8	2017YFA0103300	干细胞衰老的遗传和表观遗传调控	同济大学	孙方霖	2 989	4.5
9	2017YFA0103400	中胚层来源组织干细胞的谱系层级、发育调控及制备策略	中国人民解放军军事医学科学院附属医院	刘兵	2 945	4.5
10	2017YFA0103500	组织干细胞突变的形成和演化规律研究	中国科学院上海生命科学研究院	孔祥银	2 876	4.5
11	2017YFA0103600	微环境与肠干细胞的相互作用及调控机制	清华大学	陈晔光	2 856	4.5
12	2017YFA0103700	人类多能干细胞定向心肌分化的阶段性调控机制、分子标记和功能特征	中国科学院上海生命科学研究院	杨黄恬	2 964	4.5
13	2017YFA0103800	基于干细胞的生育力维持与重建	中国科学院动物研究所	王红梅	2 920	4.5
14	2017YFA0103900	追踪调控神经感觉器干细胞促进听觉和前庭觉器官再生	复旦大学	李华伟	2 909	4.5
15	2017YFA0104000	利用小分子化合物诱导体细胞重编程及其机制研究	清华大学	丁胜	2 919	4.5
16	2017YFA0104100	细胞移植在治疗视网膜退行疾病中的应用和机制研究	首都医科大学附属北京同仁医院	李杨	2 886	4.5

续表

序号	项目编号	项目名称	项目牵头承担单位	项目负责人	中央财政经费/万元	项目实施周期/年
17	2017YFA0104200	人少突胶质前体细胞移植治疗早产儿脑白质损伤的替代作用及调控机制	中国人民解放军海军总医院	栾佐	2 980	4.5
18	2017YFA0104300	间充质和神经干细胞的体内动态示踪技术与临床转化研究	东南大学	顾宁	2 938	4.5
19	2017YFA0104400	异体干细胞移植免疫反应特征及免疫耐受新策略研究	吉林大学	李子义	2 941	4.5
20	2017YFA0104500	单倍型相合造血干细胞移植后免疫耐受及重建的机制研究	北京大学	黄晓军	2 986	4.5
21	2017YFA0104600	人类上皮组织再生机制研究	同济大学	左为	2 668	4.5
22	2017YFA0104700	基于干细胞的神经组织模块构建及神经损伤修复研究	南通大学	丁斐	2 685	4.5
23	2017YFA0104800	基于成体/多能干细胞的牙功能组织模块构建及转化研究	四川大学	田卫东	2 867	4.5
24	2017YFA0104900	干细胞体外自动化、规模化培养及扩增体系	浙江大学	欧阳宏伟	2 979	4.5
25	2017YFA0105000	临床级干细胞资源及其 HLA 配型队列研究	中国科学院动物研究所	赵勇	2 922	4.5
26	2017YFA0105100	神经疾病大动物模型的建立及干细胞治疗评价	中国科学院广州生物医药与健康研究院	赖良学	2 879	4.5
27	2017YFA0105200	基于重大神经疾病非人灵长类模型的干细胞治疗评价研究	北京大学	张晨	2 738	4.5
28	2017YFA0105300	iPSC 分化来源色素上皮细胞治疗黄斑变性临床研究	温州医科大学	刘晓玲	1 958	4.5
29	2017YFA0105400	鞘内移植人同种异体脐带间充质干细胞（hUC-MSC）治疗脊髓损伤的临床试验及机制研究	中山大学	戎利民	1 781	4.5
30	2017YFA0105500	不同来源间充质干细胞防治异基因造血干细胞移植后移植物抗宿主病的临床优化方案及机理研究	南方医科大学	刘启发	1 657	4.5
31	2017YFA0105600	干细胞治疗心衰	同济大学	陈强	1 840	4.5
32	2017YFA0105700	人间充质干细胞治疗重症肝病的临床研究	中国人民解放军第三〇二医院	王福生	1 878	4.5

序号	项目编号	项目名称	项目牵头承担单位	项目负责人	中央财政经费/万元	项目实施周期/年
33	2017YFA0105800	人齿龈间充质干细胞治疗自身免疫性炎症性疾病临床研究	中山大学	郑颂国	1 952	4.5
34	2017YFA0105900	膀胱尿路上皮组织干细胞突变特征与演化研究	深圳大学	吴松	537	4.5
35	2017YFA0106000	干细胞与生物材料 cross-talking 在体构建神经化的组织工程血管	中国人民解放军第三军医大学	曾文	598	4.5
36	2017YFA0106100	基于干细胞与生物材料的功能性心肌组织仿生构建与心梗治疗修复研究	中国人民解放军军事医学科学院基础医学研究所	周瑾	600	4.5
37	2017YFA0106200	Hippo 通路在表皮干细胞命运调控及微环境在放射性溃疡创面修复的作用	中国人民解放军总医院	袁方	240	4.5
38	2017YFA0106300	微环境特殊成纤维细胞亚群与巨噬细胞协同调控乳腺癌干细胞特性的研究	中山大学	苏士成	573	4.5
39	2017YFA0106400	骨髓间充质干细胞调控机制及其与造血干细胞的相互作用研究	同济大学	岳锐	577	4.5
40	2017YFA0106500	神经干细胞命运决定的转录和转录后调控	四川大学	汪源	584	4.5
41	2017YFA0106600	肾脏再生干细胞的鉴定及其调控机制的研究	中国人民解放军第三军医大学	刘赤	575	4.5
42	2017YFA0106700	lncRNA 甲基化修饰在多能干细胞维持与分化中的作用及机制研究	中国人民解放军第三军医大学	侯宇	452	4.5
43	2017YFA0106800	造血干细胞分化中的选择性剪切调控机制	四川大学	陈路	576	4.5

数据来源：国家科技管理信息系统平台

附表-8　国家重点研发计划"生物安全关键技术研发"重点专项拟立项 2017 年度项目公示清单

序号	项目编号	项目名称	项目牵头承担单位	项目负责人	中央财政经费/万元	项目实施周期/年
1	2017YFC1200100	入侵植物与脆弱生态系统相互作用的机制、后果及调控	复旦大学	杨继	1 480	3
2	2017YFC1200200	重要疫源微生物组学研究	浙江大学	肖永红	2 834	3
3	2017YFC1200300	生物危害模拟仿真和风险评估关键技术研究	中国人民解放军军事医学科学院生物工程研究所	郑涛	2 689	3

续表

序号	项目编号	项目名称	项目牵头承担单位	项目负责人	中央财政经费/万元	项目实施周期/年
4	2017YFC1200400	重要病原体的现场快速多模态谱学识别与新型杀灭技术	中国工程物理研究院流体物理研究所	赵剑衡	2 831	3
5	2017YFC1200500	重大动物源性病原体传入风险评估和预警技术研究	中国动物卫生与流行病学中心	黄保续	1 538	3
6	2017YFC1200600	重大/新发农业入侵生物风险评估及防控关键技术研究	中国农业科学院植物保护研究所	张桂芬	2 968	3

数据来源：国家科技管理信息系统平台

附表-9　国家重点研发计划"生物医用材料研发与组织器官修复替代"重点专项 2017 年拟立项项目清单

序号	项目编号	项目名称	项目牵头承担单位	项目负责人	中央财政经费/万元	项目实施周期/年
1	2017YFC1103300	基于生物材料构建的微环境诱导多种损伤组织同步修复再生的基础科学问题与关键技术研究	中国人民解放军总医院	付小兵	1 500	3.5
2	2017YFC1103400	面向活体器械的功能材料与高通量集成化生物3D打印技术开发	杭州捷诺飞生物科技有限公司	徐铭恩	1 428	3.5
3	2017YFC1103500	新型响应性智能水凝胶的设计、制备及工程化技术	南开大学	孔德领	1 396	3.5
4	2017YFC1103600	低免疫原性胶原、丝素蛋白工程化制备技术及其产品研发	福建省博特生物科技有限公司	李明忠	1 319	3.5
5	2017YFC1103700	基因修饰的巴马小型猪和近交系五指山小型猪作为异种器官供体	南京医科大学	戴一凡	1 370	3.5
6	2017YFC1103800	新型无机非金属纳米生物材料制备工程化技术及产品研发	武汉理工大学	王欣宇	1 190	3.5
7	2017YFC1103900	软骨-骨一体化功能支架研制及生物关节再生	上海国睿生命科技有限公司	周广东	1 200	3.5
8	2017YFC1104000	生物材料诱导内源性神经发生修复脊髓损伤的临床应用研究	天津市赛宁生物工程技术有限公司	李晓光	1 276	3.5
9	2017YFC1104100	小口径血管、骨、软骨等人体结构组织工程构建技术与产品研发	武汉杨森生物技术有限公司	谷涌泉	1 430	3.5
10	2017YFC1104200	新型预装式介入心脏瓣膜系统的研制与开发	杭州启明医疗器械有限公司	訾振军	1 162	3.5

续表

序号	项目编号	项目名称	项目牵头承担单位	项目负责人	中央财政经费/万元	项目实施周期/年
11	2017YFC1104300	高值牙科修复材料	北京欧亚铂瑞科技有限公司	蔡晴	1 100	3.5
12	2017YFC1104400	全血灌流高选择性吸附剂及装置开发	天津优纳斯生物科技有限公司	欧来良	986	3.5
13	2017YFC1104500	应用高新生物医用材料研发新一代眼人工晶状体产品项目	西安浦勒生物科技有限公司	孙兴才	1 043	3.5
14	2017YFC1104600	新型人工晶状体及高端眼科植入材料的研发	上海昊海生物科技股份有限公司	吴明星	1 172	3.5
15	2017YFC1104700	功能敷料及软组织修复材料的研制及产品开发	北京大清生物技术股份有限公司	解慧琪	1 485	3.5
16	2017YFC1104800	苯乙烯类热塑性弹性体、聚己内酯医用高分子原材料的研发和产业化	威高集团有限公司	姜伟	1 765	3.5
17	2017YFC1104900	新一代脊柱生物材料与植入器械的临床及临床转化研究	中国人民解放军第四军医大学	郭征	1 342	3.5
18	2017YFC1105000	华南生物医用材料与植入器械创新示范基地	华南理工大学	杜昶	2 867	3.5

数据来源：国家科技管理信息系统平台

附表-10　国家重点研发计划"数字诊疗装备研发"重点专项拟立项 2017 年度项目公示清单

序号	项目编号	项目名称	项目牵头承担单位	项目负责人	中央财政经费/万元	项目实施周期/年
1	2017YFC0107200	电光声多模态癫痫病灶精准三维定位成像系统	中国科学院苏州生物医学工程技术研究所	马洪涛	400	3
2	2017YFC0107300	利用诊断超声调控微泡空化增强肿瘤化疗的新技术	中国人民解放军第三军医大学	刘政	384	3
3	2017YFC0107400	基于新型 X 射线激发纳米粒-光敏剂耦合系统的深部肿瘤光动力学治疗技术研究	中国人民解放军第四军医大学	卢虹冰	398	3
4	2017YFC0107500	多模式引导的多粒子生物适形调强新技术研究与实现	中国科学院近代物理研究所	肖国青	414	3
5	2017YFC0107600	质子重离子新型放射治疗技术精准、实时评价技术研发	复旦大学	傅深	354	3
6	2017YFC0107700	基于硼中子俘获治疗的靶向引导精准调强放疗技术及其临床应用	南京航空航天大学	刘渊豪	424	3

续表

序号	项目编号	项目名称	项目牵头承担单位	项目负责人	中央财政经费/万元	项目实施周期/年
7	2017YFC0107800	基于增强现实导航的肺癌介入诊治一体化关键技术研究	中国医学科学院肿瘤医院	李肖	294	3
8	2017YFC0107900	混合现实引导B型主动脉夹层精准腔内修复技术研究	北京理工大学	杨健	300	3
9	2017YFC0108000	基于增强现实的骨科微创精准诊疗一体化前沿技术研究	清华大学	廖洪恩	298	3
10	2017YFC0108100	骨科微创手术术中实时可视化虚拟仿真系统的研发及应用	北京大学第三医院	刘晓光	270	3
11	2017YFC0108200	光学相干层析成像手术导航显微镜及青光眼手术应用	复旦大学附属眼耳鼻喉科医院	姜春晖	400	3
12	2017YFC0108300	胃癌腔镜手术精准规划和实时导航的解决方案研究	南方医科大学	李国新	524	3
13	2017YFC0108400	放射治疗装备可靠性与工程化技术研究	北京市医疗器械检验所	任旗	882	3
14	2017YFC0108500	新型数字诊疗装备生物学效应评估理论与方法研究	北京理工大学	唐晓英	1 385	3
15	2017YFC0108600	数字诊疗辐射生物效应及其评估新技术研究	复旦大学	邵春林	1 235	3
16	2017YFC0108700	全数字化精准定量高场超导磁共振系统研制	沈阳东软医疗系统有限公司	徐勤	2 700	4
17	2017YFC0108800	5.0T超导磁共振核心部件及系统研发	上海联影医疗科技有限公司	谭国陞	3 000	4
18	2017YFC0108900	用于乳腺肿瘤无创相控聚焦超声治疗手术的术中专用磁共振成像系统	苏州朗润医疗系统有限公司	唐昕	1 748	4
19	2017YFC0109000	3.0T儿科专用磁共振核心部件及系统研发	上海联影医疗科技有限公司	陈群	1 374	4
20	2017YFC0109100	低剂量数字减影血管造影（DSA）X射线成像系统研制	沈阳东软医疗系统有限公司	高上	1 732	4
21	2017YFC0109200	新型低剂量数字减影血管造影（DSA）X射线成像系统及临床应用技术	上海联影医疗科技有限公司	里敦	1 750	4
22	2017YFC0109300	高性能筛查型锥光束乳腺CT系统	科宁（天津）医疗设备有限公司	张晓华	669	4
23	2017YFC0109400	新型低剂量探测器乳腺数字X射线成像系统与临床应用的评价研究	上海联影医疗科技有限公司	李强	750	4

序号	项目编号	项目名称	项目牵头承担单位	项目负责人	中央财政经费/万元	项目实施周期/年
24	2017YFC0109500	高清电子内镜设备研发	上海成运医疗器械股份有限公司	朱晓华	405	4
25	2017YFC0109600	基于高像素 CCD/CMOS 光学探测器的高清电子内镜研发	上海澳华光电内窥镜有限公司	谢天宇	696	4
26	2017YFC0109700	消化超声内镜及关键部件开发	飞依诺科技（苏州）有限公司	李延青	1 050	4
27	2017YFC0109800	高解析度光学及超声复合电子内窥镜系统	深圳开立生物医疗科技股份有限公司	陈云亮	1 000	4
28	2017YFC0109900	早期肺癌诊断超高分辨共聚焦荧光显微内镜	青岛海泰新光科技股份有限公司	林江涛	1 750	4
29	2017YFC0110000	共聚焦内窥镜研发	精微视达医疗科技（武汉）有限公司	刘谦	1 670	4
30	2017YFC0110100	随机光学重建/结构光照明复合显微成像系统研制	长春奥普光电技术股份有限公司	李辉	2 559	4
31	2017YFC0110200	双光子-受激发射损耗（STED）复合显微镜	南京东利来光电实业有限责任公司	郑炜	1 612	4
32	2017YFC0110300	双光子-受激发射损耗（STED）复合显微镜	吉林亚泰生物药业股份有限公司	张运海	1 622	4
33	2017YFC0110400	多孔腔镜手术机器人系统设计与产品研发	威高集团有限公司	王树新	4 307	4
34	2017YFC0110500	多孔腔镜手术机器人的研制及产业化应用研究	重庆金山科技（集团）有限公司	王金山	4 271	4
35	2017YFC0110600	多适应证骨科手术机器人产品研制	北京天智航医疗科技股份有限公司	王军强	3 000	4
36	2017YFC0110700	髋膝兼容、安全、高效微创关节置换手术机器人系统研发	苏州微创关节医疗科技有限公司	李慧武	1 431	4
37	2017YFC0110800	单孔腔镜手术机器人的关键部件研发和系统集成	宁波龙泰医疗科技有限公司	徐凯	1 000	4
38	2017YFC0110900	单孔腔镜手术机器人系统的研发及临床应用	沈阳沈大内窥镜有限公司	张忠涛	1 000	4
39	2017YFC0111000	植入式人工心脏及心室辅助装置	长征火箭工业有限公司	许剑	1 150	4
40	2017YFC0111100	植入式心室辅助装置研发和临床评价	苏州同心医疗器械有限公司	陈琛	1 148	4
41	2017YFC0111200	60 及 320 电极人工视网膜关键技术研发及产业化	深圳硅基仿生科技有限公司	赵瑜	700	4
42	2017YFC0111300	高分辨率人工视网膜	杭州暖芯迦电子科技有限公司	杨佳威	699	4

序号	项目编号	项目名称	项目牵头承担单位	项目负责人	中央财政经费/万元	项目实施周期/年
43	2017YFC0111400	光学-声学多模态肿瘤"分子指纹"成像与诊断系统	深圳华声医疗技术有限公司	程茜	821	4
44	2017YFC0111500	高热容量CT球管研发	中国电子科技集团公司第十二研究所	胡银富	1 885	4
45	2017YFC0111600	模块化CT探测器及核心部件关键技术研发及产业化	宁波艾默特医学影像技术有限公司	付赓	1 408	4
46	2017YFC0111700	X波段高稳定性小型化放射源模块	芜湖国睿兆伏电子有限公司	唐传祥	2 256	4
47	2017YFC0111800	急性心肌梗死的数字化诊疗解决方案	上海市第十人民医院	徐亚伟	984	3
48	2017YFC0111900	无创脑水肿动态监护仪临床规范治疗研究与应用	中国人民解放军第三军医大学	胡荣	850	3
49	2017YFC0112000	肝肾肿瘤微波精准消融解决方案及规范化应用	中国人民解放军总医院	梁萍	1 158	3
50	2017YFC0112100	原发性肝癌与胰腺癌精确放疗解决方案的研究	中国人民解放军总医院	曲宝林	1 156	3
51	2017YFC0112300	国产氩气高频电刀在消化内镜系列新型诊疗技术中的临床方案制定与研究	四川大学华西医院	胡兵	1 189	3
52	2017YFC0112400	眼科多模态成像及人工智能诊疗系统的研发和应用	中山大学	袁进	735	3
53	2017YFC0112500	睡眠呼吸疾病数字化集成设备分级诊疗体系研究	首都医科大学附属北京同仁医院	王兴军	1 126	3
54	2017YFC0112600	基于新型国产化锥光束乳腺CT的乳腺癌诊疗技术临床解决方案	天津医科大学	叶兆祥	1 041	3
55	2017YFC0112700	基于国产电磁导航系统的早期肺癌精准诊疗技术集成解决方案研究	上海交通大学	韩宝惠	1 161	3
56	2017YFC0112800	第三方医学影像中心新型服务模式解决方案	伦琴（上海）医疗科技有限公司	王培军	655	3
57	2017YFC0112900	面向跨域协同医学影像新型服务模式解决方案	广州互云医院管理有限公司	张建国	710	3
58	2017YFC0113000	高可信强智能的心脑血管疾病诊疗服务模式解决方案	中国软件与技术服务股份有限公司	高跃	648	3
59	2017YFC0113100	基于"互联网＋"的肿瘤放疗新型服务模式——"精准云放疗"系统开发及应用研究	北京全域医疗技术有限公司	郎锦义	800	3

序号	项目编号	项目名称	项目牵头承担单位	项目负责人	中央财政经费 / 万元	项目实施周期 / 年
60	2017YFC0113200	基于大数据和人工智能的远程放疗服务模式研究	沈阳东软熙康医疗系统有限公司	陈明	688	3
61	2017YFC0113300	PET-CT 综合评价体系及培训体系的研究与实践	复旦大学附属华山医院	刘兴党	1 040	3
62	2017YFC0113400	医用 CT 及低剂量 X 线机综合评价体系研究	中国人民解放军南京军区南京总医院	张龙江	1 152	3
63	2017YFC0113500	医用内窥镜评价体系的构建和应用研究	浙江大学医学院附属第一医院	胡坚	1 154	3
64	2017YFC0113600	国产消化内窥镜的多中心系统评价研究	首都医科大学附属北京友谊医院	李鹏	1 118	3
65	2017YFC0113700	立体定向放疗设备应用评价研究	中国人民解放军海军总医院	康静波	875	3
66	2017YFC0113800	基于多区域不同级别医院的医用超声成像系统的综合评价与培训	上海交通大学	胡兵	1 192	3

数据来源：国家科技管理信息系统平台

附表-11　国家重点研发计划"重大慢性非传染性疾病防控研究"重点专项拟立项
2017 年度项目公示清单

序号	项目编号	项目名称	项目牵头承担单位	项目负责人	中央财政经费 / 万元	项目实施周期 / 年
1	2017YFC1307400	动脉粥样硬化与心力衰竭的动态演变特征和分子基础研究	哈尔滨医科大学	杨宝峰	1 172	4
2	2017YFC1307500	急性局灶性脑缺血后全脑保护评估体系及转化研究	中山大学	曾进胜	1 200	4
3	2017YFC1307600	我国社区高血压综合管理适宜技术研究及示范推广	中国医科大学附属第一医院	孙英贤	1 312	4
4	2017YFC1307700	心脑血管疾病高危人群综合筛查与防控及卫生经济学研究	中国人民解放军总医院	陈景元	1 200	4
5	2017YFC1307800	恶性室性心律失常危险分层及早期防治新策略研究	中国医学科学院阜外医院	姚焰	1 197	4
6	2017YFC1307900	症状性颅内外大动脉狭窄复发进展预测模型与干预策略研究	首都医科大学附属北京天坛医院	王伊龙	1 600	4
7	2017YFC1308000	急性主动脉综合征高危预警及干预研究	首都医科大学附属北京安贞医院	张宏家	1 183	4
8	2017YFC1308100	先天性心脏病诊疗技术、疗效评价及康复的综合研究	中国医学科学院阜外医院	李守军	1 033	4

续表

序号	项目编号	项目名称	项目牵头承担单位	项目负责人	中央财政经费／万元	项目实施周期／年
9	2017YFC1308200	国产溶栓药物治疗急性缺血性卒中安全性、有效性及卫生经济学研究	复旦大学	董强	1 157	4
10	2017YFC1308300	慢性心力衰竭长期管理研究及评价和质控体系的建立	中国医学科学院阜外医院	张健	1 290	4
11	2017YFC1308400	远隔缺血适应对慢性脑缺血损伤的保护作用及转化研究	首都医科大学宣武医院	孟然	1 197	4
12	2017YFC1308500	基于脑机接口的脑血管病主动康复技术研究及应用	浙江大学	张建民	1 161	4
13	2017YFC1308600	胰腺癌转移的新型阶段化分子特征谱及其机制研究	中国人民解放军第三军医大学	王槐志	1 697	4
14	2017YFC1308700	肺癌筛查和干预技术及方案研究	中国医学科学院肿瘤医院	吴宁	1 714	4
15	2017YFC1308800	中国结直肠肿瘤筛查和干预技术研究	中山大学	兰平	1 594	4
16	2017YFC1308900	胃癌靶向治疗新技术研究	北京肿瘤医院	沈琳	1 750	4
17	2017YFC1309000	常见恶性肿瘤分子病理和分子细胞学技术研发	中山大学	谢丹	1 159	4
18	2017YFC1309100	基于分子影像和影像组学的乳腺癌早诊、疗效评价与预后预测新技术研发	广东省人民医院	梁长虹	1 575	4
19	2017YFC1309200	恶性肿瘤姑息治疗和护理关键技术研究	航空总医院	石汉平	800	4
20	2017YFC1309300	细菌和病毒感染对慢阻肺急性加重的影响和机制研究	中日友好医院	张洪春	1 115	4
21	2017YFC1309400	医院、社区戒烟模式及干预技术研究	中日友好医院	肖丹	1 038	4
22	2017YFC1309500	慢阻肺高危人群筛查和社区综合防控适宜技术研究	北京大学第一医院	王广发	1 000	4
23	2017YFC1309600	Ⅰ型糖尿病优化监测与治疗方案的研究及关键新技术推广	中山大学	翁建平	1 181	4
24	2017YFC1309700	糖尿病合并肺部感染规范化诊治适宜技术研究	上海交通大学医学院附属瑞金医院	周敏	788	4
25	2017YFC1309800	Ⅱ型糖尿病多种危险因素综合管理的适宜技术建立与管理策略研究	山东大学	赵家军	1 192	4

序号	项目编号	项目名称	项目牵头承担单位	项目负责人	中央财政经费/万元	项目实施周期/年
26	2017YFC1309900	儿童期孤独症和精神分裂症早期预警及诊断综合指标体系研究	北京大学第六医院	刘靖	780	4
27	2017YFC1310000	卒中后抑郁的多维度筛查防治技术开发与应用	华中科技大学	朱遂强	757	4
28	2017YFC1310100	阿尔茨海默病痴呆前阶段干预新方法的研究	山东大学	杜怡峰	784	4
29	2017YFC1310200	帕金森病（PD）治疗新方法和新技术研究	广东省人民医院	王丽娟	708	4
30	2017YFC1310300	中西医结合预防和缓解帕金森病的新型治疗策略研究	上海交通大学	刘振国	726	4
31	2017YFC1310400	甲基苯丙胺依赖诊断与复发预警客观指标和干预新技术体系的研发	上海交通大学	赵敏	785	4
32	2017YFC1310500	基于家庭和社区建立神经认知障碍分级诊疗康复的全程病案管理模式	上海交通大学	李霞	786	4
33	2017YFC1310600	慢性阻塞性肺疾病急性加重预警与预防策略研究	广州医科大学附属第一医院	陈荣昌	500	4
34	2017YFC1310700	中国成人Ⅱ型糖尿病优化降压治疗目标的国际合作研究	上海交通大学医学院附属瑞金医院	徐瑜	717	4

数据来源：国家科技管理信息系统平台

2016 年中国新药药证批准情况

附表-12　2016 年国家食品药品监督管理总局药品评审中心在重要治疗领域的药品审批情况

类型	名称	药品信息
抗肿瘤药物	瑞戈非尼片	为小分子酪氨酸激酶抑制剂，适用于治疗既往接受过以氟尿嘧啶、奥沙利铂和伊立替康为基础的化疗，以及既往接受过或不适合接受抗血管内皮生长因子受体、抗表皮生长因子受体类药物治疗（RAS 野生型）的转移性结直肠癌患者；既往接受过甲磺酸伊马替尼及苹果酸舒尼替尼治疗的局部晚期的、无法手术切除的或转移性的胃肠道间质瘤患者。该药品为第一个用于治疗晚期结直肠癌的小分子靶向药
	培唑帕尼片	为血管内皮生长因子受体酪氨酸激酶抑制剂，适用于晚期肾细胞癌患者的一线治疗和曾接受细胞因子治疗的晚期肾细胞癌患者的治疗。其改善患者无进展生存期的疗效与同类产品苹果酸舒尼替尼相似，在一些可能影响生活质量的不良事件上的安全性特征更优。该药品在我国批准上市将为晚期肾细胞癌患者带来更多的治疗选择
	吉非替尼片	为靶向晚期非小细胞肺癌表皮生长因子受体的第一代小分子酪氨酸激酶抑制剂，与传统化疗相比疗效和安全性均更好，适用于具有表皮生长因子受体敏感突变的晚期非小细胞肺癌患者的一线治疗。该药品为我国首仿药，可有效提高患者用药的可及性（该药品原料药为我国首个"上市许可持有人制度试点品种"）

类型	名称	药品信息
抗感染药物	苹果酸奈诺沙星胶囊	为一种无氟喹诺酮类抗生素，适用于对奈诺沙星敏感的由肺炎链球菌、金黄色葡萄球菌、流感嗜血杆菌、副流感嗜血杆菌、卡他莫拉菌、肺炎克雷伯菌以及肺炎支原体、肺炎衣原体和嗜肺军团菌所致的轻、中度成人（≥18 岁）社区获得性肺炎。该药品上市可为临床增加新的治疗选择
	富马酸贝达喹啉片	为二芳基喹啉类抗分枝杆菌药物，其作为联合治疗的一部分，适用于治疗成人（≥18 岁）耐多药肺结核。该药品为全球近 30 年来研发的新的抗结核药物，可为我国应对结核病这一严重公共卫生难题提供新的治疗选择，有望改善耐多药肺结核的治疗效果，满足耐多药肺结核患者临床治疗需求，降低我国结核病疾病负担
	富马酸替诺福韦二吡呋酯片	为核苷酸逆转录酶抑制剂，适用于与其他抗逆转录病毒药物联用，治疗成人 1 型人类免疫缺陷病毒（HIV-1）感染。该药品是我国首仿的艾滋病一线治疗药物，可有效提高患者用药的可及性，对解决我国重大公共卫生问题具有重要意义
	聚乙二醇干扰素 α2b 注射液	为重组人干扰素 α2b 与聚乙二醇结合形成的长效干扰素，适用于治疗慢性丙型肝炎成年患者（患者不能处于肝脏失代偿期）。该药品为我国自主研发的首个长效干扰素，可有效提高患者用药的可及性
风湿性疾病及免疫药物	托珠单抗注射液	为人源化单克隆抗体，通过与具有可溶性和膜结合性的白细胞介素 -6 受体结合，抑制信号转导和基因激活，适用于治疗全身型幼年特发性关节炎（sJIA），可显著改善对非甾体类抗炎药及全身性糖皮质激素治疗反应不足的活动性 sJIA 患者的美国风湿学会评分并降低激素用量。该药品本次增加适应证，主要用于儿科患者，为我国儿科患者提供了首个疗效及安全性明确的治疗药物，解决了临床长期无药可用的问题
内分泌系统药物	贝那鲁肽注射液	为胰高血糖素样肽 -1 类似物，其氨基酸序列与人体内胰高血糖素样肽 -1 相同，具有葡萄糖浓度依赖的促胰岛素分泌作用，并且诱导 β 细胞分化，抑制胰高血糖素释放、胃排空和摄食冲动，提高对胰岛素受体的敏感性，适用于单用二甲双胍疗效不佳的成人Ⅱ型糖尿病患者的血糖控制。该药品为我国自主研发的首个胰高血糖素样肽 -1 类药物，将满足我国Ⅱ型糖尿病患者对此类药品的可及性
呼吸系统疾病及抗过敏药物	金花清感颗粒	为新的中药复方制剂，适用于流行性感冒。该药品是北京市人民政府在 2009 年防治甲型 H1N1 流感期间，组织临床医学、药学、公共卫生等多个学科专家开展的重大科技攻关项目成果。该药品上市将发挥传统中药在突发卫生事件和重大公共卫生事件中的积极作用
预防用生物制品（疫苗）	13 价肺炎球菌结合疫苗	为通过化学方法将肺炎球菌多糖与蛋白载体结合制备的多糖蛋白结合疫苗，将多糖的非 T 细胞依赖免疫转变为 T 细胞依赖的免疫，适用于预防 6 周龄至 15 月龄婴幼儿由 13 种肺炎球菌血清型引起的侵袭性疾病（包括菌血症性肺炎、脑膜炎、败血症和菌血症等）。该药品为我国首个上市的可用于婴幼儿主动免疫的 13 价肺炎疫苗，较 7 价肺炎球菌结合疫苗有更高的血清型覆盖率

数据来源：国家食品药品监督管理总局药品审评中心. 2016 年度药品审评报告. http://www.cde.org.cn/news.do?method＝viewInfoCommon&id＝313842［2017-05-21］

2016 年中国医疗器械注册情况

附表-13　2016 年国家食品药品监督管理总局创新医疗器械及具较好临床应用前景的医疗器械产品注册情况

创新医疗器械			
医疗器械名称	编号	公司	信息
三维心脏电生理标测系统	国械注准20163770387	上海微创电生理医疗科技有限公司	该产品是基于导管的对心房和心室进行电生理标测和定位的系统，与冷盐水灌注射频消融导管和体表参考电极联合使用，通过采集和分析心脏电生理活动，可实时显示人体心脏三维图形
呼吸道病原菌核酸检测试剂盒（恒温扩增芯片法）	国械注准20163400327	博奥生物集团有限公司	该产品用于定性检测痰液中 8 种临床常见下呼吸道病原菌，包括肺炎链球菌、金黄色葡萄球菌、耐甲氧西林葡萄球菌、肺炎克雷伯菌、铜绿假单胞菌、鲍曼不动杆菌、嗜麦芽窄食单胞菌、流感嗜血杆菌
植入式迷走神经刺激脉冲发生器套件	国械注准20163210989	北京品驰医疗设备有限公司	"植入式迷走神经刺激脉冲发生器套件"由脉冲发生器、测试电阻、力矩螺丝刀和控制磁铁组成。"植入式迷走神经刺激电极导线套件"由电极、造隧道工具（包括穿刺工具和套管）和固定夹组成。上述两个产品配合使用，对药物不能有效控制的难治性癫痫患者能起到控制癫痫发作的作用。是迷走神经刺激治疗癫痫病的首例国产产品
植入式迷走神经刺激电极导线套件	国械注准20163210990		
药物洗脱外周球囊扩张导管	国械注准20163771020	北京先瑞达医疗科技有限公司	该产品为 OTW 型球囊扩张导管，由球囊、导管尖端、轴杆等组件组成，涂有硅酮润滑涂层。该产品适用于股动脉及腘动脉的经皮腔内血管成形术（PTA）
冷盐水灌注射频消融导管	国械注准20163771040	上海微创电生理医疗科技有限公司	该产品适用于进行基于导管的心内电生理标测，该产品可与其兼容的 Columbus™ 三维心脏电生理标测系统和体表参考电极配合使用，提供定位信息；当与射频消融仪联合使用时，可用于药物难治性持续性房颤的治疗
胸骨板	国械注准20163461582	常州华森医疗器械有限公司	该产品适用于成人胸骨正中切开术后胸骨内固定。单独使用胸骨固定装置时，至少使用 4 个胸骨固定装置。如由于胸骨畸形等原因无法同时使用 4 个胸骨固定装置时，需联合使用胸骨扎丝和（或）胸骨板进行固定
正电子发射及 X 射线计算机断层成像装置	国械注准20163332156	明峰医疗系统股份有限公司	该产品组合了 X 射线计算机断层扫描系统（CT）和正电子发射计算机断层扫描系统（PET），提供生理和解剖信息的配准与融合。该产品伽马光子定位精确，信号数字化处理及采集方法先进，其所生成的图像同时包括人体器官组织的功能信息和解剖学信息，相关信息可用于肿瘤、脑部疾病及心血管疾病等诊断、治疗及疗效评价等方面
人工晶状体	国械注准20163221747	爱博诺德（北京）医疗科技有限公司	该产品具有"后表面高凸""高次非球面""复杂面形独立分离""边缘等厚""具有肝素改性的疏水性丙烯酸酯材料"等特点，在国产人工晶状体中属首创。适用于成年患者无晶体眼和原发性角膜散光摘除白内障后的视力矫正，旨在改善远视力，减少残余散光度并且减少对远视力眼镜的依赖

续表

创新医疗器械			
医疗器械名称	编号	公司	信息
骨科手术导航定位系统	国械注准20163542280	北京天智航医疗科技股份有限公司	该产品用于在脊柱外科和创伤骨科开放或经皮手术中以机械臂辅助完成手术器械或植入物的定位。该产品采用6自由度机械臂、兼容2D和3D医学影像等专利技术，各项性能指标达到国际同类产品水平，适用于采用创伤骨科空心螺钉内固定术和脊柱螺钉内固定术的患者，可以有效保证螺钉置入的精度，缩短手术时间，减少X射线辐射损伤，减轻患者损伤

有较好临床应用前景的医疗器械产品			
医疗器械名称	编号	公司	信息
结核分枝杆菌氟喹诺酮类药物耐药突变检测试剂盒（荧光PCR熔解曲线法）	国械注准20163401457	厦门致善生物科技有限公司	上述三个体外诊断试剂产品是国产同类产品首次获批，分别用于检测结核分枝杆菌对氟喹诺酮类药物耐药性、链霉素药物耐药性或乙胺丁醇药物耐药性，可用于临床上结核病的辅助诊断。这些产品上市，有利于对耐多药结核病患者及时诊治，从而更好地控制与治疗结核病
结核分枝杆菌链霉素耐药突变检测试剂盒（荧光PCR熔解曲线法）	国械注准20163401458		
结核分枝杆菌乙胺丁醇耐药突变检测试剂盒（荧光PCR熔解曲线法）	国械注准20163401459		
琥珀酰丙酮和非衍生化多种氨基酸、肉碱测定试剂盒（串联质谱法）	国械注准20163401324	广州市丰华生物工程有限公司	上述两个体外诊断试剂产品是国产同类产品首次获批，分别用于检测新生儿滤纸干血片样本中的琥珀酰丙酮、多种氨基酸和肉碱浓度及检测新生儿滤纸干血片样本中的多种氨基酸和肉碱浓度。除串联质谱技术外，目前常规的实验室方法尚无法检测上述指标，该产品为临床诊断遗传性代谢病提供了可用方法
衍生化多种氨基酸和肉碱测定试剂盒（串联质谱法）	国械注准20163401325		
基因测序仪	国械注准20163402206	深圳华大基因生物医学工程有限公司	该产品采用联合探针锚定聚合测序技术，在临床上用于对来源于人体样本的脱氧核糖核酸进行测序，以检测基因变化，这些基因变化可能导致存在疾病或易感性。该仪器不用于人类全基因组的测序或从头测序

数据来源：国家食品药品监督管理总局. 2016年度医疗器械注册工作报告. http://www.sda.gov.cn/WS01/CL1026/〔2017-05-22〕

2016 年中国农用生物制品审批情况

附表 -14 2016 年中国农业部正式登记的微生物肥料产品

企业名称	产品通用名	产品商品名	产品形态	有效菌种名称	技术指标（有效成分及含量）	适用作物／区域	登记证号
山东土秀才生物科技有限公司	微生物菌剂	微生物菌剂	粉剂	解淀粉芽孢杆菌	有效活菌数≥2.0亿/g	芹菜、油菜、马铃薯、花生	微生物肥（2016）准字（1757）号
山西凯盛肥业集团有限公司	微生物菌剂	微生物菌剂	粉剂	解淀粉芽孢杆菌	有效活菌数≥2.0亿/g	番茄、玉米、水稻、葡萄	微生物肥（2016）准字（1758）号
郑州先利达化工有限公司	微生物菌剂	微生物菌剂	粉剂	解淀粉芽孢杆菌	有效活菌数≥2.0亿/g	白菜、小麦、水稻、香蕉	微生物肥（2016）准字（1759）号
重庆市万楠巨丰生态肥业有限公司	微生物菌剂	微生物菌剂	粉剂	枯草芽孢杆菌	有效活菌数≥2.0亿/g	白菜、黄瓜、辣椒、番茄	微生物肥（2016）准字（1760）号
山东谷丰源生物科技集团有限公司	微生物菌剂	微生物菌剂	粉剂	解淀粉芽孢杆菌	有效活菌数≥2.0亿/g	白菜、玉米、小麦	微生物肥（2016）准字（1761）号
河北秉天农业科技开发有限公司	微生物菌剂	微生物菌剂	粉剂	枯草芽孢杆菌、胶冻样类芽孢杆菌	有效活菌数≥5.0亿/g	白菜、西瓜、番茄	微生物肥（2016）准字（1762）号
辽宁科丰生物化学制品有限公司	微生物菌剂	微生物菌剂	液体	胶冻样类芽孢杆菌	有效活菌数≥2.0亿/mL	黄瓜、番茄、小麦、水稻、苹果	微生物肥（2016）准字（1763）号
山东土秀才生物科技有限公司	微生物菌剂	微生物菌剂	液体	解淀粉芽孢杆菌	有效活菌数≥2.0亿/mL	芹菜、油菜、马铃薯、花生	微生物肥（2016）准字（1764）号
西安康代生物科技有限公司	微生物菌剂	微生物菌剂	液体	干酪乳杆菌	有效活菌数≥2.0亿/mL	白菜、芹菜、番茄、小葱	微生物肥（2016）准字（1765）号
德州创迪微生物资源有限责任公司	微生物菌剂	PGPR微生物菌剂	液体	多粘类芽孢杆菌、解淀粉芽孢杆菌	有效活菌数≥2.0亿/mL	黄瓜、辣椒、草莓、西葫芦、番茄	微生物肥（2016）准字（1767）号
河南远见农业科技有限公司	微生物菌剂	微生物菌剂	液体	枯草芽孢杆菌	有效活菌数≥2.0亿/mL	上海青、花生、番茄	微生物肥（2016）准字（1768）号

续表

企业名称	产品通用名	产品商品名	产品形态	有效菌种名称	技术指标（有效成分及含量）	适用作物／区域	登记证号
新疆光合元生物科技有限公司	光合细菌菌剂	光合菌剂	液体	沼泽红假单胞菌	有效活菌数≥2.0 亿/mL	棉花、辣椒、葡萄、甜瓜	微生物肥（2016）准字（1769）号
元溢农业生物科技（山东）有限公司	生物有机肥	生物有机肥	粉剂	枯草芽孢杆菌	有效活菌数≥0.20 亿/g 有机质≥40.0%	菠菜、生菜、油麦菜	微生物肥（2016）准字（1770）号
山西美邦大富农科技有限公司	生物有机肥	生物有机肥	粉剂	解淀粉芽孢杆菌	有效活菌数≥0.20 亿/g 有机质≥40.0%	苹果、黄瓜、玉米、马铃薯	微生物肥（2016）准字（1772）号
安琪酵母（赤峰）有限公司	生物有机肥	生物有机肥	粉剂	枯草芽孢杆菌、侧孢短芽孢杆菌	有效活菌数≥0.20 亿/g 有机质≥40.0%	番茄、辣椒、玉米、葡萄、水稻	微生物肥（2016）准字（1773）号
重庆市万植巨丰生态肥业有限公司	生物有机肥	生物有机肥	粉剂	枯草芽孢杆菌	有效活菌数≥0.20 亿/g 有机质≥40.0%	辣椒、油菜、白菜、番茄	微生物肥（2016）准字（1774）号
湛江市博泰生物化工科技实业有限公司	生物有机肥	生物有机肥	粉剂	枯草芽孢杆菌	有效活菌数≥0.20 亿/g 有机质≥40.0%	菜心、水稻、辣椒、番茄	微生物肥（2016）准字（1775）号
山西美邦大富农科技有限公司	生物有机肥	生物有机肥	颗粒	解淀粉芽孢杆菌	有效活菌数≥0.20 亿/g 有机质≥40.0%	苹果、黄瓜、玉米、马铃薯	微生物肥（2016）准字（1777）号
山东谷丰源生物科技集团有限公司	生物有机肥	生物有机肥	颗粒	解淀粉芽孢杆菌	有效活菌数≥0.20 亿/g 有机质≥40.0%	白菜、小麦、玉米、花生	微生物肥（2016）准字（1778）号
日照益康有机农业科技发展有限公司	生物有机肥	生物有机肥	颗粒	枯草芽孢杆菌	有效活菌数≥0.20 亿/g 有机质≥40.0%	茶叶、花生、黄瓜、苹果	微生物肥（2016）准字（1779）号
新疆石大科肥业有限公司	生物有机肥	生物有机肥	颗粒	解淀粉芽孢杆菌	有效活菌数≥0.20 亿/g 有机质≥40.0%	棉花、玉米、小麦、番茄	微生物肥（2016）准字（1780）号
锦州瑞旺生物有机肥有限公司	生物有机肥	生物有机肥	颗粒	枯草芽孢杆菌	有效活菌数≥0.20 亿/g 有机质≥40.0%	番茄	微生物肥（2016）准字（1782）号

续表

企业名称	产品通用名名	产品商品名	产品形态	有效菌种名称	技术指标（有效成分及含量）	适用作物 / 区域	登记证号
湖北襄阳绿馥欣生物工程技术发展有限公司	生物有机肥	生物有机肥	颗粒	解淀粉芽孢杆菌	有效活菌数≥0.20 亿 /g 有机质≥40.0%	茄子、生菜、小麦、马铃薯、韭菜	微生物肥（2016）准字（1783）号
河北秉天农业科技开发有限公司	生物有机肥	生物有机肥	颗粒	枯草芽孢杆菌、胶冻样类芽孢杆菌	有效活菌数≥0.50 亿 /g 有机质≥40.0%	白菜、西瓜、玉米、番茄	微生物肥（2016）准字（1784）号
泌阳昆仑生物科技有限公司	复合微生物肥料	复合生物肥料	粉剂	枯草芽孢杆菌	有效活菌数≥0.20 亿 /g N+P₂O₅=8.0% 有机质≥20.0%	上海青、小麦、花生	微生物肥（2016）准字（1785）号
至善洽禾（唐山）生物肥料有限公司	复合微生物肥料	复合生物肥料	颗粒	解淀粉芽孢杆菌	有效活菌数≥0.20 亿 /g N+P₂O₅+K₂O=8.0% 有机质≥20.0%	苹果、番茄、油菜、玉米	微生物肥（2016）准字（1787）号
北京雷力海洋生物新产业股份有限公司	复合微生物肥料	复合生物肥料	颗粒	枯草芽孢杆菌	有效活菌数≥0.20 亿 /g N+P₂O₅+K₂O=8.0% 有机质≥20.0%	油菜、黄瓜、苹果、花生	微生物肥（2016）准字（1788）号
南京三美农业发展有限公司	复合微生物肥料	复合生物肥料	颗粒	枯草芽孢杆菌、酿酒酵母、哈茨木霉	有效活菌数≥0.20 亿 /g N+P₂O₅+K₂O=25.0% 有机质≥20.0%	水稻、青菜、小麦、茶叶、草莓	微生物肥（2016）准字（1789）号
浙江华农科技有限公司	复合微生物肥料	复合生物肥料	颗粒	地衣芽孢杆菌	有效活菌数≥0.20 亿 /g N+P₂O₅+K₂O=15.0% 有机质≥20.0%	黄瓜、芹菜、茶叶、马铃薯、小麦	微生物肥（2016）准字（1790）号
重庆市万植巨丰生态肥业有限公司	复合微生物肥料	复合生物肥料	颗粒	枯草芽孢杆菌	有效活菌数≥0.20 亿 /g N+P₂O₅+K₂O=25.0% 有机质≥20.0%	玉米、白菜、水稻、小麦	微生物肥（2016）准字（1791）号
北京精耕天下农业科技股份有限公司	复合微生物肥料	复合生物肥料	颗粒	枯草芽孢杆菌	有效活菌数≥0.20 亿 /g N+P₂O₅+K₂O=25.0% 有机质≥20.0%	白菜、水稻、玉米、甘蔗	微生物肥（2016）准字（1792）号

续表

企业名称	产品通用名	产品商品名	产品形态	有效菌种名称	技术指标（有效成分及含量）	适用作物/区域	登记证号
泌阳昆仑生物科技有限公司	复合微生物肥料	复合微生物肥料	颗粒	枯草芽孢杆菌	有效活菌数≥0.20亿/g N+P₂O₅+K₂O=8.0% 有机质≥20.0%	上海青、小麦、花生	微生物肥(2016)准字(1793)号
新疆光合元生物科技有限公司	复合微生物肥料	光合元滴灌肥	液体	沼泽红假单胞菌	有效活菌数≥0.50亿/mL N+P₂O₅+K₂O=6.0%	红枣、葵花、白菜、番茄	微生物肥(2016)准字(1794)号
济南丰绿生物科技有限公司	复合微生物肥料	复合微生物肥料	液体	解淀粉芽孢杆菌	有效活菌数≥0.50亿/mL N+P₂O₅+K₂O=6.0%	黄瓜、西葫芦、小麦	微生物肥(2016)准字(1795)号
青岛益佰农肥业有限公司	微生物菌剂	微生物菌剂	粉剂	枯草芽孢杆菌	有效活菌数≥2.0亿/g	番茄、辣椒	微生物肥(2016)准字(1796)号
保罗生物园科技股份有限公司	微生物菌剂	保罗微生物菌剂	粉剂	胶冻样类芽孢杆菌	有效活菌数≥2.0亿/g	油菜、辣椒、苹果、玉米	微生物肥(2016)准字(1799)号
保罗生物园科技股份有限公司	微生物菌剂	保罗微生物菌剂	粉剂	解淀粉芽孢杆菌	有效活菌数≥2.0亿/g	油菜、辣椒、苹果、玉米	微生物肥(2016)准字(1800)号
保罗生物园科技股份有限公司	微生物菌剂	保罗微生物菌剂	粉剂	地衣芽孢杆菌	有效活菌数≥2.0亿/g	油菜、辣椒、苹果、玉米	微生物肥(2016)准字(1801)号
福建三炬生物科技股份有限公司	微生物菌剂	微生物菌剂	粉剂	淡紫拟青霉	有效活菌数≥2.0亿/g	白菜、油菜、黄瓜、柑橘	微生物肥(2016)准字(1802)号
保定海谷生物科技有限公司	微生物菌剂	微生物菌剂	颗粒	枯草芽孢杆菌、胶冻样类芽孢杆菌	有效活菌数≥2.0亿/g	番茄、玉米、西瓜、黄瓜	微生物肥(2016)准字(1803)号
青岛益佰农肥业有限公司	微生物菌剂	微生物菌剂	颗粒	枯草芽孢杆菌	有效活菌数≥2.0亿/g	番茄、葡萄、黄瓜	微生物肥(2016)准字(1804)号
山西昌鑫生物农业有限公司	复合微生物菌剂	复合微生物菌剂	颗粒	枯草芽孢杆菌、地衣芽孢杆菌	有效活菌数≥1.0亿/g	玉米、谷子、葡萄、马铃薯	微生物肥(2016)准字(1805)号
济源迪百农生物科技有限公司	微生物菌剂	微生物菌剂	颗粒	枯草芽孢杆菌、胶冻样类芽孢杆菌	有效活菌数≥1.0亿/g	白菜、番茄、西瓜、花生	微生物肥(2016)准字(1806)号

续表

企业名称	产品通用名	产品商品名	产品形态	有效菌种名称	技术指标（有效成分及含量）	适用作物/区域	登记证号
山东爱福地生物科技有限公司	微生物菌剂	微生物菌剂	颗粒	球毛壳菌	有效活菌数≥2.0亿/g	黄瓜、西红柿、茄子、苹果	微生物肥（2016）准字（1807）号
保罗蒂姆汉（潍坊）生物科技有限公司	微生物菌剂	微生物菌剂	液体	枯草芽孢杆菌	有效活菌数≥3.0亿/mL	苹果、番茄、黄瓜	微生物肥（2016）准字（1808）号
领先生物农业股份有限公司	微生物菌剂	康大地微生物菌剂	液体	枯草芽孢杆菌	有效活菌数≥5.0亿/mL	番茄、苹果、棉花、黄瓜、辣椒、豆角	微生物肥（2016）准字（1810）号
黑龙江盛瑞康生物科技开发有限公司	微生物菌剂	微生物菌剂	液体	枯草芽孢杆菌、胶冻样类芽孢杆菌	有效活菌数≥2.0亿/mL	白菜、黄瓜、番茄、大豆、水稻、草莓、花生、烟草	微生物肥（2016）准字（1811）号
河南波尔森农业科技有限公司	微生物菌剂	微生物菌剂	液体	枯草芽孢杆菌	有效活菌数≥2.0亿/mL	白菜、花生、葡萄	微生物肥（2016）准字（1812）号
福建东森益郡生物科技有限公司	生物有机肥	生物有机肥	粉剂	巨大芽孢杆菌、胶冻样类芽孢杆菌	有效活菌数≥0.20亿/g 有机质≥40.0%	白菜、槟榔芋、茶叶、蜜柚	微生物肥（2016）准字（1813）号
鹤壁市人元生物技术发展有限公司	生物有机肥	生物有机肥	粉剂	枯草芽孢杆菌、胶冻样类芽孢杆菌	有效活菌数≥0.20亿/g 有机质≥40.0%	白菜、烟叶、茶树、桃树	微生物肥（2016）准字（1814）号
保罗生物园科技股份有限公司	生物有机肥	保罗生物有机肥	粉剂	解淀粉芽孢杆菌	有效活菌数≥0.20亿/g 有机质≥40.0%	油菜、黄瓜、苹果、马铃薯	微生物肥（2016）准字（1815）号
四川凯尔丰农业科技有限公司	生物有机肥	生物有机肥	粉剂	枯草芽孢杆菌	有效活菌数≥0.20亿/g 有机质≥40.0%	甘蓝、白菜、油菜、水稻	微生物肥（2016）准字（1816）号
广东福尔康化工科技股份有限公司	生物有机肥	生物有机肥	粉剂	枯草芽孢杆菌	有效活菌数≥0.20亿/g 有机质≥40.0%	黄瓜、水稻、沙糖橘	微生物肥（2016）准字（1817）号
湖南润邦生物工程有限公司	生物有机肥	生物有机肥	粉剂	枯草芽孢杆菌、地衣芽孢杆菌、康宁木霉	有效活菌数≥0.20亿/g 有机质≥40.0%	白菜、辣椒、茄子、西红柿	微生物肥（2016）准字（1818）号
安琪酵母（崇左）有限公司	生物有机肥	生物有机肥	粉剂	枯草芽孢杆菌、侧孢短芽孢杆菌	有效活菌数≥0.20亿/g 有机质≥60.0%	白菜、芹菜、茄子、黄瓜	微生物肥（2016）准字（1819）号

续表

企业名称	产品通用名	产品商品名	产品形态	有效菌种名称	技术指标（有效成分及含量）	适用作物/区域	登记证号
北京惠民达科技发展中心	生物有机肥		粉剂	枯草芽孢杆菌、地衣芽孢杆菌	有效活菌数≥0.20亿/g 有机质≥40.0%	番茄、苹果、油菜	微生物肥（2016）准字（1820）号
北京中农富源生物工程技术有限公司	生物有机肥		粉剂	枯草芽孢杆菌、地衣芽孢杆菌	有效活菌数≥0.20亿/g 有机质≥40.0%	辣椒、葡萄、棉花	微生物肥（2016）准字（1821）号
湖南秦谷生物科技股份有限公司	生物有机肥	九业牌生物有机肥	粉剂	枯草芽孢杆菌、地衣芽孢杆菌	有效活菌数≥0.20亿/g 有机质≥40.0%	白菜、烟草、葡萄、黄瓜	微生物肥（2016）准字（1822）号
霍州市洪昌肥业科技有限公司	生物有机肥		粉剂	枯草芽孢杆菌、地衣芽孢杆菌	有效活菌数≥0.20亿/g 有机质≥40.0%	番茄、茄子、玉米	微生物肥（2016）准字（1824）号
宜昌富田肥业有限责任公司	生物有机肥		粉剂	侧孢短芽孢杆菌	有效活菌数≥0.20亿/g 有机质≥40.0%	柑橘、西瓜、大葱、生姜、大蒜	微生物肥（2016）准字（1825）号
宜昌富田肥业有限责任公司	生物有机肥		颗粒	枯草芽孢杆菌、侧孢短芽孢杆菌	有效活菌数≥0.20亿/g 有机质≥45.0%	柑橘、西瓜、大葱、生姜、大蒜	微生物肥（2016）准字（1826）号
霍州市洪昌肥业科技有限公司	生物有机肥		颗粒	枯草芽孢杆菌、地衣芽孢杆菌	有效活菌数≥0.20亿/g 有机质≥40.0%	番茄、苹果、黄瓜、玉米	微生物肥（2016）准字（1827）号
唐山金土生物有机肥有限公司	生物有机肥		颗粒	解淀粉芽孢杆菌、侧孢短芽孢杆菌	有效活菌数≥0.20亿/g 有机质≥40.0%	油菜、番茄、黄瓜、马铃薯	微生物肥（2016）准字（1828）号
北京惠民达科技发展中心	生物有机肥		颗粒	枯草芽孢杆菌、地衣芽孢杆菌	有效活菌数≥0.20亿/g 有机质≥40.0%	番茄、烟草、水稻	微生物肥（2016）准字（1829）号
深圳市芭田生态工程股份有限公司	生物有机肥		颗粒	解淀粉芽孢杆菌、巨大芽孢杆菌	有效活菌数≥0.20亿/g 有机质≥40.0%	生菜、茄子、冬瓜、辣椒	微生物肥（2016）准字（1830）号
湛江恒基生物肥料有限公司	生物有机肥		颗粒	巨大芽孢杆菌、胶冻样类芽孢杆菌、多粘类芽孢杆菌	有效活菌数≥0.20亿/g 有机质≥40.0%	菜心、白菜、辣椒、南瓜	微生物肥（2016）准字（1831）号

续表

企业名称	产品通用名	产品商品名	产品形态	有效菌种名称	技术指标（有效成分及含量）	适用作物/区域	登记证号
霍州市洪昌肥业科技有限公司	复合微生物肥料	复合微生物肥料	粉剂	枯草芽孢杆菌、地衣芽孢杆菌	有效活菌数≥0.20亿/g $N+P_2O_5+K_2O=25.0\%$ 有机质≥20.0%	苹果、黄瓜、玉米、番茄	微生物肥（2016）准字（1833）号
安阳市喜满地肥业有限责任公司	复合微生物肥料	复合微生物肥料	粉剂	枯草芽孢杆菌	有效活菌数≥0.20亿/g $N+P_2O_5+K_2O=25.0\%$ 有机质≥20.0%	白菜、柑橘、蜜柚	微生物肥（2016）准字（1834）号
广东福尔康化工科技股份有限公司	复合微生物肥料	复合微生物肥料	粉剂	枯草芽孢杆菌、地衣芽孢杆菌	有效活菌数≥0.20亿/g $N+P_2O_5+K_2O=8.0\%$ 有机质≥20.0%	菜心、甘蔗、玉米	微生物肥（2016）准字（1835）号
保罗生物园科技股份有限公司	复合微生物肥料	保罗复合微生物肥料	粉剂	解淀粉芽孢杆菌、地衣芽孢杆菌	有效活菌数≥0.20亿/g $N+P_2O_5+K_2O=8.0\%$ 有机质≥20.0%	油菜、黄瓜、苹果、马铃薯	微生物肥（2016）准字（1836）号
峨眉山绿地生态农业开发有限公司	复合微生物肥料	复合微生物肥料	粉剂	巨大芽孢杆菌、胶冻样芽孢杆菌	有效活菌数≥0.20亿/g $N+P_2O_5+K_2O=10.0\%$ 有机质≥40.0%	水稻、番茄、苹果、马铃薯、白菜	微生物肥（2016）准字（1837）号
济源迦百农生物科技有限公司	复合微生物肥料	复合微生物肥料	颗粒	枯草芽孢杆菌、胶冻样芽孢杆菌	有效活菌数≥0.20亿/g $N+P_2O_5+K_2O=25.0\%$ 有机质≥20.0%	白菜、柑橘、烟草、玉米	微生物肥（2016）准字（1838）号
霍州市洪昌肥业科技有限公司	复合微生物肥料	复合微生物肥料	颗粒	枯草芽孢杆菌、地衣芽孢杆菌	有效活菌数≥0.20亿/g $N+P_2O_5+K_2O=25.0\%$ 有机质≥20.0%	苹果、黄瓜、玉米、番茄	微生物肥（2016）准字（1839）号
安阳市喜满地肥业有限责任公司	复合微生物肥料	复合微生物肥料	颗粒	枯草芽孢杆菌	有效活菌数≥0.20亿/g $N+P_2O_5+K_2O=25.0\%$ 有机质≥20.0%	白菜、柑橘、蜜柚	微生物肥（2016）准字（1840）号

续表

企业名称	产品通用名	产品商品名	产品形态	有效菌种名称	技术指标（有效成分及含量）	适用作物/区域	登记证号
唐山金土生物有机肥有限公司	复合微生物肥料	复合生物肥料	颗粒	解淀粉芽孢杆菌、侧孢短芽孢杆菌	有效活菌数≥0.20亿/g N+P₂O₅+K₂O=25.0% 有机质≥20.0%	白菜、柑橘、蜜柚	微生物肥（2016）准字（1841）号
河南波尔森农业科技有限公司	复合微生物肥料	复合生物肥料	颗粒	枯草芽孢杆菌	有效活菌数≥0.20亿/g N+P₂O₅+K₂O=10.0% 有机质≥20.0%	白菜、苹果、葡萄、草莓	微生物肥（2016）准字（1842）号
深圳市芭田生态工程股份有限公司	复合微生物肥料	中意复合微生物肥料	颗粒	解淀粉芽孢杆菌、巨大芽孢杆菌	有效活菌数≥0.20亿/g N+P₂O₅+K₂O=8.0% 有机质≥20.0%	番茄、茄子、冬瓜、辣椒	微生物肥（2016）准字（1843）号
郑州沙隆达植物保护技有限公司	复合微生物肥料	复合生物肥料	颗粒	侧孢短芽孢杆菌	有效活菌数≥0.20亿/g N+P₂O₅+K₂O=25.0% 有机质≥20.0%	小麦、玉米、水稻、花生	微生物肥（2016）准字（1844）号
北京绿达源科技有限公司	复合微生物肥料	绿丰康	颗粒	枯草芽孢杆菌、植物乳杆菌	有效活菌数≥0.20亿/g N+P₂O₅+K₂O=8.0% 有机质≥25.0%	黄瓜、大豆、茶叶、玉米、西瓜	微生物肥（2016）准字（1845）号
新疆绿禾园农业有限公司	复合微生物肥料	复合生物肥料	液体	枯草芽孢杆菌	有效活菌数≥0.50亿/mL N+P₂O₅+K₂O=6.0%	番茄、玉米	微生物肥（2016）准字（1846）号
福建东森益郡生物科技有限公司	复合微生物肥料	复合生物肥料	液体	巨大芽孢杆菌、胶冻样类芽孢杆菌	有效活菌数≥0.50亿/mL N+P₂O₅+K₂O=6.0%	白菜、茶叶、葡萄、脐橙	微生物肥（2016）准字（1847）号
海南纳尔福生物工程有限公司	复合微生物肥料	复合生物肥料	液体	枯草芽孢杆菌、植物乳杆菌	有效活菌数≥0.50亿/mL N+P₂O₅+K₂O=10.0%	菜心、辣椒、西瓜、番茄	微生物肥（2016）准字（1848）号

数据来源：农业部微生物肥料和食用菌菌种质量监督检验测试中心

2016 年中国生物技术企业上市情况

附表-15 2016 年中国生物技术 / 医疗健康领域的上市公司

上市时间	上市企业	所属行业	募资金额	交易所
2016/1/4	凯成股份	医药	非公开	新三板
2016/1/5	同禹药包	医药	非公开	新三板
2016/1/6	旷博生物	医药	非公开	新三板
2016/1/6	辽宁德善	医药	非公开	新三板
2016/1/6	赛普特	医药	非公开	新三板
2016/1/7	卓诚惠生	医药	非公开	新三板
2016/1/7	神农制药	医药	非公开	新三板
2016/1/12	榕兴医疗	医药	非公开	新三板
2016/1/12	荣恩医疗	其他	非公开	新三板
2016/1/13	凯基生物	医药	非公开	新三板
2016/1/14	林恒制药	医药	非公开	新三板
2016/1/14	康美生物	医药	非公开	新三板
2016/1/18	瑞美医疗	其他	非公开	新三板
2016/1/18	分子态	医药	非公开	新三板
2016/1/20	南松医药	医药	非公开	新三板
2016/1/20	橡一科技	医药	非公开	新三板
2016/1/21	诺泰生物	医药	非公开	新三板
2016/1/21	星博生物	医药	非公开	新三板
2016/1/25	天草生物	医药	非公开	新三板
2016/1/25	美中嘉和	医疗服务	非公开	全国中小企业股份转让系统（新三板）
2016/1/27	宝藤生物	其他	非公开	新三板
2016/1/28	伊仕生物	医药	非公开	新三板
2016/1/28	正业生物	医药	非公开	新三板
2016/1/29	宝明堂	医药	非公开	新三板
2016/2/3	百济神州	化学药品原药制造业	158 万美元	纳斯达克证券交易所
2016/2/5	伊普诺康	医药	非公开	新三板
2016/2/15	阿房宫	医药	非公开	新三板
2016/2/18	鹭燕医药	医药	6 亿元	深圳中小企业板
2016/2/19	大美股份	其他	非公开	新三板
2016/2/22	亿源药业	医药	非公开	新三板
2016/2/23	中农华威	医药	非公开	新三板

上市时间	上市企业	所属行业	募资金额	交易所
2016/2/24	赛伦生物	医药	非公开	新三板
2016/2/29	乐普基因	其他	非公开	新三板
2016/3/1	昆亚医疗	医疗设备	非公开	新三板
2016/3/7	新宁医疗	医疗服务	非公开	新三板
2016/3/9	司太立制药	化学药品原药制造业	3.6 亿元	上海证券交易所
2016/3/10	兴科蓉医药	医药	3.2 亿港元	香港主板
2016/3/10	美安医药	医疗设备	非公开	新三板
2016/3/11	香港医思医疗集团	医疗服务	7.4 亿港元	香港主板
2016/3/14	天晟药业	医药	非公开	新三板
2016/3/14	中宝药业	医药	非公开	新三板
2016/3/15	科源制药	医药	非公开	新三板
2016/3/17	无锡晶海	医药	非公开	新三板
2016/3/18	辅正药业	医药	非公开	新三板
2016/3/25	诺克特	医药	非公开	新三板
2016/3/28	城市药业	医药	非公开	新三板
2016/3/30	俏佳人	其他	非公开	新三板
2016/4/1	盈健医疗	医疗服务	1.1 亿港元	香港主板
2016/4/6	安徽东方	医药	非公开	新三板
2016/4/6	奇隆生物	医药	非公开	新三板
2016/4/8	艾博健康	其他	非公开	新三板
2016/4/8	林华医疗	生物技术 / 医疗健康	非公开	全国中小企业股份转让系统（新三板）
2016/4/14	利伟生物	医药	非公开	新三板
2016/4/14	同仁药业	医药	非公开	新三板
2016/4/15	大唐药业	医药	非公开	新三板
2016/4/15	鼎晶生物	其他	非公开	新三板
2016/4/19	优普惠	医药	非公开	新三板
2016/4/20	正科医药	医药	非公开	新三板
2016/4/21	祥云医疗	其他	非公开	新三板
2016/4/21	赛哲生物	医药	非公开	新三板
2016/4/22	跃势生物	医药	非公开	新三板
2016/4/22	源兴医药	医药	非公开	新三板
2016/4/22	灵豹药业	医药	非公开	新三板
2016/4/25	美迪斯	医药	非公开	新三板

上市时间	上市企业	所属行业	募资金额	交易所
2016/4/25	新斯顿	医药	非公开	新三板
2016/4/26	湘泉药业	医药	非公开	新三板
2016/4/26	岐黄医药	医药	非公开	新三板
2016/4/26	施美药业	医药	非公开	新三板
2016/5/3	大佛药业	医药	非公开	新三板
2016/5/3	创扬医药	医药	非公开	新三板
2016/5/9	中帜生物	医药	非公开	新三板
2016/5/16	三鹤药业	医药	非公开	新三板
2016/5/17	全安药业	医药	非公开	新三板
2016/5/18	三元基因	医药	非公开	新三板
2016/5/24	盛吉信	医药	非公开	新三板
2016/5/24	泓博智源医药	医药	非公开	全国中小企业股份转让系统（新三板）
2016/5/26	和田维药	医药	非公开	新三板
2016/5/26	苑东生物	医药	非公开	新三板
2016/5/30	天安生物	医药	非公开	新三板
2016/5/31	医汇集团	医疗服务	7020 万港元	香港创业板
2016/6/3	同人泰	医药	非公开	新三板
2016/6/7	广美药业	医药	非公开	新三板
2016/6/7	药石科技	医药	非公开	新三板
2016/6/8	天美生物	医药	非公开	新三板
2016/6/8	园禾方圆	医药	非公开	新三板
2016/6/14	拓普药业	医药	非公开	新三板
2016/6/15	金芙蓉	医药	非公开	新三板
2016/6/16	乐奥医疗科技	医疗设备	非公开	全国中小企业股份转让系统（新三板）
2016/6/23	肌缘生物	保健品	非公开	新三板
2016/6/23	四星玻璃	医疗设备	非公开	全国中小企业股份转让系统（新三板）
2016/6/24	新光药业	中药材及中成药加工业	2.4 亿元	深圳创业板
2016/6/24	高新医院	其他	非公开	新三板
2016/6/28	相府药业	医药	非公开	新三板
2016/6/30	圣保堂	医药	非公开	新三板
2016/7/6	春天医美	其他	非公开	新三板
2016/7/12	美士达	医药	非公开	新三板

上市时间	上市企业	所属行业	募资金额	交易所
2016/7/13	永胜医疗	生物技术/医疗健康	1.3亿港元	香港主板
2016/7/18	达科为	医药	非公开	新三板
2016/8/1	联陆股份	医药	非公开	新三板
2016/8/1	劲牛股份	医药	非公开	新三板
2016/8/2	健帆生物	医疗设备	4.5亿元	深圳创业板
2016/8/3	康倍得	医药	非公开	新三板
2016/8/3	瑞澜医美	其他	非公开	新三板
2016/8/3	海光药业	医药	非公开	新三板
2016/8/3	金维制药	医药	非公开	新三板
2016/8/4	爱诺药业	医药	非公开	新三板
2016/8/5	福元药业	医药	非公开	新三板
2016/8/5	井泉中药	医药	非公开	新三板
2016/8/8	长江医药	医药	非公开	新三板
2016/8/8	鲁华生物	医药	非公开	新三板
2016/8/8	苏博医学	其他	非公开	新三板
2016/8/8	澳泰药剂	医药	非公开	新三板
2016/8/9	佰美基因	其他	非公开	新三板
2016/8/10	贝迪生物	医药	非公开	新三板
2016/8/10	和元生物	医药	非公开	新三板
2016/8/12	晶珠藏药	医药	非公开	新三板
2016/8/12	利尔康	医药	非公开	新三板
2016/8/12	广利医疗	医疗设备	非公开	新三板
2016/8/15	轶德医疗	医疗设备	非公开	新三板
2016/8/15	骄王股份	中药材及中成药加工业	非公开	新三板
2016/8/16	立迪生物	医疗服务	非公开	新三板
2016/8/17	一特股份	医疗设备	非公开	新三板
2016/8/17	海尔思	医药	非公开	新三板
2016/8/17	赢冠口腔	医疗设备	非公开	新三板
2016/8/17	红岭医疗	医疗服务	非公开	新三板
2016/8/17	永发医用	医疗设备	非公开	新三板
2016/8/18	菲鹏生物	医疗设备	非公开	新三板
2016/8/18	汇博医疗	医药	非公开	新三板
2016/8/18	合佳医药	医药	非公开	新三板
2016/8/19	先通医药	医药	非公开	新三板

上市时间	上市企业	所属行业	募资金额	交易所
2016/8/19	圣点科技	医疗设备	非公开	新三板
2016/8/22	爱斯特	医药	非公开	新三板
2016/8/25	亚华电子	医疗设备	非公开	新三板
2016/8/26	玉玄宫	医疗设备	非公开	新三板
2016/8/26	霍普金斯	医药	非公开	新三板
2016/8/29	乐威医药	医药	非公开	新三板
2016/9/1	源宜基因	医疗服务	非公开	新三板
2016/9/1	安图生物	医疗设备	6.1 亿元	上海证券交易所
2016/9/6	春光药装	医疗设备	非公开	新三板
2016/9/7	延安医药	医药	非公开	新三板
2016/9/8	川清医化	医药	非公开	新三板
2016/9/12	默乐生物	医药	非公开	新三板
2016/9/13	陇神戎发	中药材及中成药加工业	3 亿元	深圳创业板
2016/9/14	宏济堂	中药材及中成药加工业	非公开	新三板
2016/9/20	易斯威特	其他	非公开	新三板
2016/9/21	雅各臣科研制药	中药材及中成药加工业	6.6 亿港元	香港主板
2016/9/22	中生金域	医疗设备	非公开	新三板
2016/9/28	尚高	中药材及中成药加工业	7.7 万美元	纳斯达克证券交易所
2016/10/6	瑞慈医疗	医疗服务	10.2 亿港元	香港主板
2016/10/11	伊美尔	医疗服务	非公开	新三板
2016/10/11	西施兰	医药	非公开	新三板
2016/10/17	京立医院	医疗服务	非公开	新三板
2016/10/17	朗高养老	医疗服务	非公开	新三板
2016/10/19	金普医疗	医疗服务	非公开	新三板
2016/10/19	涛生医药	医疗设备	非公开	新三板
2016/10/21	新复大	其他	非公开	新三板
2016/10/21	中佳制药	医药	非公开	新三板
2016/10/24	天德泰	医疗设备	非公开	新三板
2016/10/24	南格科技	其他	非公开	新三板
2016/10/24	华葆药业	医药	非公开	新三板
2016/10/25	安普生物	医药	非公开	新三板
2016/10/25	黄山胶囊	化学药品原药制造业	3 亿元	深圳中小企业板
2016/10/26	京都时尚	医疗服务	非公开	新三板
2016/10/28	华润医药	医药	140.4 亿港元	香港主板

上市时间	上市企业	所属行业	募资金额	交易所
2016/10/31	塞力斯	医疗设备	3.4 亿元	上海证券交易所
2016/11/2	中瑞医药	医药	非公开	新三板
2016/11/3	恒远药业	医药	非公开	新三板
2016/11/4	海川药业	医药	678 亿韩元	韩国证券交易所
2016/11/7	贝达药业	化学药品原药制造业	7.2 亿元	深圳创业板
2016/11/7	亚格光电	医疗设备	非公开	新三板
2016/11/8	康华医疗	医疗服务	9.7 亿港元	香港主板
2016/11/9	科方生物	医疗设备	非公开	新三板
2016/11/9	上海医疗	医疗设备	非公开	新三板
2016/11/10	华艳生物	医疗设备	非公开	新三板
2016/11/11	瑞芬生物	中药材及中成药加工业	非公开	新三板
2016/11/11	莱康宁	医疗设备	非公开	新三板
2016/11/11	中和医疗	其他	非公开	新三板
2016/11/14	优德医疗	医疗设备	非公开	新三板
2016/11/14	吉林中科	医疗服务	非公开	新三板
2016/11/14	精发股份	其他	非公开	新三板
2016/11/14	荷普医疗	医疗设备	非公开	新三板
2016/11/14	隽秀生物	医疗设备	非公开	新三板
2016/11/14	新德意	医疗设备	非公开	新三板
2016/11/16	乐心医疗	医疗设备	2.3 亿元	深圳创业板
2016/11/16	昶辉生物	医药	非公开	新三板
2016/11/16	中航生物	医药	非公开	新三板
2016/11/17	永顺生物	动物用药品制造业	非公开	新三板
2016/11/18	凯莱英	医药	8.6 亿元	深圳中小企业板
2016/11/18	步长制药	中药材及中成药加工业	39 亿元	上海证券交易所
2016/11/18	模式生物	医疗服务	非公开	新三板
2016/11/18	岷江源	医药	非公开	新三板
2016/11/18	太伟药业	医药	非公开	新三板
2016/11/21	瑞尔康	医疗设备	非公开	新三板
2016/11/21	利泰医药	医药	非公开	新三板
2016/11/21	康德莱	医疗设备	5 亿元	上海证券交易所
2016/11/22	乐陶陶	保健品	非公开	新三板
2016/11/24	力博医药	化学药品制剂制造业	非公开	新三板
2016/11/24	科莱瑞迪	医疗设备	非公开	新三板

续表

上市时间	上市企业	所属行业	募资金额	交易所
2016/11/24	云南中药	中药材及中成药加工业	非公开	新三板
2016/11/24	中海康	化学药品制剂制造业	非公开	新三板
2016/11/29	百裕制药	医药	非公开	新三板
2016/12/6	凌立健康	其他	非公开	新三板
2016/12/8	麦迪科技	其他	1.9 亿元	上海证券交易所
2016/12/8	沈阳兴齐	化学药品制剂制造业	1 亿元	深圳创业板
2016/12/9	易明医药	医药	2.9 亿元	深圳中小企业板
2016/12/12	鲎生科	医药	非公开	新三板
2016/12/12	开拓药业	医药	非公开	新三板
2016/12/13	福怡股份	医疗设备	非公开	新三板
2016/12/13	朗科生物	医药	非公开	新三板
2016/12/13	易肌雪	保健品	非公开	新三板
2016/12/16	和元上海	医药	非公开	新三板
2016/12/16	海融医药	医药	非公开	新三板
2016/12/16	巨特医疗	医疗设备	非公开	新三板
2016/12/16	辰星药业	保健品	非公开	新三板
2016/12/19	益健堂	医疗设备	非公开	新三板
2016/12/20	千禾药业	医药	非公开	新三板
2016/12/20	鹏源药业	医药	非公开	新三板
2016/12/20	新天马	动物用药品制造业	非公开	新三板
2016/12/20	斯芬克司	医药	非公开	新三板
2016/12/20	迈迪生物	医药	非公开	新三板
2016/12/21	养和医药	医药	非公开	新三板
2016/12/21	倍益康	医疗设备	非公开	新三板
2016/12/22	迈基诺基因	生物工程	非公开	新三板
2016/12/23	睿健医疗	医疗设备	非公开	新三板
2016/12/23	永成医美	医疗服务	非公开	新三板
2016/12/27	巴罗克	医疗设备	非公开	新三板
2016/12/29	日新医疗	医疗设备	非公开	新三板
2016/12/29	福民生物	医药	非公开	新三板
2016/12/30	鼎泰药业	医药	非公开	新三板

数据来源：清科数据

2016 年国家科学技术奖励

附表-16　2016 年度国家自然科学奖获奖项目目录（生物和医药相关）

二等奖		
编号	项目名称	主要完成人
Z-103-2-01	生物分子界面作用过程的机制、调控及生物分析应用研究	樊春海（中国科学院上海应用物理研究所）， 李根喜（南京大学）， 宋世平（中国科学院上海应用物理研究所）， 王丽华（中国科学院上海应用物理研究所）， 李迪（中国科学院上海应用物理研究所）
Z-103-2-07	具有重要生物活性的复杂天然产物的全合成	杨震（北京大学深圳研究生院）， 陈家华（北京大学）， 唐叶峰（北京大学）， 龚建贤（北京大学深圳研究生院）
Z-104-2-02	显生宙最大生物灭绝及其后生物复苏的过程与环境致因	谢树成［中国地质大学（武汉）］， 赖旭龙［中国地质大学（武汉）］， 宋海军［中国地质大学（武汉）］， 孙亚东［中国地质大学（武汉）］， 罗根明［中国地质大学（武汉）］
Z-104-2-03	变化环境下生物膜对海洋底栖生态系统的影响	钱培元（香港科技大学）， 徐颖（香港科技大学）， 王勇（香港科技大学）， 贺丽生（香港科技大学）
Z-104-2-05	地球动物树成型	张兴亮（西北大学）， 舒德干（西北大学）， 刘建妮（西北大学）， 张志飞（西北大学）， 韩健（西北大学）
Z-104-2-06	高风险污染物环境健康危害的组学识别及防控应用基础研究	张徐祥（南京大学）， 张彤（香港大学）， 任洪强（南京大学）， 程树培（南京大学）， 吴兵（南京大学）
Z-105-2-01	植物小 RNA 的功能及作用机理	戚益军（北京生命科学研究所）， 巴钊庆（北京生命科学研究所）， 叶瑞强（北京生命科学研究所）， 王秀杰（中国科学院遗传与发育生物学研究所）， 武亮（北京生命科学研究所）
Z-105-2-02	水稻产量性状的遗传与分子生物学基础	张启发（华中农业大学）， 邢永忠（华中农业大学）， 何予卿（华中农业大学）， 余四斌（华中农业大学）， 范楚川（华中农业大学）

续表

	二等奖	
编号	项目名称	主要完成人
Z-105-2-03	猪日粮功能性氨基酸代谢与生理功能调控机制研究	印遇龙（中国科学院亚热带农业生态研究所），谭碧娥（中国科学院亚热带农业生态研究所），吴信（中国科学院亚热带农业生态研究所），孔祥峰（中国科学院亚热带农业生态研究所），姚康（中国科学院亚热带农业生态研究所）
Z-106-2-01	大肠癌发生分子机制、早期预警、防治研究	沈祖尧（香港中文大学），于君（香港中文大学），胡嘉麒（香港中文大学），吴兆文（香港中文大学），陈家亮（香港中文大学）
Z-106-2-02	乳腺癌发生发展的表观遗传机制	尚永丰（北京大学），王艳（北京大学），石磊（北京大学），孙露洋（北京大学），杨笑菡（北京大学）

数据来源：科学技术部

附表-17 2016 年度国家技术发明奖获奖项目（生物和医药相关）

	二等奖	
编号	项目名称	主要完成人
F-301-2-01	良种牛羊高效克隆技术	张涌（西北农林科技大学），周欢敏（内蒙古农业大学），权富生（西北农林科技大学），李光鹏（内蒙古大学），王勇胜（西北农林科技大学），刘军（西北农林科技大学）
F-301-2-02	芝麻优异种质创制与新品种选育技术及应用	张海洋（河南省农业科学院芝麻研究中心），苗红梅（河南省农业科学院芝麻研究中心），魏利斌（河南省农业科学院芝麻研究中心），张体德（河南省农业科学院芝麻研究中心），李春（河南省农业科学院芝麻研究中心），刘红彦（河南省农业科学院植物保护研究所）
F-301-2-03	玉米重要营养品质优良基因发掘与分子育种应用	李建生（中国农业大学），严建兵（华中农业大学），杨小红（中国农业大学），胡建广（广东省农业科学院作物研究所），陈绍江（中国农业大学），王国英（中国农业科学院作物科学研究所）

二等奖		
编号	项目名称	主要完成人
F-301-2-04	动物源食品中主要兽药残留物高效检测关键技术	袁宗辉（华中农业大学），彭大鹏（华中农业大学），王玉莲（华中农业大学），陈冬梅（华中农业大学），陶燕飞（华中农业大学），潘源虎（华中农业大学）
F-302-2-01	骨折微创复位固定核心技术体系的创建与临床应用	张英泽（河北医科大学第三医院），侯志勇（河北医科大学第三医院），陈伟（河北医科大学第三医院），张柳（华北理工大学），郑占乐（河北医科大学第三医院），王娟（河北医科大学第三医院）
F-302-2-02	多肽化学修饰的关键技术及其在多肽新药创制中的应用	王锐（兰州大学），袁建成（深圳翰宇药业股份有限公司），方泉（兰州大学），马亚平（深圳翰宇药业股份有限公司），刘建（深圳翰宇药业股份有限公司），张邦治（兰州大学）
F-304-2-01	基于羟基自由基高级氧化快速杀灭海洋有害生物的新技术及应用	白敏冬（大连海事大学），张芝涛（大连海事大学），黄凌风（厦门大学），白敏莳（大连海事大学），田一平（大连海事大学），张均东（大连海事大学）
F-305-2-03	木质纤维生物质多级资源化利用关键技术及应用	孙润仓（北京林业大学），彭万喜（中南林业科技大学），程少博（山东龙力生物科技股份有限公司），袁同琦（北京林业大学），许凤（华南理工大学），肖林（山东龙力生物科技股份有限公司）
F-30801-2-05	灵巧假肢及其神经信息通道重建技术	朱向阳（上海交通大学），姜力（哈尔滨工业大学），熊蔡华（华中科技大学），傅丹琦（丹阳假肢厂有限公司），盛鑫军（上海交通大学），刘宏（哈尔滨工业大学）

附表-18 2016 年度国家科学技术进步奖获奖项目目录（通用项目，生物和医药相关）

		一等奖	
编号	项目名称	主要完成人	主要完成单位
J-234-1-01	IgA 肾病中西医结合证治规律与诊疗关键技术的创研及应用	陈香美，蔡广研，王永钧，邓跃毅，司徒卓俊，唐海涛，彭佑铭，郑丰，冯哲，孙雪峰，陈洪宇，张雪光，谢院生，朱斌，陈万佳	中国人民解放军总医院，江苏苏中药业集团股份有限公司，杭州市中医院，上海中医药大学附属龙华医院，香港中文大学，中南大学湘雅第二医院，大连医科大学附属第二医院

		创新团队	
编号	团队名称	主要成员	主要支持单位
J-207-1-01	第四军医大学消化系肿瘤研究创新团队	樊代明，沈祖尧，吴开春，于君，聂勇战，药立波，杨安钢，韩骅，韩国宏，郭学刚，时永全，潘阳林，梁巧仪，梁洁，夏丽敏	中国人民解放军第四军医大学
J-207-1-03	中国农业科学院作物科学研究所小麦种质资源与遗传改良创新团队	刘旭，何中虎，刘秉华，贾继增，辛志勇，李立会，景蕊莲，肖世和，马有志，张学勇，刘录祥，毛龙，夏先春，孔秀英，张辉	中国农业科学院作物科学研究所

		二等奖	
编号	项目名称	主要完成人	主要完成单位
J-201-2-01	多抗稳产棉花新品种中棉所 49 的选育技术及应用	严根土，余青，潘登明，黄群，赵淑琴，匡猛，付小琼，王宁，王延琴，卢守文	中国农业科学院棉花研究所，新疆中棉种业有限公司
J-201-2-02	辣椒骨干亲本创制与新品种选育	邹学校，戴雄泽，马艳青，李雪峰，张竹青，陈文超，周书栋，欧立军，刘峰，杨博智	湖南省蔬菜研究所
J-201-2-03	江西双季超级稻新品种选育与示范推广	贺浩华，蔡耀辉，傅军如，尹建华，贺晓鹏，肖叶青，程飞虎，朱昌兰，胡兰香，陈小荣	江西农业大学，江西省农业科学院水稻研究所，江西省农业技术推广总站，江西现代种业股份有限公司，江西大众种业有限公司
J-202-2-01	农林生物质定向转化制备液体燃料多联产关键技术	蒋剑春，周永红，聂小安，张伟明，张维，徐俊明，陈洁，颉二旺，杨锦梁，胡立红	中国林业科学研究院林产化学工业研究所，江苏悦达卡特新能源有限公司，金骄特种新材料（集团）有限公司
J-202-2-02	三种特色木本花卉新品种培育与产业升级关键技术	张启翔，李纪元，张方秋，潘会堂，吕英民，程堂仁，孙丽丹，蔡明，潘卫华，王佳	北京林业大学，中国林业科学研究院亚热带林业研究所，广东省林业科学研究院，丽江得一食品有限责任公司，棕榈园林股份有限公司，泰安市泰山林业科学研究院，长兴东方梅园有限公司

	二等奖		
编号	项目名称	主要完成人	主要完成单位
J-202-2-03	林木良种细胞工程繁育技术及产业化应用	施季森，陈金慧，郑仁华，江香梅，王国熙，诸葛强，李火根，王章荣，黄金华，甄艳	南京林业大学，福建省林业科学研究院（福建省林业技术发展研究中心，福建省林业生产力促进中心），江西省林业科学院，福建金森林业股份有限公司，福建省洋口国有林场
J-203-2-01	我国重大猪病防控技术创新与集成应用	金梅林，陈焕春，何启盖，吴斌，漆世华，方六荣，张安定，周红波，蔡旭旺，徐高原	华中农业大学，武汉中博生物股份有限公司，武汉科前生物股份有限公司
J-203-2-02	针对新传入我国口蹄疫流行毒株的高效疫苗的研制及应用	才学鹏，郑海学，刘国英，陈智英，刘湘涛，王超英，齐鹏，魏学峰，张震，郭建宏	中国农业科学院兰州兽医研究所，金宇保灵生物药品有限公司，申联生物医药（上海）股份有限公司，中农威特生物科技股份有限公司，中牧实业股份有限公司
J-203-2-04	中国荷斯坦牛基因组选择分子育种技术体系的建立与应用	张勤，张沅，孙东晓，张胜利，丁向东，刘林，李锡智，刘剑锋，刘海良，姜力	中国农业大学，北京奶牛中心，北京首农畜牧发展有限公司，上海奶牛育种中心有限公司，全国畜牧总站
J-203-2-05	节粮优质抗病黄羽肉鸡新品种培育与应用	文杰，赵桂苹，耿照玉，陈继兰，郑麦青，李东，姜润深，黄启忠，刘冉冉，胡祖义	中国农业科学院北京畜牧兽医研究所，安徽农业大学，上海市农业科学院，安徽五星食品股份有限公司，广西金陵农牧集团有限公司
J-211-2-01	果蔬益生菌发酵关键技术与产业化应用	谢明勇，熊涛，聂少平，关倩倩，钟虹光，殷军艺，帅高平，蔡永峰，黄涛，宋苏华	南昌大学，江西江中制药（集团）有限责任公司，蜡笔小新（福建）食品工业有限公司，江西阳光乳业集团有限公司，南昌旷达生物科技有限公司，中国食品工业（集团）公司
J-213-2-03	阿维菌素的微生物高效合成及其生物制造	张立新，张庆，暴连群，姜玉国，刘梅，杨军强，王琳慧，王得明，高鹤永，苗靳	中国科学院微生物研究所，内蒙古新威远生物化工有限公司，石家庄市兴柏生物工程有限公司，齐鲁制药（内蒙古）有限公司
J-231-2-05	三江源区草地生态恢复及可持续管理技术创新和应用	赵新全，周青平，马玉寿，董全民，周华坤，徐世晓，施建军，赵亮，王文颖，汪新川	中国科学院西北高原生物研究所，青海大学，青海省畜牧兽医科学院，西南民族大学，青海省牧草良种繁殖场，青海师范大学
J-233-2-01	高危非致残性脑血管病及其防控关键技术与应用	王拥军，赵性泉，王伊龙，刘丽萍，缪中荣，王春雪，高培毅，王春娟，贾茜，荆京	首都医科大学附属北京天坛医院

编号	项目名称	主要完成人	主要完成单位
	二等奖		
J-233-2-02	基于磁共振成像的多模态分子影像与功能影像的研究与应用	滕皋军，居胜红，王毅翔，顾宁，焦蕴，刘刚，张洪英，张宇，柳东芳	东南大学，香港中文大学，厦门大学
J-233-2-03	恶性血液肿瘤关键诊疗技术的创新和推广应用	吴德沛，薛永权，陈苏宁，肖志坚，陈子兴，仇惠英，唐晓文，韩悦，徐杨，阮长耿	苏州大学附属第一医院，中国医学科学院血液病医院（血液学研究所），苏州大学
J-233-2-04	慢性肾脏病进展的机制和临床防治	侯凡凡，蓝辉耀，刘必成，易凡，廖禹林，陈志良，宾建平，程永现，周丽丽，白晓春	南方医科大学，香港中文大学，东南大学，山东大学，中国科学院昆明植物研究所，广东医学院
J-233-2-05	中国脑卒中精准预防策略的转化应用	霍勇，李建平，徐希平，张岩，秦献辉，唐根富，何明利，陈光亮，刘平，王滨燕	北京大学第一医院，深圳奥萨制药有限公司，安徽省生物医学研究所，安徽医科大学，连云港市第一人民医院
J-233-2-06	结直肠癌个体化治疗策略创新与应用	徐瑞华，万德森，李进，罗俊航，贾卫华，谢丹，黄文林，陈功，李宇红，管忠震	中山大学肿瘤防治中心，复旦大学附属肿瘤医院，中山大学附属第一医院
J-234-2-01	国际化导向的中药整体质量标准体系创建与应用	果德安，钱忠直，吴婉莹，郑璐，叶敏，宋宗华，石上梅，陈明，孙仁弟，谢天培	中国科学院上海药物研究所，国家药典委员会，北京大学，扬子江药业集团有限公司，广西梧州制药（集团）股份有限公司，上海绿谷制药有限公司，上海诗丹德生物技术有限公司
J-234-2-02	中草药DNA条形码物种鉴定体系	陈士林，宋经元，姚辉，王一涛，韩建萍，庞晓慧，石林春，李西文，朱英杰，胡志刚	北京协和医学院-清华大学医学部，中国中医科学院中药研究所，湖北中医药大学，盛实百草药业有限公司，广州王老吉药业股份有限公司，澳门大学，四川新荷花中药饮片股份有限公司
J-234-2-03	益气活血法治疗糖尿病肾病显性蛋白尿的临床与基础研究	李平，王义明，梁琼麟，刘建勋，罗国安，张特利，张浩军，赵婷婷，李靖，严美花	中日友好医院，清华大学，中国中医科学院西苑医院，神威药业集团有限公司，北京中医药大学东直门医院
J-234-2-04	中医治疗非小细胞肺癌体系的创建与应用	林洪生，花宝金，侯炜，李杰，张培彤，王沈玉，解英，贾立群，杨宇飞，李萍萍	中国中医科学院广安门医院，辽宁省肿瘤医院，山西省肿瘤医院，中日友好医院，中国中医科学院西苑医院，北京肿瘤医院

二等奖			
编号	项目名称	主要完成人	主要完成单位
J-235-2-01	化学药物晶型关键技术体系的建立与应用	杜冠华，吕扬，张丽，于飞，李明华，汤立达，刘伟，高肇林，杨世颖，龚宁波	中国医学科学院药物研究所，悦康药业集团有限公司，山东罗欣药业集团股份有限公司，天津药物研究院药业有限责任公司，北京嘉林药业股份有限公司，山东益康药业股份有限公司
J-235-2-02	基因工程小鼠等相关疾病模型研发与应用	高翔，朱敏生，杨中州，李朝军，徐璎，赵庆顺，赵静，杨慧欣，刘耕，张辰宇	南京大学，南京大学-南京生物医药研究院
J-235-2-03	瑞舒伐他汀钙及制剂产业化新制备体系的构建与临床合理应用	张贵民，张理星，夏春华，张则平，熊玉卿，赵志全，冯中，黄文波，郝贵周，王本利	鲁南贝特制药有限公司，南昌大学，山东新时代药业有限公司，鲁南制药集团股份有限公司
J-235-2-04	复杂结构天然产物抗肿瘤药物的研发及其产业化	尤启冬，孙飘扬，郭青龙，张晓进，卢娜，孙昊鹏，李玉艳，李志裕，王进欣，仝新勇	中国药科大学，江苏恒瑞医药股份有限公司，上海恒瑞医药有限公司
J-25101-2-01	设施蔬菜连作障碍防控关键技术及其应用	喻景权，周艳虹，王秀峰，孙治强，吴凤芝，张明方，师恺，王汉荣，陈双臣，魏珉	浙江大学，山东农业大学，河南农业大学，东北农业大学，浙江省农业科学院，河南科技大学，上海威敌生化（南昌）有限公司
J-25101-2-05	水稻条纹叶枯病和黑条矮缩病灾变规律与绿色防控技术	周益军，周彤，王锡锋，周雪平，刘万才，吴建祥，田子华，李硕，陶小荣，徐秋芳	江苏省农业科学院，浙江大学，中国农业科学院植物保护研究所，全国农业技术推广服务中心，南京农业大学，江苏省植物保护站
J-25103-2-01	黑茶提质增效关键技术创新与产业化应用	刘仲华，周重旺，黄建安，吴浩人，肖力争，肖文军，尹钟，傅冬和，李宗军，朱旗	湖南农业大学，湖南省茶业集团股份有限公司，益阳茶厂有限公司，湖南省白沙溪茶厂股份有限公司，咸阳泾渭茯茶有限公司，湖南省怡清源茶业有限公司，湖南省茶叶研究所
J-25103-2-02	油料功能脂质高效制备关键技术与产品创制	黄凤洪，邓乾春，汪志明，马忠华，吴文忠，曹万新，刘大川，郑明明，赖琼玮，杨湄	中国农业科学院油料作物研究所，无限极（中国）有限公司，嘉必优生物技术（武汉）股份有限公司，大连医诺生物有限公司，西安中粮工程研究设计院有限公司，湖南大三湘茶油股份有限公司，武汉轻工大学
J-25301-2-01	胰岛素瘤诊治体系的建立及临床应用	赵玉沛，张太平，廖泉，戴梦华，邢小平，金征宇，李方，杨爱明，刘子文，蔡力行	中国医学科学院北京协和医院

编号	项目名称	主要完成人	主要完成单位
	二等奖		
J-25301-2-02	炎症损伤控制提高肝癌外科疗效的理论创新与技术突破	吕毅，李宗芳，潘承恩，刘青光，刘昌，刘正稳，韩苏夏，南克俊，张谞丰，郭卉	西安交通大学
J-25301-2-03	主动脉扩张性疾病腔内微创治疗的研究和应用	景在平，陆清声，赵志青，周建，赵仙先，包俊敏，冯翔，冯睿，梅志军，李海燕	中国人民解放军第二军医大学第一附属医院
J-25301-2-04	心脏病微创外科治疗新技术及临床应用	易定华，俞世强，杨剑，徐学增，左健，刘金成，段维勋，易蔚，金振晓，梁宏亮	中国人民解放军第四军医大学，东莞科威医疗器械有限公司
J-25301-2-05	基于肛门功能和性功能保护的直肠癌治疗关键技术创新与推广应用	汪建平，兰平，王磊，吴小剑，邓艳红，黄美近，汪挺，杨孜欢，方乐堃，王辉	中山大学附属第六医院，广东省胃肠病学研究所
J-25302-2-01	头面部严重烧伤关键修复技术的创新与应用	李青峰，江华，昝涛，朱晓海，顾斌，刘凯，张盈帆，谢峰，刘安堂，谢芸	上海交通大学医学院附属第九人民医院，中国人民解放军第二军医大学第二附属医院
J-25302-2-02	牙体牙髓病防治技术体系的构建与应用	周学东，李继遥，黄定明，叶玲，徐欣，郑黎薇，程磊，胡涛，胡德渝，尹伟	四川大学
J-25302-2-03	中国严重创伤救治规范的建立与推广	姜保国，周继红，张茂，刘佰运，王正国，王天兵，黎檀实，张殿英，都定元，张进军	北京大学，中国人民解放军第三军医大学第三附属医院，浙江大学医学院附属第二医院，浙江省第二医院，首都医科大学附属北京天坛医院，中国人民解放军总医院，重庆市急救医疗中心，北京急救中心
J-25302-2-04	视网膜疾病基因致病机制研究及防治应用推广	杨正林，张明，赵培泉，石毅，鲁芳，彭智培，杨季云，蔡力，苏智广，龚波	电子科技大学附属医院·四川省人民医院，四川大学华西医院，上海交通大学医学院附属新华医院，香港中文大学